电力工程与电工电子智能化应用

王荣娟　何港港　许成哲　著

吉林科学技术出版社

图书在版编目（CIP）数据

电力工程与电工电子智能化应用 / 王荣娟，何港港，许成哲著. -- 长春 : 吉林科学技术出版社，2023.5

ISBN 978-7-5744-0378-9

Ⅰ. ①电… Ⅱ. ①王… ②何… ③许… Ⅲ. ①智能技术一应用一电力工程一研究②智能技术一应用一电工技术一研究③智能技术一应用一电子技术一研究 Ⅳ. ①TM-39②TN-39

中国国家版本馆 CIP 数据核字(2023)第 087455 号

电力工程与电工电子智能化应用

著　　王荣娟　何港港　许成哲
出 版 人　宛　霞
责任编辑　乌　兰
封面设计　南昌德昭文化传媒有限公司
制　　版　南昌德昭文化传媒有限公司
幅面尺寸　185mm×260mm
开　　本　16
字　　数　310 千字
印　　张　14.5
印　　数　1-1500 册
版　　次　2023 年 5 月第 1 版
印　　次　2024 年 1 月第 1 次印刷

出　　版　吉林科学技术出版社
发　　行　吉林科学技术出版社
地　　址　长春市南关区福祉大路 5788 号出版大厦 A 座
邮　　编　130118
发行部电话/传真　0431—81629529　81629530　81629531
　　　　　　　　 81629532　81629533　81629534
储运部电话　0431-86059116
编辑部电话　0431-81629510
印　　刷　廊坊市印艺阁数字科技有限公司

书　　号　ISBN 978-7-5744-0378-9
定　　价　90.00 元

《电力工程与电工电子智能化应用》编审会

前 言 Preface

现代社会是一个离不开电的社会，电器产品随处可见。而伴随着电气化时代的到来诞生了一门科学技术，即电气工程及自动化技术。电气工程及其自动化技术是众多高新技术的有机合成，代表着当今富有生机、充满活力、富有开发前景的综合性学科技术，在国民经济中的各个相关领域都已经深入地渗透进去，应用非常广泛。科学技术的迅速发展，对于工程技术人员提出了越来越高的综合技能方面的要求，这就使得培养具有扎实的理论基础、科学的创新精神、基本的工程素养的复合型人才成为理工院校人才培养的关键目标、工程实践课程在理工专业学生培养方案中的作用日趋突出，在工程实践课程体系中，电工电子类工程实践课程是最基本、最有效以及最能激发学生兴趣的工程教育课程，其日趋凸显的作用，使之成为人才培养方案中不可或缺的重要实践环节。

电力系统是一个由大量元件组成的复杂系统。它的规划、设计、建设、运行和管理是一项庞大的系统工程。随着国民经济快速稳定增长，电力工程面临前所未有的发展机遇。随着经济的快速发展，我国的电气自动化产业发展十分迅猛，很多行业已经开始将自动化控制视为生产中的重要设备技术，成为了生产力扩大的有力保障。本书从电力系统的概述出发，简述了电力系统的一次部分和电力技术的应用以及电工电子智能化应用，并对电气自动化的相关部分进行分析与研究，在一定程度上带动了我国工业信息化的发展。

电气工程与电工电子技术涉及的面很广，作者在撰写过程中加入了自己的研究积累，参考并且引用了国内外相关专家学者的研究成果和论述，在此向相关内容的原作者表示诚挚的敬意和谢意。电气工程与电工电子技术处于高速发展的技术领域，新技术和新方法层出不穷，加之作者时间、经验水平有限，书中若有不当之处，恳请读者批评指正。

目 录 Catalogue

第一章　电力\系统概述

第一节　电力系统构成

电力系统的主体结构有电源（水电站、火电厂、核电站等发电厂），变电站（升压变电站、负荷中心变电站等），输电、配电线路和负荷中心。发电厂把各种形式的能量转换成电能，电能经过变压器和不同电压等级的输电线路输送并且被分配给用户，再通过各种用电设备转换成适合用户需要的能量。这些生产、输送、分配和消费电能的各种电气设备连接在一起而组成的整体称为电力系统。电力系统中输送和分配电能的部分称为电网，它包括升、降压变压器和各种电压等级的输电线路。另外，在电力系统运行与控制中，还有其必不可少的二次系统，二次系统由各种检测设备、通信设备、安全保护装置、自动控制装置以及监控自动化、调度自动化系统组成。电力系统的结构应保证在先进的技术装备和高经济效益的基础上，实现了电能生产与消费的合理协调。

电力系统再加上它的动力部分可称为动力系统。换言之，动力系统是指“电力系统”和“动力部分”的总和。所谓动力部分，则随电厂的性质不同而不同，主要有三种：火力发电厂的锅炉、汽轮机、供热网络等；水力发电厂的水库、水轮机；原子能发电厂的反应堆。

电网是电力系统的一个组成部分，而电力系统又是动力系统的一个组成部分。

在交流电力系统中，发电机、变压器、输配电设备都是三相的，这些设备之间的连线状况，可以用电力系统接线图来表示，电力系统一次部分主要分为三个部分。

一、发电厂（站）

发电厂的类型一般是根据能源来分类。目前在电力系统中，起主导作用的为水力发电站（厂）、火力发电厂和核能发电站。

（一）水力发电站

根据抬高水位的方式和水利枢组布置的不同，水力发电站又可以分为堤坝式、引水式和抽水蓄能电站等。

（1）堤坝式水电站。在河床上适当位置修建拦河坝，将水积蓄起来以形成水位差进行发电。这类水电站又可分为坝后式水电站和河床式水电站两类。坝后式水电站的厂房建在大坝的后面，全部水头压力由坝体承担，坝后式水电站适合于高、中水头的情况。河床式水电站的厂房和挡水堤坝连成一体，厂房也起挡水作用，由于厂房就修建在河床中，故称河床式水电站。河床式水电站的水头一般较低，大多在 30m 以下。

（2）引水式发电站。这种水电站建筑在山区水流湍急的河道上或河床坡度较陡的地段，由引水渠道提供水头，且一般不需要修筑堤坝，只修低堰即可（有时因为地形地质条件限制）。

（3）抽水蓄能式电站。抽水蓄能式电站是一类较为特殊形式的电站，既可以抽水，又可以发电。当电力系统处于低负荷时，系统会有多余出力，此时抽水蓄能电站机组就以电动机—水泵方式工作，将下游水库的水抽至上游水库蓄起来，当系统用电高峰到来时，机组则按水轮机—发电机方式运行，从而满足系统高峰用电（调峰）的需要。此外，抽水蓄能式电站还可用于调频、调相、系统备用容量和生产季节性电能等多种用途。抽水蓄能式电站在以火力发电、核能发电为主的电力系统中尤为重要。

（4）水电站的生产过程。无论是哪一类水电站，都是由在高水位的水，经压力水管进入螺旋形蜗壳推动水轮机转子旋转，将水能转换为机械能，水轮机转子再带动发电机转子旋转，而使得机械能转换成电能。

（5）水力发电站的特点。其一，水力发电过程相对比较简单，因为水力发电过程较简单，所需运行人员少，易于实现全自动化。其二，水力发电站不消耗燃料，所以其电能成本低。其三，水力机组的效率较高，承受变动负荷的性能较好，故在系统中的运行方式灵活，且水力机组起动迅速，在系统发生事故时能有力地发挥其后备作用。其四，在兴建水电站时，往往同时解决发电、防洪、灌溉、航运、养殖等多方面的问题，从而取得更大的综合经济效益。同时，水电站一般不存在污染环境的问题。

但是，建设水电站一般需要建设大量水工建筑物，投资大，工期长，特别是水库还将淹没一部分土地，给当地农业生产带来不利影响，并且有可能在一定程度上破坏自然界的生态平衡。

（二）火力发电厂

以煤炭、石油、天然气等为燃料的发电厂称为火力发电厂。火力发电厂中的原动机大部分为汽轮机，也有少数采用柴油机和燃气轮机。火力发电厂按其工作情况不同又可以分为：

（1）凝汽式火电厂。在这类发电厂中，燃料燃烧时的化学能被转换成热能（由锅炉产生蒸汽），再借助汽轮机等热力机械将热能转换成机械能，经由汽轮机带动发电机将机械能转换为电能。已作过功的蒸汽，排入凝汽器内冷却成水，又重新送回到锅炉使用。因为在凝汽器中，大量的热量被循环水带走，所以这种火电厂的效率很低，即使在现代超高温高压的火电厂，其效率也只能达到37% ~ 40%。凝汽式火电厂通常简称为火电厂。

（2）热电厂。热电厂与火电厂不同之处主要是在于把汽轮机中一部分做过功的蒸汽，从中间段抽出来供给供热用户，或经热交换器将水加热后，把热水供给用户。热电厂通常建在供热用户附近，除发电外还向用户供热，这样就减少了被冷却循环水带走的热量损失，从而提高其效率。

（3）火力发电厂的基本生产过程。火力发电厂由三大主要设备：锅炉、汽轮机、发电机及相应辅助设备组成，这类设备通过管道或线路相连构成生产主系统，即燃烧系统、汽水系统和电气系统。其生产过程简介如下。

①燃烧系统。包括锅炉的燃烧部分和输煤、除灰与烟气排放系统等。煤由皮带机输送到锅炉车间的煤斗，进入磨煤机磨成煤粉，然后与经过预热器预热的空气一起喷入炉内燃烧，将煤的化学能转换成热能，烟气经除尘器清除灰粉后，由引风机抽出，经高大的烟囱排入大气。炉渣和除尘器下部的细灰由灰渣泵排至灰场。

②汽水系统。包括锅炉、汽轮机、凝汽器及给水泵等组成的汽水循环和水处理系统、冷却水系统等。水在锅炉中加热后蒸发成蒸汽，经过加热器进一步地加热，成为具有规定压力和温度的过热蒸汽，然后经过管道送入汽轮机。

在汽轮机中，蒸汽不断膨胀，高速流动，冲击汽轮机的转子，以额定转速（3000r/min）旋转，将热能转换成机械能，带动与汽轮机同轴的发电机发电。在膨胀过程中，蒸汽的压力和温度不断降低。蒸汽做功后从汽轮机下部排出。排出的蒸汽称为乏汽，乏汽排入凝汽器。在凝汽器中，汽轮机的乏汽被冷却水冷却，凝结成水。

凝汽器下部所凝结的水由凝结水泵升压后进入低压加热器和除氧器，提高水温并除去水中的氧（以防止腐蚀炉管等），再由给水泵进一步升压，然后进入高压加热器，回到锅炉，完成水—蒸汽—水的循环。给水泵以后的凝结水称为给水。

汽水系统中的蒸汽和凝结水在循环过程中总有一些损失，因此，必须不断向给水系统补充经过化学处理的水。补给水进入除氧器，同凝结水一块由给水泵打入锅炉。

③电气系统。包括发电机、励磁系统、厂用电系统和升压变电站等。发电机的机端电压和电流随其容量不同而变化。所以，发电机发出的电，一般由主变压器升高电压后，经变电站高压电气设备和输电线送往电网。极少部分电，通过厂用变压器降低电压后，经厂用电配电装置和电缆供厂内风机、水泵等各种辅机设备和照明等用电。

（三）核能发电站

核电站由两个主要部分组成：核系统部分（包括反应堆及其附属设备）和常反应堆是实现核裂变链式反应的一种装置，主要由核燃料、慢化剂、冷却剂、控制调节系统、应急保安系统、反射体和防护层等部分组成。反应堆可以分为轻水堆（包括沸水堆和压水堆）、重水堆和石墨冷气堆等。目前，世界上使用最多的是轻水堆，其中绝大多数又为压水堆。

（四）其他类型发电站

（1）太阳能发电。太阳能发电通常是指光伏发电，是利用了太阳能电池将太阳光能直接转化为电能。太阳能发电系统主要包括：太阳能电池组件（阵列）、控制器、蓄电池、逆变器、用户即照明负载等组成。其中，太阳能电池组件和蓄电池为电源系统，控制器和逆变器为控制保护系统，负载为系统终端。

（2）风力发电。风力发电就是利用风力的动能来生产电能。风力发电的过程是：当风力使旋转叶片转子旋转时，风力的动能就转变成机械能，再通过升速装置驱动发电机发出电能。风能是一种取之不尽的自然能源，但风能具有一定的随机性和不稳定性，因此，风力发电必须配有蓄能装置。风力发电的主要优点是：清洁，环境效益好；可再生，永不枯竭；基建周期短；装机规模灵活。

风力发电的主要缺点是：噪声视觉污染；占用大片土地；不稳定，不可控；目前成本仍然很高。

其他利用再生能源发电的还有：利用地表深处的地热能来生产电能的地热发电；利用海水涨潮、落潮中的动能、势能来生产电能的潮汐发电。另外，还有利用燃料电池、垃圾燃料、核聚变能、生物质能等来生产电能。这些发电站的容量一般不大，是电力系统的一种补充，但在目前世界能源形势下，加快这些新能源发电的开发力度是世界各国共同的发展趋势，而这些电站在特定情况下，特别是在交通不便的偏僻农村，能发挥很大的作用。

二、电网（输配电系统）

电能的输送和分配是由输配电系统完成的。输配电系统又称电网，它包括电能传输过程中途经的所有变电站、配电站中的电气设备和各种不同电压等级的电力线路。实践证明，输送的电力越大，输电距离越远，选用的输电电压也越高，这样才能保证在输送过程中的电能损耗减少。但从用电的角度考虑，为了用电安全和降低用电设备的制造成本，则希望电压低一些。因此，一般发电厂发出的电能都要经过升压，然后由输电线路送到用电区，再经过降压后分配给用户使用，即采用了高压输电、低压配电的方式。变电站就是完成这种任务的场所。

在发电厂设置升压变电站将电压升高以利于远距离输送，在用电区则设置降压变电站将电压降低以供用户使用。

降压变电站内装设有受电、变电和配电设备，其作用是接受输送来的高压电能，经过降压后将低压电能进行分配。而对于低压供电的用户，只需再设置低压配电站。

配电站内不设置变压器，它只能接受电能和分配电能。

三、电力用户

电力系统的用户也称为用电负荷，可分为工业用户、农业用户、公共事业用户和人民生活用户等。根据用户对供电可靠性的不同要求，目前我国将用电负荷分为三级。

（1）一级负荷。对这一级负荷中断供电会造成人身伤亡事故或造成工业生产中关键设备难以修复的损坏，以致生产秩序长期不能恢复正常，造成了国民经济的重大损失；或使市政生活的重要部门发生混乱等。

（2）二级负荷。对这一级负荷中断供电将引起大量减产，造成较大的经济损失；或使城市大量居民的正常生活受到影响等。

（3）三级负荷。对这一级负荷的短时供电中断不会造成重大的损失。对于不同等级的用电负荷，应根据其具体情况采取适当的技术措施来满足它们对供电可靠性的要求。一级负荷要求供电系统必须有备用电源。当工作电源出现故障时，由保护装置自动切除故障电源，同时由自动装置将备用电源自动投入或由值班人员手动投入，以保证对重要负荷连续供电。如果一级负荷不大时，可采用自备发电机等设备，作为备用电源。对二级负荷，应由双回路供电；当采用双回路有困难时，则允许采用专用架空线供电。对于三级负荷，通常采用一组电源供电。

由于自然资源分布与经济发展水平等条件限制，电源点与负荷中心多处于不同地区。由于电能目前还无法大量储存，输电过程本质上又是以光速进行，电能生产必须时刻保持与消费平衡。因此，电能的集中开发与分散使用，及电能的连续供应与负荷的随机变化，就成为制约电力系统结构和运行的根本特点。

第二节　电力系统的基本概念

一、电力系统的运行特点

任何一个系统都有它自己独特的特征，电力系统的运行与其他工业系统比较起来，具有如下明显的特点。

（一）电能不能大量储存

电能的产生、输送、分配、消费、使用实际上是同时进行的，每时每刻系统中发电机发出的电能必须等于该时刻用户使用的电能，再加上传输这些电能时在电网中损耗的电能。这个产销平衡关系是电能生产的最大特点。

（二）过渡过程非常迅速

电能的传输近似于光的速度，以电磁波的形式传播，传播速度为 30 万 km/s，“快”是它的一个极大特点。比如电能从一处输送至另一处所需要的时间仅千分之几秒；电力系统从一种运行状态过渡到另一种运行状态的过渡过程非常快。

（三）与国民经济各部门密切相关

现代工业、农业、国防、交通运输业等都广泛使用着电能，此外在人民日常生活中也广泛使用着各种电器，而且各部门的电气化程度越来越高。因此，电能供应的中断或不足，不仅直接影响各行业的生产，造成人民生活紊乱，而且在某些情况下甚至会造成政治上的损失或极其严重的社会性灾难。

（四）对电能质量的要求颇为严格

电能质量的好坏是指电源电压的大小、频率和波形能否满足要求。电压的大小、频率偏离要求值过多或波形因谐波污染严重而不能保持正弦，都可能导致产生废品、损坏设备，甚至大面积停电。因此，对电压大小、频率的偏移以及谐波分量都有一定限额。而且，由于系统工况时刻变化，这些偏移量和谐波分量是否总在限额之内，需经常监测，要求颇严由于这些特点的存在，对于电力系统的运行提出了严格要求。

二、对电力系统运行的基本要求

评价电力系统的性能指标是安全可靠性、电能质量和经济性能。根据电力系统运行的特点，电力系统应满足以下三点基本要求。

（一）保证可靠的持续供电

电力系统运行首先要满足可靠、不间断供电的要求。虽然保证可靠、不间断的供电是电力系统运行的首要任务，但是并不是所有负荷都绝对不能停电，一般可按负荷对供电可靠性的要求将负荷分为三级，运行人员根据各种负荷的重要程度不同，区别对待。

通常对一级负荷要保证不间断供电。对二级负荷，如有可能也要保证不间断供电。当系统中出现供电不足时，三级负荷可以短时断电。

（二）保证良好的电能质量

电能质量包括电压质量、频率质量和波形质量三个方面。电压质量和频率质量一般都以偏移是否超过给定值来衡量，比如给定的允许电压偏移为额定值的 ±5%，给定

的允许频率偏移为 ±0.2 ~ 0.5Hz 等。波形质量则以畸变率是否超过给定值来衡量。所谓畸变率（或正弦波形畸变率），是指各次谐波有效值平方和的方根值与基波有效值的百分比。给定的允许畸变率常因供电电压等级而异，例如，以 380、220V 供电时为 5%，以 10 千伏供电时为 4%，等等。所有这些质量指标，都必须采取一切手段予以保证。

对电压和频率质量的保证，我国电力工业部门多年来早已有要求，并已将其作为考核电力系统运行质量的重要内容之一。在当前条件下，为保证这些质量指标，必须做到大量增加系统有功功率、无功功率的电源，充分发挥了现有电源的作用，合理调配用电、节约用电，不断提高系统的自动化程度等。

在我国，对波形质量的要求只是在系统中谐波污染日益严重的情况下才开始注意，有关规定还有待继续完善。所谓保证波形质量，就是指限制系统中电流、电压的谐波，而其关键则是在于限制各种换流装置、电热电炉等非线性负荷向系统注入的谐波电流。至于限制这类谐波电流的方法，则有更改换流装置的设计、装设无源滤波器或者有源电力滤波器、限制不符合要求的非线性负荷的接入等。

（三）努力提高电力系统运行的经济性

电力系统运行的经济性主要反映在降低发电厂的能源消耗、厂用电率和电网的电能损耗等指标上。

电能所损耗的能源在国民经济能源的总消耗中占的比重很大。要使电能在生产、输送和分配的过程中耗能小、效率高，最大限度地降低了电能成本有着十分重要的意义。

三、电力系统的中性点接地方式

电力系统的中性点一般指星形连接的变压器或者发电机的中性点。这些中性点的运行方式是很复杂的问题，它关系到绝缘水平、通信干扰、接地保护方式、电压等级、系统接线等很多方面。我国电力系统目前所采用的接地方式主要有三种，即不接地、经消弧线圈接地和直接接地。一般电压在 35 千伏及其以下的中性点不接地或经消弧线圈接地，称小电流接地方式；电压在 110 千伏及其以上的中性点直接接地，称大电流接地方式。

（一）不接地方式

在中性点不接地的三相系统中，当一相接地后，中性点电压不为零，中性点发生位移，对地相电压发生不对称（接地相电压为零，未接地的两相对地电压升高到相电压的 3 倍），但线和线之间的电压仍是对称的。所以，发生单相接地后，整个线路仍能继续运行一段时间。

单相接地时，通过接地点的电容电流为未接地时每一相对地电容电流的 3 倍。如果故障处短路电流很大，在接地点会产生电弧。在中性点不接地的三相系统中，当一相发生接地时，结果如下：

(1)未接地两相对地电压升高到相电压的3倍，即等于线电压，所以在这种系统中，相对地的绝缘水平应根据线电压来设计。

(2) 各相间的电压大小和相位仍然不变，三相系统的平衡没有遭到破坏，因此可以继续运行一段时间，这便是不接地系统的最大优点，但是不允许长期接地运行，一相接地系统允许持续运行的时间最多不得超过 2h。

(3) 接地点通过的电流为容性电流，其大小为原来相对地电容电流的 3 倍。这种电容电流不易熄灭，可能在接地点引起“弧光接地”，周期性地熄灭和重新发生电弧。“弧光接地”的持续间歇电弧很危险，可能引起线路的谐振现象而产生过电压，损坏电气设备或发展成为相间短路。

（二）中性点经消弧线圈接地

中性点不接地的三相系统发生单相接地故障时，虽然可以继续供电，但在单相接地的故障电流较大时，如 35 千伏系统大于 10A，10 千伏系统大于 30A 时，却不能继续供电。为了防止单相接地时产生电弧，尤其是间歇电弧，则出现了经消弧线圈接地方式，即在变压器或发电机的中性点接入消弧线圈，以减小接地电流。

这种补偿又可分为全补偿、欠补偿和过补偿。电感电流等于电容电流，接地处的电流为零，此种情况为全补偿；电感电流小于电容电流为欠补偿：电感电流大于电容电流为过补偿。从理论上讲，采用全补偿可使接地电流为零，但因采用了全补偿时，感抗等于容抗，系统有可能发生串联谐振，谐振电流若很大，将在消弧线圈上形成很大的电压降，使中性点对地电位大大升高，可能使设备绝缘损坏，因此一般不采用全补偿。

（三）中性点经小电阻接地

对于有些发展很快的城市配电网，由于中心区大量敷设电缆，单相接地电容电流增长较快，虽然装了消弧线圈，由于电容电流较大，且运行方式经常变化，消弧线圈调整困难，另外还由于使用了一部分绝缘水平低的电缆，为了降低过电压水平，减小相间故障可能性，配电网中性点采用经小电阻接地方式。

这种方式就是在中性点与大地之间接入一定阻值的电阻。该电阻与系统对地电容构成并联回路，由于电阻是耗能元件，也是电容电荷释放元件和谐振的阻压元件，对防止谐振过电压和间歇性电弧过电压保护有一定优越性。在中性点经电阻接地方式中，一般选择电阻的阻值很小，在系统单相接地时，控制流过接地点的电流在 500A 左右，也有控制在1000A左右的，通过流过接地点的电流来启动零序保护动作，切除故障线路。

中性点经电阻器接地，可消除中性点不接地和消弧线圈接地系统的缺点，即降低了瞬态过电压幅值，并使灵敏而有选择性的故障定位的接地保护得以实现；缺点是因接地故障入地电流 $I = 100 \sim 1000A$，中性点电位升高比中性点不接地、消弧线圈接地系统都要高，另外接地故障线路迅速切除，间断供电。

（四）中性点直接接地

对于电压在 110 千伏及以上的电网，由于电压较高，则要求的绝缘水平也就高，若中性点不接地，当发生接地故障时，其相电压升高 3 倍，达到线电压，对设备的影响很大，需要的绝缘水平更高。为节省绝缘费用保证其经济性，又要防止单相接地时产生间歇电弧过电抗器接地。

中性点接地系统当发生单相接地时，故障相由接地点通过大地形成单相的短路回路。单相短路回路中电流值很大，可使继电保护装置动作，断路器断开，将故障部分切除。如果是瞬时性的故障，当自动重合闸成功，系统又能继续运行。

可见，中性点直接接地的缺点是供电可靠性差，每次发生故障，断路器跳闸，供电中断。而现在的网络设计，一般都能保证供电可靠性，如双回路或两端供电，当一回路故障时，断开电路，而且高压线上不直接连用户，对于用户的供电安全可以由另一回路保证。

四、电力系统的电压等级和规定

（一）电力系统的额定电压

生产厂家在制造和设计电气设备时都是按一定的电压标准来执行的，而电气设备也只有运行在这一标准电压附近，才能具有最好的技术性能和经济效益，这种电压就称为额定电压。

实际电力系统中，各部分的电压等级不同。这是由于电气设备运行时存在一个能使其技术性能和经济效果达到最佳状态的电压。此外，为了保证生产的系列性和电力工业的有序发展，我国国家标准规定了电气设备标准电压（又称额定电压）等级。

输电电压一般分为高压、超高压和特高压。高压通常指 35 ~ 220 千伏的电压；超高压通常指 330 千伏及以上、1000 千伏以下的电压；特高压指 1000 千伏及以上的电压。

（1）同一电压级别下，各个电气设备的额定电压并不完全相等，为使各种互相连接的电气设备都能运行在较有利的电压下，它们之间的配合原则是：以用电设备的额定电压为参考。由于线路直接与用电设备相连，因此电力线路的额定电压和用电设备的额定电压相等，把它们统称为网络的额定电压。

（2）变压器具有发电机和用电设备的两重性，因此其额定电压的规定略为复杂。根据变压器在电力系统中传输功率的方向，规定变压器接受功率一侧的绕组为一次绕组，从电网接受电能，相当于用电设备；输出功率一侧的绕组为二次绕组，相当于发电机。

（二）电力网电压等级的选择

当输送的功率与距离一定时，线路的电压越高，线路中的电流就越小，所用导线的截面可以减小，用于导线的投资也较小，同时线路中的功率损耗、电能损耗也都相应减少。但另一方面，电压等级越高，线路的绝缘就要加强，杆塔几何尺寸要增大，线路、变压器和断路器等有关电气设备的投资也要增大。这表明对应一定的输送功率和输送距离，应有一个技术和经济上比较合理的电压。

五、电力系统的优越性

（1）提高了供电的可靠性。系统中一个发电厂发生了故障时，其他发电厂仍可以向用户供电：一条输电线路发生故障，用户还可以从系统中的其他线路获取电源。可见，具有合理结构的电力系统可靠性得到了大大提高。

（2）提高了供电的稳定性。电力系统容量较大，个别大负荷的变动即使有较大的冲击，也不会造成电压和频率的明显变化。小容量电力系统或孤立运行的发电厂则不同，较大的冲击负荷很容易引起电网电压和频率的较大波动，影响电能

（3）提高了发电的经济性。电力系统可以获得多方面的经济效益。

①充分利用动力资源。如果没有电力系统，很多能源就难以充分利用。在电力系统中，可实现水电和火电之间的相互调剂，丰水期可多发水电，少发火电，节约燃料；枯水期则多发火电以保证电能的供给。

②提高了发电的平均效率和其他经济指标。只有在大的电力系统内才能采用大容量的机组，从而获得较高的发电效率、较低的相对投资和较低的运行维护费用。另外，在电力系统内，在各发电厂之间可以合理地分配负荷，可以让效率高的机组多发电，在提高平均发电效率上实现经济调度。

③减小总装机容量。电力系统中的综合最大负荷常小于各发电厂单独供电时各片最大负荷的总和。这是因为不同地区间负荷性质的差别、负荷的东西时差及南北季差等。通过若干发电厂通过电力系统运行时，有利于错开各地区的高峰负荷，导致减小系统中的总和最大负荷，从而减小了总工作容量。另外，各发电厂的机组之间可以相互备用，还可以错开检修时间，减小了备用容量。

第三节　电气设备及选择

一、电气设备选择的一般条件

（一）选择条件

（1）额定电压。按正常工作条件选择电气设备为设备额定电压的 1.1 ~ 1.15 倍，而电气设备所在电网的运行电压波动，一般不超过电网额定电压的 1.15 倍。因此，在

选择电气设备时，一般可按照电气设备的额定电压不低于装置地点电网额定电压的条件选择。

（2）额定电流。电气设备的额定电流是指在额定环境温度下，电气设备的长期允许电流。额定电流应不小于该回路在各种合理运行方式下的最大持续工作电流。

（3）环境条件对于设备选择的影响。一般非高原型的电气设备使用环境的海拔高度不超过1000m。当地区海拔超过制造厂家的规定值时，由于大气压力、空气密度和湿度相应减少，使空气间隙和外绝缘的放电特性下降，则电气设备的最高允许工作电压应修正。当最高允许工作电压不能满足要求时，应采用高原型电气设备，或采用外绝缘提高一级的产品。

电气设备的额定电流是指在基准环境温度下，能允许长期通过的最大工作电流。此时电气设备的长期发热温升不超过其允许温度。在实际运行中，周围环境温度直接影响电气设备的发热温度，所以当环境温度不等于电气设备的基准环境温度时，其额定电流必须进行修正。

（二）按短路状态校验

1. 短路热稳定校验

短路电流通过电器时，电气设备各部件温度（或发热效应）应不超过允许值。

2. 电动力稳定校验

电动力稳定是电器承受短路电流机械效应的能力，亦称动稳定。满足了动稳定的条件为电气设备允许通过的动稳定电流幅值及其有效值≥短路冲击电流幅值及其有效值。

3. 短路电流计算条件

为使所选电气设备具有足够的可靠性、经济性和合理性，并在一定时期内适应电力系统发展的需要，作验算用的短路电流应按下列条件确定。

（1）容量和接线。按本工程设计最终容量计算，并考虑电力系统远景发展规划；其接线采用可能发生最大短路电流的正常接线方式，但是不考虑在切换过程中可能短时并列的接线方式。

（2）短路种类。一般按三相短路验算，若其他种类短路较三相短路严重时，则应按最严重的情况验算。

（3）计算短路点。同一电压等级各短路点的短路电流值均相等，但通过各支路的短路电流将随着短路点的位置不同而不同。在校验电气设备和载流导体时，必须确定电气设备和载流导体处于最严重的短路点，使通过的短路电流校验值为

①两侧均有电源的断路器，应比较断路器前、后短路时通过对断路器的电流值，择其大者为计算短路点。

②带电抗器的出线回路，一般可选电抗器后为计算短路点（这样出线可选用轻型

断路器）。

4. 短路计算时间

验算热稳定的短路计算时间为继电保护动作时间和相应断路器的全开断时间之和，继电保护动作时间一般取保护装置的后备保护动作时间，这是考虑到主保护有死区或拒动；而全开断时间是指对断路器的分闸脉冲传送到断路器操动机构的跳闸线圈时起，到各相触头分离后的电弧完全熄灭为止的时间段。显然全开断时间包括断路器固有分闸时间和断路器开断时电弧持续时间。下列几种情况可不校验热稳定或者动稳定。

（1）用熔断器保护的电气设备，其热稳定由熔断时间保证，故可不验算热稳定。

（2）采用有限流电阻的熔断器保护的设备可不验算动稳定。

（3）装设在电压互感器回路中的裸导体和电气设备可不验算动稳定和热稳定。

二、高压断路器和隔离开关的功能及选择

高压断路器和隔离开关是发电厂和变电站电气主系统的重要开关电器。高压断路器的主要功能是：正常运行时倒换运行方式，把设备或线路接入电网或退出运行，起着控制作用；当设备或线路发生故障时，能快速切除故障回路，保证无故障部分正常运行，起着保护作用。断路器是开关电器中最为完善的一种设备，其最大特点是能断开电器的负荷电流和短路电流。隔离开关的主要功能是保证高压电器及装置在检修工作时的安全，不能用于切断、投入负荷电流或开断短路电流，仅仅可允许用于不产生强大电弧的某些切换操作。

（一）高压断路器的选择

（1）断路器的种类和形式的选择。按照断路器采用的灭弧介质可分为油断路器（多油、少油）、压缩空气断路器、SF_6 断路器、真空断路器等。

①油断路器：结构特点为多油断路器的油作为灭弧和绝缘介质，少油断路器的油仅作灭弧介质，对地绝缘依靠固体介质；技术性能特点是自能式灭弧，开断性能差；多油断路器仅有屋外型 35 千伏电压级产品；少油断路器 110 千伏及以上产品为积木式结构，全开断时间短；运行维护特点是易于维护，噪声低，油易劣化，需一套油处理装置，需防火、防爆。

②压缩空气断路器：结构特点为结构较复杂，以压缩空气作为灭弧介质和弧隙绝缘介质，操作机构与断路器合为一体，技术性能特点是额定电流和开断能力可以做得较大，适于开断大容量电路，动作快，开断时间短；运行维护特点是噪声较大，维修周期长，无火灾危险，需一套压缩空气装置作为气源。

③ SF_6 断路器：结构特点是 SF_6 气体灭弧，对材料、工艺及密封要求严格，有屋外敞开式及屋内落地罐式之别，更多用于 GIS；技术性能特点：额定电流和开断电流可做得很大，开断性能好，适于各种工况开断，断口电压可做得较高，断口开距小；运

行维护特点是噪声低，不检修间隔期长，运行稳定，安全可靠，寿命长。

④真空断路器：结构特点是体积小，质量轻，灭弧室工艺材料要求高，以真空作为绝缘和灭弧介质，触头不易氧化；技术性能特点是可连续多次操作，开断性能好，灭弧迅速；目前我国只生产 35 千伏及以下等级产品，110 千伏及以上等级产品正在研制之中；运行维护特点是运行维护简单，灭弧室不需要检修，无灭弧及爆炸危险，噪声低。选择断路器形式时，应依据各类断路器的特点以及使用环境、条件决定。

（2）额定电压和电流选择。高压断路器的额定电压和电流要大于电网的额定电压和电网的最大负荷电流。

（3）开断电流选择。高压断路器的额定开断电流，不应小于实际开断瞬间的短路电流周期分量。国产高压断路器按国家标准规定，高压断路器的额定开断电流仅计入 20% 的非周期分量。一般中、慢速断路器，开断时间较长，短路电流非周期分量衰减较多，能满足标准规定的要求。对于使用快速保护和高速断路器，其开断时间小于 0.1s，当电源附近短路时，短路电流的非周期分量可能超过周期分量的 20%，需要用短路全电流进行验算。

（4）短路关合电流的选择。在断路器合闸之前，若线路上已存在短路故障，则在断路器合闸过程中，动、静触头间在未接触时有巨大的短路电流通过（预击穿），更容易发生触头熔焊和遭受电动力的损坏；且断路器在关合短路电流时，不可避免地在接通后又自动跳闸，此时还要求能够切断短路电流。因此，额定关合电流是断路器的重要参数之一。为保证断路器在关合短路电流时的安全，断路器的额定关合电流不应小于短路电流最大冲击值。

（5）短路热稳定和动稳定校验。

（6）发电机断路器的特殊要求。发电机断路器与一般的输变电高压断路器相比，由于在电力系统中处于特殊位置及开断保护对象的特殊性，因而在许多方面有着特殊要求。对发电机断路器的要求可概括为三个方面。

①额定值方面的要求。发电机断路器要求承载的额定电流特别高，而且开断的短路电流特别大，都远超出相同电压等级的输变电断路器。

②开断性能方面的要求。发电机断路器应具有开断非对称短路电流的能力，其直流分量衰减时间为 133ms，还应具有关合额定短路关合电流的能力，该电流峰值为额定短路开断电流交流有效值的 2.74 倍，及要具有开断失步电流的能力等。

③固有恢复电压方面的要求。因为发电机的瞬态恢复电压是由发电机和升压变压器参数决定的，而不是由系统决定的，所以其瞬态恢复电压上升率取决于发电机和变压器的容量等级，等级越高，瞬态恢复电压上升得越快。由此可见，发电机断路器与相同电压等级的输配电断路器相比应满足许多高的要求，有的甚至是“苛刻”的要求。因此，对发电机断路器除了应满足现有的开关制造标准，还制定了发电机断路器的通用技术标准。在选用发电机断路器时，特别对于大型机组，应对上述特殊要求给予充分重视，选用专用的发电机断路器。对于小型机组，可采用少油式断路器，对于中大

型机组，主要采用SF。断路器、压缩空气断路器。

（二）隔离开关的选择

隔离开关也是发电厂和变电站中常用的开关电器。它需与断路器配套使用。但隔离开关无灭弧装置，不能用来接通和切断负荷电流和短路电流。隔离开关的工作特点是在有电压、无负荷电流情况下分、合电路。其主要功能为：

（1）隔离电压。在检修电气设备时，用隔离开关将被检修的设备和电源电压隔离，以确保检修的安全。

（2）倒闸操作。投入备用母线或旁路母线以及改变运行方式时，常用隔离开关配合断路器，协同操作来完成。

（3）分、合小电流。因隔离开关具有一定的分、合小电感电流和电容电流的能力，故一般可用来进行下列操作：分、合避雷器、电压互感器和空载母线；分、合励磁电流不超过2A的空载变压器；关合电容电流不超过5A的空载线路。隔离开关与断路器相比，额定电压、额定电流的选择及短路动、热稳定校验的项目相同。但由于隔离开关不用来接通和切除短路电流，故无需进行开断电流和短路关合电流的校验。

隔离开关的形式较多，按安装地点不同，可分为屋内式和屋外式；按绝缘支柱数目又可分为单柱式、双柱式和三柱式；此外，还有V形隔离开关。隔离开关的形式对配电装置的布置和占地面积有很大影响，隔离开关选型时应根据配电装置特点和使用要求以及技术经济条件来确定。

三、高压熔断器的选择

高压熔断器是最简单的保护电器，它用来保护电气设备免受过载和短路电流的损害。与高压接触器（真空接触器或SF，接触器）配合，广泛用于300 ~ 600MW大型火电机组的厂用6千伏高压系统，称为“F-C回路”。

（一）高压熔断器形式选择

按安装条件及用途选择不同类型高压熔断器如屋外跌开式、屋内式。对用于保护电压互感器的高压熔断器应选专用系列。

（二）高压熔断器额定电压选择

对一般的高压熔断器，其额定电压必须大于或等于电网的额定电压。但是对于充填石英砂有限流作用的限流式熔断器，则不宜使用在低于熔断器额定电压的电网中。这是因为限流式熔断器灭弧能力很强，熔体熔断时因截流而产生过电压，一般在额定电压必须等于电网的额定电压的电网中，过电压倍数约2 ~ 2.5倍，不会超过电网中电气设备的绝缘水平；但如在额定电压大于电网的额定电压的电网中，因熔体较长，过电压值可达 3.5 ~ 4 倍相电压，可能损害电网中的电气设备。

（三）高压熔断器额定电流选择

熔断器的额定电流选择，包括熔断器熔管的额定电流和熔体的额定电流的选择。

（1）熔管额定电流的选择。为了保证熔断器壳不致损坏，高压熔断器的熔管额定电流应大于熔体的额定电流。

（2）熔体额定电流的选择。为防止熔体在通过变压器励磁涌流和保护范围以外的短路及发电机自启动等冲击电流时误动作，保护 35 千伏及以下电力变压器的高压熔断器，其熔体的额定电流应根据电力变压器回路最大工作电流选择。保护电力电容器的高压熔断器的熔体，当系统电压升高或波形畸变引起回路电流涌流时不应熔断，其熔体的额定电流应根据电容器回路的额定电流选择。

（3）熔断器开断电流校验。对于没有限流作用的熔断器，选择时用冲击电流的有效值进行校验；对于有限流作用的熔断器，在电流达到最大值之前已截断，故可不计非周期分量影响。

四、互感器的选择

互感器是电力系统中测量仪表、继电保护等二次设备获取电气一次回路信息的传感器。互感器将高电压、大电流按比例变成低电压和小电流，其一次侧接在一次系统，二次侧接测量仪表与继电保护等。互感器包括了电流互感器和电压互感器两大类，主要是电磁式的。

为了确保工作人员在接触测量仪表和继电器时的安全，互感器的每一个二次绕组必须有一可靠的接地，以防绕组间绝缘损坏而使二次部分长期存在高电压。

（一）电流互感器的选择

（1）种类和形式的选择。选择电流互感器时，应根据安装地点（如屋内、屋外）和安装方式（如穿墙式、支持式、装入式等）选择其形式，选用母线型电流互感器时应注意校核窗口尺寸。

（2）一次回路额定电压和电流的选择。

（3）准确级和额定容量的选择。为了保证测量仪表的准确度，电流互感器的准确级不得低于所供测量仪表的准确级。装于重要回路（比如发电机、调相机、厂用馈线、出线等回路）中的电流互感器的准确级不应低于 0.5 级；对测量精度要求较高的大容量发电机、变压器、系统干线和 500 千伏级宜采用 0.2 级；对供运行监视、估算电能的电能表和控制盘上仪表的电流互感器应为 0.5 ~ 1 级；供只需估计电参数仪表的电流互感器可用 3 级。对于不同的准确级，互感器有不同的额定容量，体现在互感器的准确级与二次侧负载有关。

（4）热稳定和动稳定校验。

①只对本身带有一次回路导体的电流互感器进行热稳定校验。电流互感器热稳定能力常以允许通过的热稳定电流或一次额定电流的倍数来表示。

②动稳定校验包括由同一相的电流相互作用产生的内部电动力校验，以及不同相的电流相互作用产生的外部电动力校验。

（二）电压互感器的选择

（1）种类和形式选择。应根据装设地点与使用条件进行电压互感器的种类和形式的选择。

（2）一次额定电压和二次额定电压的选择。3 ~ 35 千伏电压互感器一般经隔离开关和熔断器接入高压电网。110 千伏及以上的电压互感器可靠性较高，电压互感器只经过隔离开关与电网连接。

（3）容量和准确级选择。根据仪表和继电器接线要求选择电压互感器的接线方式，并尽可能将负荷均匀分布在各相上，然后计算各相负荷大小，按照所接仪表的准确级和容量，选择互感器的准确级和额定容量。互感器的额定二次容量（对应于所要求的准确级），应不小于电压互感器的二次负荷。

电压互感器三相负荷常不相等，为了满足准确级要求，通常以最大相负荷进行比较。计算电压互感器各相的负荷时，必须注意电压互感器和负荷的接线方式。

五、限流电抗器的选择

常用的限流电抗器有普通电抗器和分裂电抗器两种，选择的方法基本相同。

（一）额定电压和额定电流的选择

当分裂电抗用于发电厂的发电机或主变压器回路时，额定电压一般按发电机或主变压器额定电流的 70% 选择；而用于变电站主变压器回路时，额定电流取臂中负荷电流较大者，当无负荷资料时，一般按主变压器额定容量的 70% 选择。

（二）电抗百分数的选择

1. 普通电抗器的电抗百分数的选择

（1）按将短路电流限制到一定数值的要求来选择。

（2）正常运行时电压损失校验。

（3）母线残压校验。若出现电抗器回路未设置速断保护，为了减轻短路对其他用户的影响，当线路电抗器后短路时，母线残压应不低于电网电压额定值的 60% ~ 70%。

2. 分裂电抗器电抗百分数的选择

分裂电抗器电抗百分值按将短路电流限制到要求值来选择。在正常运行情况下，分裂电抗器的电压损失很小，但是两臂负荷变化可引起较大的电压波动，故要求两臂母线的电压波动不大于母线额定电压的5%。

（三）热稳定和动稳定校验

分裂电抗器抵御两臂同时流过反向电流的动稳定能力较低，因此，分裂电抗器除分别按单臂流过短路电流校验外，还应按两臂同时流过反向短路电流进行动稳定校验。

第四节　我国电力系统的发展及其特点

一、电力建设快速发展

（1）发电装机容量、发电量持续增长。“十一五”期间，我国发电装机和发电量年均增长率分别为10.5%、10.34%。发电装机容量继2000年达到了3亿千瓦后，到2009年已达到8.6亿千瓦。发电量在2000年达到1.37万亿千瓦时，到2009年达到34 334亿千瓦时，其中火电占到总发电量的82.6%，水电装机占总装机容量的24.5%，核电发电量占全部发电量的2.3%，可再生能源主要是风电和太阳能发电，总量微乎其微。

从装机容量上看，自2014年来，我国发电整体装机容量持续上升，每年新增装机容量呈下降趋势。到2019年发电容量达到3.56亿千瓦时，同比增长0.85%；新增装机容量为417万千瓦时，同比下降51.46%。2020年中国水力发电装机容量为3.7亿千瓦时，同比增长3.93%；新增装机容量大幅度增长，为1323万千瓦时，同比增长217.27%。

（2）电源结构不断调整和技术升级受到了重视。水电开发力度加大，2008年9月，三峡电站机组增加到34台，总装机容量达到为2250万千瓦。核电建设取得进展，经过20多年的努力，建成以秦山、大亚湾/岭澳、田湾为代表的几个核电基地。截至2008年底，国内已投入运营的机组共11台，占世界在役核电机组数的2.4%，装机容量约910万千瓦，为全国电力装机总量的1.14%、世界在役核电装机总量的2.3%。高参数、大容量机组比重有所增加，截止2009年底，全国已投运百万千瓦超超临界机组21台，是世界上拥有百万千瓦超超临界机组最多的国家；30万千瓦以及以上火电机组占全部火电机组的比重提高到69.43%，火电机组平均单机容量已经提高到2009年的10.31万千瓦。

火电装机量在国内电网建设当中长期处于主流地位，2010—2020年间火电新增装机量起伏较大，但占全部新增装机量的比重长期位列第一位。2015年以后由于国家针对水电、风电、光伏发电出台了一系列的补贴政策，加之风电和光伏的技术进步非常迅速，光伏、风电价格进一步下降至火电水平，同时由于无温室气体排放，可以通过碳排放交易获得一些收入。所以火电新增装机量占比呈现快速下降趋势。2020年我国火电装机量为5777万千瓦，占当年新增装机比重的30.3%。

随着装机容量的增长，我国水力发电产量稳定上升。2019年中国水力发电量达到了130 44.4亿千瓦时，同比增长5.9%；2020年中国水力发电量为13 552.1亿千瓦时，同比增长3.9%，占总发电量的17.4%，较上年增加0.4个百分点；2021年1—3月中国水力发电量产量为1958.6亿千瓦时，占总发电量的10.29%。

在机组效率方面，2020年1—11月，全国发电设备累计平均利用小时为3384小时，2020年火力发电利用小时为4216小时，火电在利用效率方面仅仅次于核电，但是从2010—2020年整体发展的趋势来看，火电设备的机组利用效率正在逐渐下降。

第二章 变电设备安装

第一节 GIS 组合电器安装

一、GIS组合电器安装

（一）间隔单元安装

安装前四周环境应采取防尘、防潮措施，且空气相对湿度不能超过 80%。间隔单元安装应根据实际布置情况，以中间或者一侧为第一安装单元，逐级分步进行。第一安装单元按设计要求安装就位后，应核对其轴线及水平，同时打开需要对接处的临时封板。封板打开后检查其盆式绝缘子应完整无破损，气室内的支柱绝缘子应完好、紧固，内部清洁且无异物，连接触头完好，内部若有临时支撑件应予拆除。打开相邻的第二安装单元的封板，并对内部进行相同检查。对接法兰面应平整、清洁无划伤，已用过的密封垫不得使用，新换的密封垫必须无扭曲、裂纹，涂抹密封脂时，不得流入垫圈内侧，同时对盆式绝缘子、内部支柱绝缘子的表面进行清洁工作。将第二安装单元安装就位，并和第一安装单元对接，对接时要非常小心不能损坏连接触头，确保了轴线及水平度能满足厂家要求，检查密封垫无偏移后，穿好对接螺丝并紧固，其具体的螺栓扭矩值应按厂家要求执行。对间隔单元内的隔离开关及接地器在手动操作时，传动齿轮和连杆应操作灵活，无卡阻现象，分合位置指示应正确。间隔之间的主回路电阻应按厂家指定的位置检测，并且符合厂家要求，带有 CT 的气室应完成常规试验，组装后的间隔单元绝缘试验应合格。第二安装单元安装完毕后，即可按上述步骤进行后续单元安装，直至间隔单元全部安装结束。

（二）出线及套管安装

对间隔中有出线套管时，应先将引线筒、支柱安装好。安装时要保证触头连接可靠接触，密封面应按上述要求进行处理。套管安装前应先将套管平放在两根道木上，在地面装好内屏蔽罩及导电杆，并将外均压环套在瓷套管上。对于垂直安装的出线套管，可在离套管顶端 4 ~ 6 瓷片处，用双吊点绳对拉系牢。直接起臂将套管起吊垂直，起吊时要十分小心，底部应采取保护措施，防止损坏套管，垂直将套管及导电杆落入对接处。对带有倾斜角度的出线套管安装时，可用单吊点绳系牢，套管的倾斜角度应与安装倾斜角度一致。倾斜角度可利用吊点绳在套管的上下位置进行调节，下端接触面也要按上述要求进行处理。安装结束后，其主回路电阻应按厂家指定的位置检测，并符合厂家规定要求。

（三）抽真空及真空检查

抽真空前，用于开闭气管的阀门应操作灵活，密度继电器经校验合格，其报警、闭锁整定值要符合厂家规定。对抽真空的管道进行真空检测，确保气体管路无泄漏。抽真空前对气室内的吸附剂进行更换，其处理方法应按厂家规定要求执行。为了避免由于停电及不可预见的事件造成真空泵油倒入 GIS 内部的事故发生，在真空泵出口处、麦式真空表前加装电磁阀、逆止阀和手动阀门。确定了密度继电器处的阀门及其他阀门处于开启位置并进行抽真空，其真空度及抽真空时间应符合规范或厂家要求。按厂家要求进行真空密封检查，合格后方可注气。

（四）注气及密封检查

注气前应对 SR 气体进行检测，其检验结果应符合规范要求。注气时应在出口处加装减压阀，确保 SF& 气体以恒定压力进入气室。气室注到符合厂家规定的压力值后停止注 SF6 气体，对相邻气室若正在进行抽真空或真空检查时，其注入 SR 气体的压力值低于额定压力值的一半，待相邻气室完成并进行注气后，才能注到额定压力值，杜绝一边有额定压力一边真空情况发生。静止 48 小时后对 SF& 气体含水量进行测量，SR 气体含水量应符合厂家标准。（与灭弧室相通的气室，应小于 150ppm，不相通的气室，应小于 500ppm）。GIS 注入 SF6 气体后，按有关规定对连接处密封进行检查，其年漏气率应符合厂家标准。

（五）汇控箱及二次接线

GIS 安装完毕后，进行汇控柜、二次电缆敷设和接线施工，确保刀闸、断路器能正确操作，验电回路能正确指示。断路器二次接线完毕后，应按厂家技术资料和标准规范进行调试，其机械性能要满足厂家规定以及规范要求，断路器操作前气室内必须充入额定压力的 SF6 气体。

二、GIS组合电器试验

（一）老练试验

试验前已按厂家指定的位置与地网之间进行接地连接。试验前，各气室内的 SF6 气体压力已符合厂家规定的压力值，并无遗漏。试验前各电气单元试验应合格，气室微水、回路电阻应检测合格，CT 二次回路应短接。老练试验应按厂家及规范标准进行，无击穿情况发生，试验合格。现场老练试验时，GIS 内部如有微量杂质或毛刺时，升压过程可能会发生试验性闪络，即未达到了规定试验电压仪器就自动跳闸，并可能出现多次，这是允许的。故在加压时，需逐步递增，先升到相电压停留 15min，再增至线电压停留 3min,然后再增到试验电压下耐压 1min,若能通过 1min,表示杂质或毛刺已清除，其交流耐压试验通过。

（二）耐压试验

耐压试验时应按厂家及规范标准进行，无击穿情况发生并试验合格。耐压试验合格结束后进行避雷器及 PT 安装。安装时要保证触头接触可靠，密封面应按上述要求进行处理，气室注气到符合厂家规定且含水量检验合格。

（三）老练试验、连锁试验和安装检验

带避雷器、PT 做老练试验时，应防止过电压引起避雷器动作，试验合格。老练试验时，应检查相关间隔带电显示器是否正常。GIS 安装结束后，其断路器外部回路的传动应正确无误。接地开关、隔离开关、断路器之间闭锁以及倒母线操作连锁应正确无误。安装结束后由质检员会同作业组长对安装进行检验，并填写施工记录。

三、GIS安装危险点分析及预防措施

（一）防止高处作业高空坠落控制措施

GIS 施工时，要求作业人员必须系好安全带或安全绳，安全带（绳）应系在上端牢固可靠处或水平移动绳上，其长度能起到保护作用所使用梯子牢固可靠，有专人把持。

（二）防止吊装起落人身、设备事故控制措施

加强对吊车维护、保养以及维修工作，加强对操作人员的技能培训，吊车支腿稳固，按安装规定要求选择合适的起重工机具，安装及倒运时严防吊车倾倒。作业时设立专人指挥，按制造厂家的要求进行吊装。

（三）防止电动工机具触电事故控制措施

使用的电动机具外壳必须可靠接零，工作时要严格遵守操作规程，作业前由安环人员作全面的检查。

（四）防止安装过程设备损伤控制措施

套管起吊在即将离地面时，要注意吊臂和运行状态一致，必要时可用软吊带在底端保护；套管安装时，应缓慢插入，防止瓷件碰撞法兰口或者导电杆受损。

（五）防止抽真空造成设备损坏控制措施

检查真空泵是否完好，真空泵出口处应装设手动真空球阀和逆止阀，防止突然断电真空泵油气倒气室内。

抽真空时相邻气室不能充入额定压力值的SF6气体，所用电源必须可靠，单独控制，专人管理，无关人员不得操作控制开关。

读取真空度时缓慢打开了手动球阀，真空表不得过高，谨防水银流入真空管道，作业时必须注意对真空表的保护工作。

四、环境保护

（一）SR气体漏失而造成空气污染的保护措施

在安装GIS前，应对施工人员进行真空泵及回收装置操作技术以及环保方面的培训和交底。对连接气管的接头处要进行严格检查，作业时要避免SF& 气体的漏失。对剩余废弃的SF6气体进行集中回收，严禁直接排放到空气中，造成空气污染。

（二）机具操作时造成空气污染及噪音的保护措施

加强对吊车、真空泵及回收装置的维护、保养、维修工作，加强对操作人员的技能培训。作业时尽量减少空气污染以及噪音的发生。

（三）GIS安装遗弃物造成环境污染的保护措施

加强环保教育，增强施工人员的环保意识。在施工时，设置废品回收点，严禁乱扔乱放，待施工结束后统一集中处理。

第二节　开关柜安装

一、适用范围

适用于铁路35kV及以下配电所、变电所高压柜、控制保护屏等安装施工。

二、作业条件

物资料具已到货齐全。接口检查：盘柜等设备在安装前应确认房建工程符合下列条件。房屋的施工基本结束，室内屋顶、地面、门窗等的装修工作已结束并达到相关技术标准的规定；所有预埋件、预留孔的位置符合设计要求，安装牢固；配电盘柜、控制台基础预埋型钢安装允许偏差应符合设计以及规范要求。

三、作业内容

施工准备；盘柜开箱检查；盘柜就位、固定；盘柜内设备安装；填写安装记录。

四、施工技术标准

（一）GIS开关柜应按下列要求安装

按产品技术文件要求进行开关柜的吊装和搬运，不得损伤柜体表面涂层；由端柜侧开始进行安装，第一面开关柜就位固定后，调整其位置、垂直度和水平度，达到产品技术文件要求后固定牢靠；自第二面GIS开关柜起，在GIS开关柜并列安装的同时，进行柜体之间主母线的连接；并列开关柜全部就位后，将每台柜内的主接地母线连接成一个整体，并从全部并列开关柜的两端和接地网可靠连接；二次回路接地连线的接地点应符合设计要求；开关柜的压力通道和通风机的安装位置和固定方式应符合产品技术文件要求；开关柜气室现场需要充补气时，应按照产品技术文件要求及时进行抽真空处理、充气，并且进行检漏和微水测量。

（二）AIS开关柜应按下列要求安装

按产品技术要求方法进行开关柜的吊装和搬运，不得损伤柜体表面涂层；由端柜侧开始进行安装，第一面开关柜就位固定后，调整其位置、垂直度和水平度，达到了产品技术文件要求后固定牢靠；按图纸依次连接后续开关柜，柜体的组立应垂直牢固，符合产品技术文件要求；组装母线桥，母线桥的组装形式及母线的安装方式应符合产品技术文件要求；母线应按相序分别进行连接；并列开关柜全部就位后，将每台柜内的主接地母线连接成一个整体，并从全部并列开关柜的两端与接地网可靠连接。

（三）高压电缆连接应符合下列要求

电缆终端头的制作形式应符合开关柜的产品特性。对于采用电缆插接装置进行电气连接的电缆，电缆终端头与插接头的连接方式应符合产品技术文件要求；电缆插头插入电缆插口后应固定牢靠，电缆在开关柜底板处应按产品技术文件要求进行固定及接地；开关柜底板处的电缆孔应进行封堵。

（四）高压开关柜传动测试应符合下列要求

应对开关柜内的断路器、隔离开关进行手动操作传动检查，并且检查电气闭锁回路及三工位隔离开关动作的可靠性；应对开关柜内的断路器、隔离开关进行电动操作传动检查，开关动作及电气联锁功能应符合设计要求。

高压开关柜在带电投运之前应进行下列检测

开关柜的底座槽钢、框架和接地母线已可靠接地；进出线电缆的方向、相序正确，电缆的规格、型号符合设计以及产品技术文件要求；GIS 开关柜的断路器室和母线室的六氟化硫气体压力达到产品技术文件要求的额定值；开关柜内的断路器、隔离开关传动检查正常，并符合有关标准的规定；开关柜的电气试验项目，应当符合产品技术文件要求和国家有关该类产品试验标准的规定。

五、工序流程及操作要点

（一）10kV（35kV）气体绝缘开关柜组装

1. 工序流程

工序流程如图 2-1 所示。

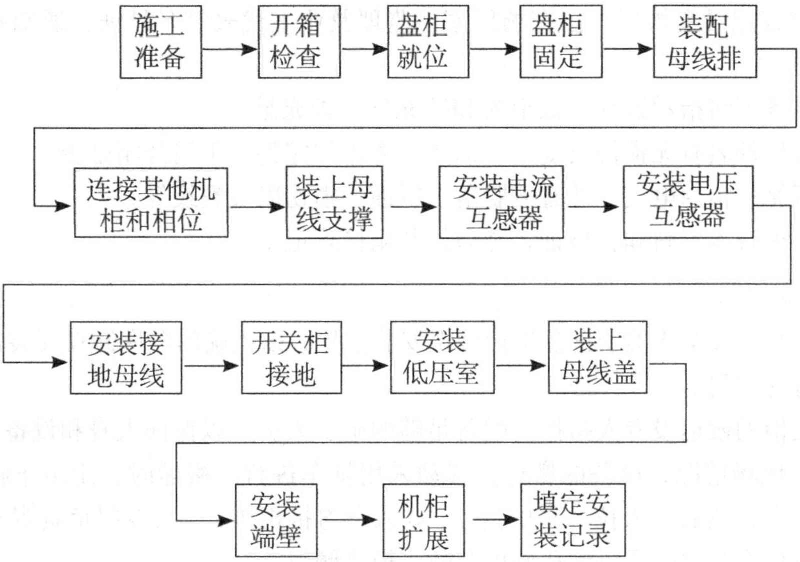

图 2-1 工序流程图

2. 操作要点

（1）施工准备

①对施工人员进行技术交底，并且填写交底记录。

②对参加施工人员进行上岗前技术培训，考核合格后持证上岗。

③按照机械设备及工器具配置表、物资材料表配置物资料具。

④准备好施工用的全部工具、材料、机械，全部施工人员到位。

⑤对操作人员进行提前进行施工技术交底。

⑥用经纬仪及钢卷尺对开关柜基础进行核对尺寸，检查基础槽钢长度、宽度、标高及相对位置是否符合设计要求，以及检查基础槽钢的直线度和水平度，误差不得超过允许值；检查高压及控制电缆的孔洞是否对应开关柜的排列布置。

⑦清除基础槽钢面上的灰砂，完成了槽钢的接地工作，测量基础槽钢的水平度和不直度，找出最高点，并标注高差，开关柜宜从中间开始就位。

（2）开箱检查

①设备检查时厂家、监理及业主代表应在现场。

②检查的主要内容。

检查表面有无刮伤或撞击痕迹，对照设计图纸以及核对到货清单、检查设备型号、规格、数量是否相符，以及随柜而到的有关附件、备件、仪表、仪器、专用工具的数量及规格和清单是否相符。

检查瓷瓶等瓷件有无变形、破损、受潮。

检查厂家出厂技术文件是否齐全；如在检查中发现的缺损件、厂家资料不齐全等应在开箱检查记录上填好，由在场厂家、监理及业主代表签名见证，通知物资供应部门补回。

检查准备就绪指示器查验机柜内 SF6 充气是否充足。

检查盘柜外表有无损伤及变形，油漆是否均匀完整，柜门开闭是否

灵活可靠，柜内电气元件有无脱落、锈蚀、损伤以及裂纹等。

收集各种技术资料和合格证，并做好开箱检查记录。

（3）盘柜就位

用起重车、叉车或滚子把盘柜运输至安装位置，以正确的顺序卸在安装场地上（留出安装所需的空间）。

①开关柜的搬运设专人指挥，配备足够的施工人员，以保证人身和设备安全。

②根据现场情况，设备的搬运、移动采用推车进行。搬运时，用吊车将开关柜吊到液压叉车上，然后一人拉叉车的把手，3 人合力推柜体，1 人专门负责观察推车行走的路线，防止推车的轮子掉到孔洞里及防止柜体倾覆。

③盘柜搬运时应按图纸将盘柜按顺序摆放，各柜间应留一定间隙，以方便下一步盘柜的就位安装。

（4）盘柜固定

①首先根据设计的尺寸拉好整排屏柜的直线。按设计位置和尺寸把第一面柜线坠和水平尺按规范要求的垂直度、水平度进行找正，如果达不到要求可在柜底垫垫块，但垫块不能超过三块且垫块不能有松动，达到要求后，在开关柜的四个底角上烧焊或钻孔用螺栓将其固定。

②第一面开关柜安装好后，其他开关柜就按第一个柜作为标准拼装起来。

③依次将柜体逐块找正靠紧。检查盘间螺丝孔应相互对应，如位置不对可用圆锉修整。带上柜间螺丝（不要拧紧），以第一面柜为准，用撬棍对盘进行统一调整，调整垫铁的厚度及盘间螺丝松紧，使每块盘达到规定要求，依次将各盘固定。

（5）开关柜接地

接地导体的截面积和材料按相关的国家标准的规定。至少把两个末端机柜的接地端子（M12 螺栓）接到变电站接地上。另外，大致每五个机柜接一次地。

（6）安装低压室

用固定带将它们相互连接。把低压室放在相配开关柜的柜体上，将它向后推，一直推到固定钩（2 个）滑入开口中，使低压室的正面同机柜的正面平齐。用螺栓把低压室固定到柜体上，对其他的低压室重复同样的安装。

用螺栓把低压室连接在一起。把三位置开关和断路器的预装配电缆从底部右侧的开口中穿过。把 10 极柱连接器插到相配的端子上。把母线敷设在导管中，插接到相配的端子上。把电流互感器和电压互感器的引线接到相配的端子上。

(7) 装上母线盖

装上母线盖，用螺丝紧固。

(8) 安装端壁

用螺栓把端壁同最后一个机柜周围连接了起来。在没有卸压管道的机柜中，把端罩向柜壁压，紧固螺栓。若可行的话，固定到柜壁上。

(二) 10kV (35kV) 变配电所盘柜安装 (高压开关柜及控制保护屏等)

1. 工序流程

工序流程如 2-2 所示。

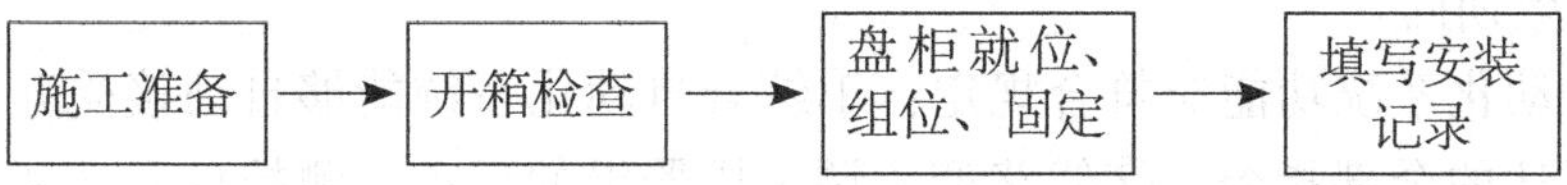

图 2-2 工序流程图

2. 操作要

变配电所盘柜安装的操作要点与高压柜的安装相同。

六、质量控制标准及检验

(一) 高压开关柜

1. 高压开关柜进场验收应符合下列规定

①规格、型号、质量应符合设计要求和相关技术标准的规定。

②部件应齐全，无锈蚀和机械损伤。

③ SF6 气体绝缘高压开关柜安装前，禁止打开其本体上的阀门或法兰盖板。对充有 SF6 气体的安装单元，应检查气体压力是否符合产品技术文件要求。

④在安装地点短期保管时，应符合了产品技术文件要求。

⑤高压开关柜内各种闭锁装置动作应准确可靠。

2. 户内全封闭六氟化硫气体绝缘开关柜高压电缆连接应符合下列规定

①电缆终端头的制作形式应符合开关柜的产品特性。对采用电缆插接装置进行电气连接的电缆，电缆芯线与插接头的连接方式应符合设计要求和产品技术文件要求。

②电缆插头插入电缆插口后应固定牢靠，电缆在开关柜底板处应按产品技术文件要求进行固定以及接地。

③开关柜底板处的电缆孔应按设计要求进行封堵。

户内全封闭六氟化硫气体绝缘开关柜应检查气体压力符合产品技术文件要求。高压开关柜的电气性能检验项目及要求应符合规定。开关柜表面涂层应完整，盘面清洁。

（二）综合自动化屏、柜

屏、柜的进场验收应符合规定：①所采用设备的规格、型号、质量应符合设计要求和相关产品标准的规定。②各类屏、柜、控制台、端子箱等设备无锈蚀或机械损伤。

各类屏、柜、控制台、端子箱等设备的安装位置、接地符合设计要求。屏、柜单独或成列安装时，其垂直度、水平偏差及屏、柜面的偏差和屏、柜间接缝的允许偏差应符合规定。

屏、柜及设备上安装的元、器件应符合设计要求，动作可靠，固定牢固；所有电器的功能标签齐全、规格一致。二次回路接线正确，连接可靠。计量回路的表计应在计量合格有效期内。

综合自动化系统功能应符合规定：①综合自动化系统能够自动接受并正确执行电力调度所下达的全部指令。②线路变（调）压器组的保护、测控单元功能。③具备自动检测一号或二号进线是否有电压的功能，同时具备可靠的设计保护功能。④各线路变压器组互为备用的自投功能及互相闭锁功能符合设计要求。⑤各种保护、测控功能及动作参数符合设计要求。

高压馈出线的保护、测控功能：①馈出线的保护功能符合设计要求。②当馈出线出现故障时，其故障区段判断应准确，短路、断线、接地故障判定应符合设计要求。无功补偿装置的保护、测控功能。交直流电源的保护及测控功能。

变、配电所各种信号装置功能：①配电装置各种保护的投入与撤除，应按规定在控制装置的状态显示窗口准确显示。②可传动的开关设备的位置信号应在该设备的控制装置及变、配电所的中央信号控制盘或监控主机上准确显示。③预告及事故音响信号应在变、配电所内按规定的方式正确表示。具有自动复归功能的音响信号应按规定时限自动返回或停止。④各种信号装置反映的信息应完整准确地向上级管理中心传输，并正确再现。

当地监控主机功能：①当地监控主机的控制、测量以及信号显示功能应符合设计要求。②所有回路的保护装置应自动记录定值修改及保护装置的动作状况，并在当地监控主机中形成事件报告，供随时查询。③馈线保护装置在馈线出现故障时应自动形成故障波形、故障报告等一系列事件报告，并在当地监控主机中自动保存，供随时查询。④在当地监控主机上可以任意查询和打印本变（配）电所的所有按规定保存的操作记录、越限记录、事件记录以及其他历史记录。

七、安全措施

施工区域应设警示标志，严禁非工作人员出入。为保证施工安全，现场应有专人统一指挥，并设一名专职安全员负责现场的安全工作，坚持班前进行安全教育制度。施工中，制订合理的作业程序和机械车辆走行路线，现场设专人指挥、调度，并设立明显标志，防止相互干扰碰撞，机械作业要留有安全距离，确保施工。对重心不稳的盘、柜，在安装固定前，应有防止倾倒的措施，安装就位后应立即拧紧固定螺栓，不得浮放。在利用滚杠进行盘柜搬运时，两侧防护人员一定要远离滚杠，防止了滚杠碾压手、脚。搬运时一定先确认玻璃门等设备薄弱部位，不能在此侧用力。盘、柜在未固定牢固前应有防倒措施。推动液压小车时应缓慢行进。要注意盘、柜体的行进方向，随时纠正，防止倾斜。临时用的枕木平台应摆放水平牢固。设备开箱产生的包装板等要将立钉砸倒后统一堆放，防止伤人。

八、环保要求

按环保部门要求集中处理施工以及生活中产生的污水及废水。施工过程中的电缆头包装等废弃物应及时分类妥善处理，运至当地环保部门指定地点，防止污染周围环境。

第三节 配电所补偿装置安装

一、适用范围

适用于客货共线、客运专线以及高速铁路电力变（配）电所工程集中补偿装置的安装施工。集中无功补偿装置施工包括固定无功补偿装置、动态无功补偿装置（SVC）及动态无功发生器（SVG）的安装。

二、作业条件

物资料具已到货齐全。补偿装置安装施工所涉及的各种外部技术数据收集齐全。补偿装置运输通道满足运输要求，补偿装置基础须经交接验收。

三、作业内容

施工准备；补偿装置外观检查；补偿装置运输与就位；补偿装置的安装及检查；电气接线及接地；基础预埋件及接地线的防腐处理；填写安装技术记录。

四、施工技术标准

集中补偿装置进场验收应符合要求：柜体外壳无变形或锈蚀，防腐层完好；外观完整，附件齐全。瓷套管无裂纹、破损，所有接缝无裂缝或渗油。附属的电子元件、仪表、按钮、开关以及控制保护装置外观正常，固定稳固，无受潮。产品规格、型号、质量符合设计要求和相关产品标准的规定。成套补偿装置附属的电压互感器、电流互感器、氧化锌避雷器、电容器、电抗器等高压设备外观应完好，规格、型号以及质量应符合产品技术文件要求。

集中补偿装置附属的高压设备的安装位置、方向、接地方式应符合设计要求，接地良好，安全净距应符合了相关规定。

安装后的设备及柜体外观应完整，无锈蚀现象，铭牌齐全，相色标志正确；电气性能检验项目及要求应该符合规定。

五、工序流程及操作要点

（一）工序流程图

1. 动态无功补偿装置（SVC）安装流程

如图 2-3 所示。

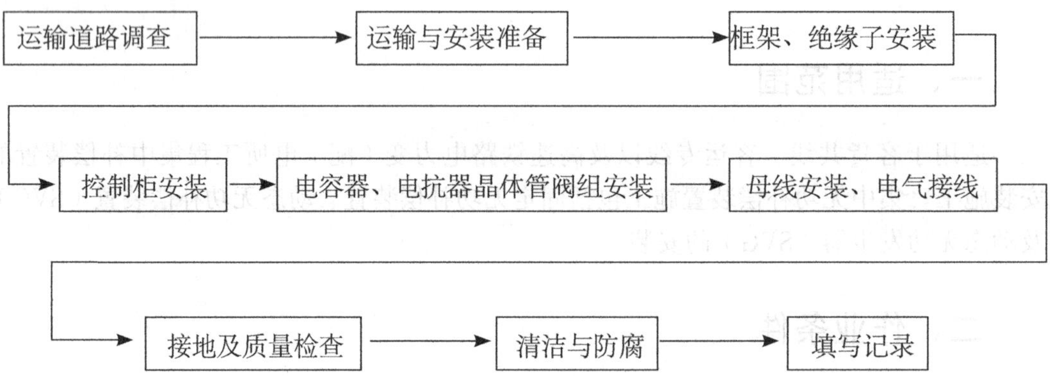

图 2-3 动态无功补偿装置安装流程图

2. 固定无功补偿装置和动态无功发生器（SVG）安装流程

如图 2-4 所示。

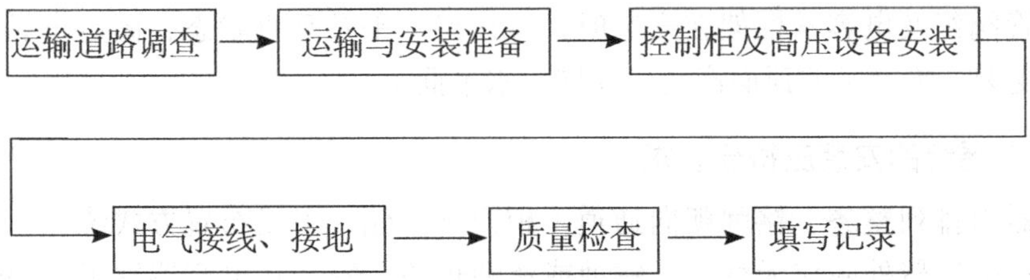

图 2-4　固定无功补偿装置和动态无功发生器安装流程图

（二）操作要点

1. 施工准备

对施工人员进行技术交底，并填写交底记录。对参加施工人员进行上岗前技术培训，考核合格后持证上岗。按照机械设备及工器具配置表、物资材料表配置物资料具。按照施工图核对补偿装置的型号、规格是否符合设计要求；并对照产品技术规格书清点附件数量、质量状况是否满足安装要求。补偿装置短距离运输、装卸应进行相关调查，包含下列内容：了解道路及沿途桥梁、涵洞、沟道等的结构、宽度、坡度、转角及承重情况，如果不符合要求时应采取加固措施；调查沿途电力、通信等架空线高空障碍物的情况；了解装、卸车地点的环境，气象条件，地面、路面坚实程度。根据补偿装置厂家提供的产品技术规格书以及现场短距离运输、装卸的调查资料，编制补偿装置运输、就位方案和安全保证措施并进行技术交底。在现场条件允许情况下，应尽可能采用机械运输、吊装就位，在室内局部空间受限时可辅助使用人工滚杠或人力搬运的作业方式。补偿装置运输就位前应根据施工图纸确认安装方向，并且对补偿装置及设备的基础的进行测量，确定柜体、框架、附属单体设备、支持绝缘子的安装位置；补偿装置安装施工前，设备基础须经交接验收。

2. 补偿装置运输与就位

在平坦路面上用滚杠做短距离运输搬运时的速度不应超过 0.9km/h。公路运输的速度应符合产品技术文件要求。在装卸和运输过程中，补偿装置不应有严重冲击或振动。空心电抗器、带有干式电抗器的补偿装置在运输中应有防雨措施。吊装时，吊装机械应与补偿装置重量相匹配，吊装的受力点应符合产品技术文件要求，受力应均匀；补偿装置起吊时，应将吊索系在专供起吊的吊耳上，绳套夹角不得大于 60°；空心电抗器吊装应使用产品配套的专用吊具进行作业。补偿装置的柜体采用了滚杠短距离搬运时，应将滚杠均匀放置在装置底部，间距不宜超过 300mm，以使装置柜体受力均匀防止变形。人力搬运单体电容器时，应轻拿轻放，防止损伤引出芯棒、瓷套管，以免外壳变形。补偿装置就位后应按设计要求在基础预埋螺栓上加以固定或者与基础预埋槽钢可靠焊接固定。

晶体管阀组及电容器框架在安装时，应保持水平及垂直状态，固定牢靠。用绝缘子支撑的支架，绝缘子的顶面高度应在同一水平面上。

3. 电容器组的安装应符合要求

电容器组排列整齐，铭牌朝向通道（柜门）一侧，引线布置方式统一，其支架无锈蚀现象；电容器外壳应无变形、锈蚀或渗油现象。安装在电容器端子上的熔断器及其连接线应符合设计要求。电容器外壳之间的净空距离应符合产品的技术规定。电容器组的接线、布置、容量应符合设计规定。电容器组的容量匹配除了设计有规定外，同一组电容器与各放电线圈（电压互感器）并联的电容量的差值不应大于5%。电容器组的保护回路及放电回路完整，连接可靠，装有电容量自动调节的切换装置动作可靠。凡不与地绝缘的电容器外壳及其支架，均应接地；凡与地绝缘的电容器外壳，均应接到固定电位上。

4. 空心电抗器的安装应符合要求

电抗器线圈的绝缘绑扎应无破损及裂纹，本体无变形现象；绝缘子应无破损，瓷、铁粘合牢固。空心电抗器的安装应垂直、牢固，各支柱绝缘子的受力均匀；各支柱绝缘子垂直且顶面在同一水平面上；电抗器和绝缘子间的连接螺栓的紧固力矩应符合产品的技术规定。电抗器间隔内的所有磁性材料部件必须固定牢固可靠，电抗器周围的接地线不应构成闭合磁路。

引至电抗器、电容器组的母线及分支线应涂相色标志。三相电容器组之间的连接方式应符合设计规定。补偿装置的柜体固定牢固、排列整齐，安装位置、安装质量符合设计和产品技术规格书要求。晶闸管阀组应按产品技术文件进行安装；晶闸管与散热器间接触良好，符合产品技术文件要求，导线螺栓连接牢固；同相晶闸管阀组与电抗器的连接及它们三相之间的连接方式应符合设计规定。补偿装置的所有盘、柜、高压电气设备及框架的接地符合设计要求，接地可靠。补偿装置以及设备的安全防护设施符合实际要求。

（三）质量控制标准及检验

外观检查应符合下列要求：外壳无变形或锈蚀，防腐层完好；瓷套管无裂纹、破损，所有接缝无裂缝或渗油，外观完整；产品规格、型号、质量符合设计要求和相关产品标准的规定。电容器、晶闸管阀组支架的组装应保持水平及垂直状态，固定牢靠。用绝缘子支撑的支架，绝缘子的顶面高度应在同一水平面上。电容器的铭牌朝向通道（柜门）一侧，安装在电容器端子上的熔断器及其连接线符合设计要求，布置应对称一致；电容器组的保护回路及放电回路完整，连接可靠；电容器的外壳接地符合要求。晶闸管阀组应按产品技术文件进行安装；同相晶闸管阀组与电抗器的连接以及它们三相之间的连接方式应符合设计规定；晶闸管与散热器间接触良好，符合产品技术文件要求，导线螺栓连接牢固。空心电抗器支柱绝缘子安装垂直，固定牢靠。各支柱绝缘子顶面在同一水平面上。油浸和干式电抗器就位于基础上应平稳牢固，对称于基础中心线。同一组电容器中与各放电线圈并联的电容量的差值不应超过5%，电抗器的分接开关应调节于规定位置。电容器组、电抗器的容抗值和感抗值的比值符合设计规定。带油设备的油位正常，无渗漏现象，阀门应开闭灵活、指示正确。温湿度自动监测和保护报警装置安装应牢固可靠，风扇转向正确、转动灵活，运转时无振动或过热现象。补偿设备安装后器身应完整，无锈蚀现象，铭牌齐全，油位正常，相色标志正确。补偿装置的进场验收应符合要求；产品的规格、型号、质量符合设计要和相关产品标准的规定。

（四）安全措施

电焊工、起重司机以及起重指挥人员应由经过专业培训且取得特殊工种操作证的人员进行，严格按照作业操作规程操作。补偿装置运输、就位及附件安装应设专人操作和指挥，防止了人身伤害事故发生。补偿装置运输、就位时，应避免冲击、振动，防止倾覆。运输及安装附属设备时要特别注意对套管等瓷件采取保护措施，以免损伤；晶体管阀组、控制柜及空心电抗器等要做好防雨、防潮措施

（五）环保要求

按环保部门要求集中处理施工及生活中产生的污水及废水。施工过程中的废弃物应及时分类妥善处理，运至当地环保部门指定地点。

第三章　电力线路设备安装

第一节　变压器安装

一、杆上变压器安装

（一）适用范围

铁路 35kV 及以下电力工程杆上变压器安装施工。

（二）作业条件

电杆组立已完成，杆上金具安装已完成。物资料具已到货齐全，电气设备已经过电气试验并检验合格。

（三）作业内容

施工准备；单杆变压器吊装；双杆变压器吊装；填写设备安装工程检查证、检验批。

（四）施工技术要求

检查变压器的规格，应符合设计要求；附件应齐全；外壳无锈蚀或机械损伤；油箱密封良好，无渗漏现象。变压器试验，电气性能以及油品应符合有关标准。检查清点安装变压器所用的工具、材料，应齐全良好。变压器瓷件表面质量，符合国家规定，并用草袋将套管包好。杆上变压器安装构支架的安装应牢固、水平。杆上变压器的安装应牢固、水平。变压器安装后，套管表面应光洁及无破损，各部件齐全，油枕油位正常，外壳干净，变压器的安装方向应符合设计要求。

（五）工序流程与操作要点

1. 工序流程图

工序流程如图 3-1 所示。

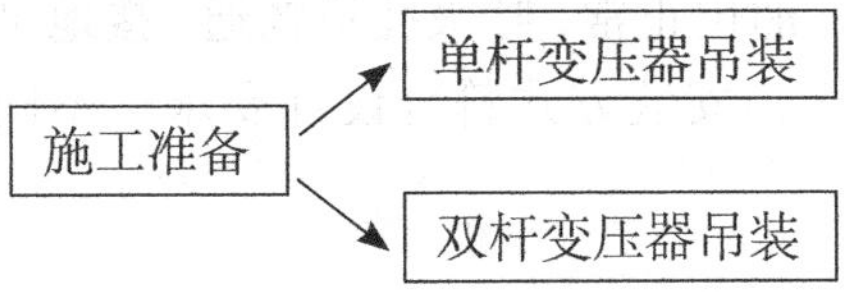

图 3-1 工序流程图

2. 操作要点

对施工人员进行技术交底，并填写交底记录。对参加施工人员进行上岗前技术培训，考核合格后持证上岗。变压器吊装前，应对施工机具强度进行核算，并且制定安全措施。按照机械设备及工器具配置表、物资材料表配置物资料具。

（1）单杆变压器吊装

根据变压器的高度，将变压器吊装支架固定在电杆上，其位置要合适；支架上的 U 型挂环要对正变压器台架。将滑轮挂在 U 型挂环上；吊绳穿过滑轮，一端和挂在变压器整体吊钩上的吊装绳固定。在变压器身固定好晃绳。起吊时，应先进行试吊，确认无问题后再继续起吊；起吊过程中，调整变压器两侧的晃绳以保持变压器稳定。变压器落在变压器台架上后，在变压器和电杆之间垫入方木，调整变压器的位置，使其和方木靠紧；然后用 $\phi 4.0$ 铁线将变压器紧固在电杆上，拆除吊装工具及包扎套管的草袋。

（2）双杆变压器吊装

根据变压器高度，将变压器吊装支架固定在电杆上，其位置要合适。将滑轮挂在吊装支架钢丝绳套的挂环里。手搬葫芦的钢丝绳套在滑轮内，关闭了滑轮的开口，并将吊钩和挂在变压器起吊环上的吊装绳固定。手搬葫芦固定钩与绑扎在电杆根部的钢丝绳套连接好。将晃绳系在变压器身上。卸掉变压器台架的槽钢。变压器起吊。首先进行试吊，检查各部情况，确认无问题后再继续起吊；起吊过程中，注意调整晃绳，保持变压器起吊稳定。当变压器起吊高于变压器台架安装位置时，将变压器台架槽钢重新安装牢固。缓慢地将变压器落在台架槽钢上，调整好变压器的位置；然后用角钢和螺栓将变压器紧固在台架槽钢上，将吊装工具和包扎套管的草袋拆除。

（六）质量控制及检验

变压器、跌落式熔断器、断路器、负荷开关、隔离开关、避雷器等设备到达现场应按批次进行检查，其规格、型号、质量应符合设计要求和相关产品标准的规定。

电杆上电气设备的安装质量应符合规定：设备上的瓷件表面应光洁，无裂缝、破损等现象。带有的设备所有焊缝连接面及阀门应无渗油的现象。设备应有的零部件齐全。设备铸件不应有裂纹、锈蚀。变压器、跌落式熔断器、断路器、负荷开关、隔离开关、避雷器等设备的电气试验项目符合相关规定，并且试验合格。

杆上变压器及变台的安装质量应符合规定：倾斜不大于台架根开的1%。二次引线排列整齐，绑扎牢固。油枕、油位正常，呼吸孔道畅通。接地可靠，接地电阻值符合规定。杆上设备的台支架安装牢固，安装方式符合设计要求。不同金属导线连接应有可靠的过渡金具。

（七）安全措施

起吊工作必须专人统一指挥，有明确的信号和分工，并应有安全措施。起吊工机具及绳索质量必须良好，不符合要求的严禁使用。起吊过程中，变压器下面，严禁有人停留。登杆作业的工具应良好；杆上作业前必须系好安全带。变压器器身若有脱漆，应进行补漆。

（八）环保要求

为保护自然环境，在施工中，加大了环境保护方面的投入，真正将各项环保措施落实到位。生产中的废弃物及时处理，运到当地环保部门指定的地点弃置。按环保部门要求集中处理试验以及生活中产生的污水及废水。

二、落地变压器安装

（一）适用范围

适用于铁路电力工程落地式变压器安装施工。

（二）作业条件

物资设备料具已到货。变台基础已砌筑完成。

（三）作业内容

施工准备；电杆组立；杆顶组装；横担安装；设备安装；接高压线；装配电箱；接低压线；接地安装；填写隐蔽记录、工程检查证以及检验批。

（四）施工技术要求

配电装置的相间及对地距离应符合设计及有关标准的规定。落地式变台在设有围墙或栅栏时，变压器基础露出地面的高度不应小于300mm；当不设围墙和栅栏时，基础露出地面的高度不得小于2500mm，基础强度应符合设计要求。两根电杆的高低差不应超过杆高的5%，两杆中心间距及对线路中心线偏移不得大于10mm。落地式变台一般采用顺线路中间型，当采用了横线路终端型时，引线横担以下设备和顺线路型相同，终端电杆上部应采用线路终端装配，用悬式绝缘子和耐张线夹取代高压单横担。配电板上的电气开关、熔断器等的容量应符合设计要求，且电气绝缘良好，绝缘电阻不小于1MΩ。设备接地可靠，绝缘良好。

（五）工序流程与操作要点

1. 工序流程图

工序流程如图3-6所示。

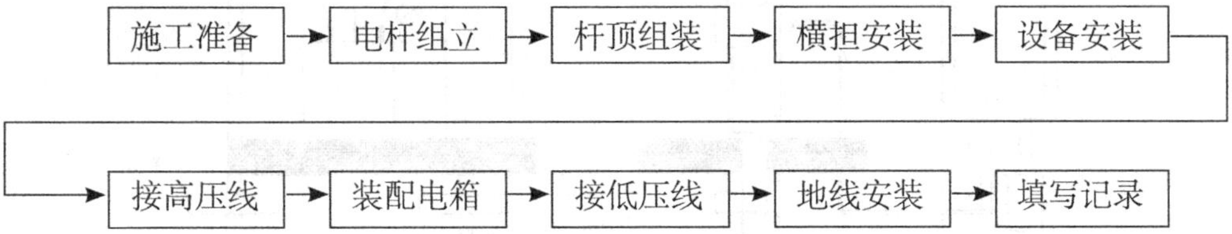

图3-6　工序流程图

2. 操作要点

（1）施工准备

对施工人员进行技术交底，填写交底记录。对于参加施工人员进行上岗前技术培训，考核合格后持证上岗。变压器吊装前，应当对施工机具强度进行核算，并制定安全措施。按照机械设备及工器具配置表、物资材料表配置物资料具。熟悉落地式变台的施工设计图纸，并备料。如图3-7所示。检查现场杆坑开挖及变压器和配电箱基础施工情况。检查预制基础的质量埋钢管和地脚螺栓的位置是否符合要求。办理既有高压线路停电作业手续，确认了停电后，验电并在施工区段两端加挂接地封线。

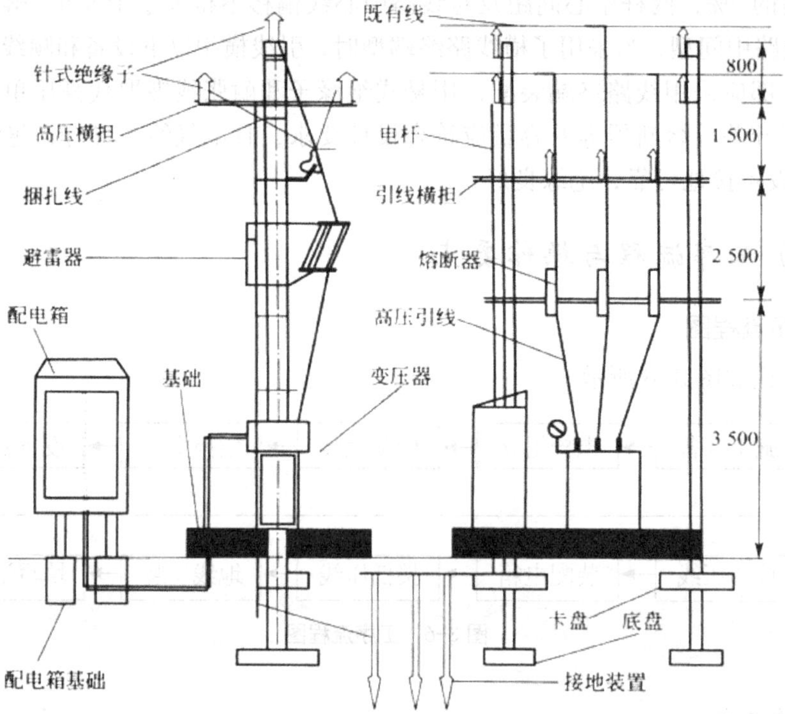

图 3-7　落地式变台安装示意图

（2）电杆组立

在高压线路的下方按设计规定的 2.5m 间距组立电杆，新组立的电杆按顺线路方向布置，新组立的电杆要和既有线路上的电杆排列在同一直线上。

（3）杆顶支座及横担安装

高压横担安装在距杆顶 800mm 处，位置处于线路的负荷侧。杆顶支座安装在距杆顶 150mm 处，位置处于线路的负荷侧。在杆顶支座和高压横担上安装针式瓷瓶，并用顶绑法将既有线路的线条固定在针式瓷瓶上。引线横担用 U 型抱箍固定在电杆上，距高压横担 1500mm 处，位置处于变压器的高压侧。横担就位后随手装上针式瓷瓶。用单头穿钉将熔断器、避雷器横担固定在距引线横担下方 2.5m 处，熔断器横担位于变压器高压侧。将熔断器固定在熔断器横担上，并且拉开熔断器，使其处于断开状态。将避雷器直接安装在避雷器横担上。

（4）设备安装

将变压器运到变压器基础上，调整其中心位置。应当根据低压配电箱的位置确定变压器高压侧的位置，将低压配电箱安装在基础上。

（5）接变压器高压侧引线

用并沟线夹将高压引线固定在既有的高压线条上，高压引线在既有线上要打背扣，如图 3-8 所示。

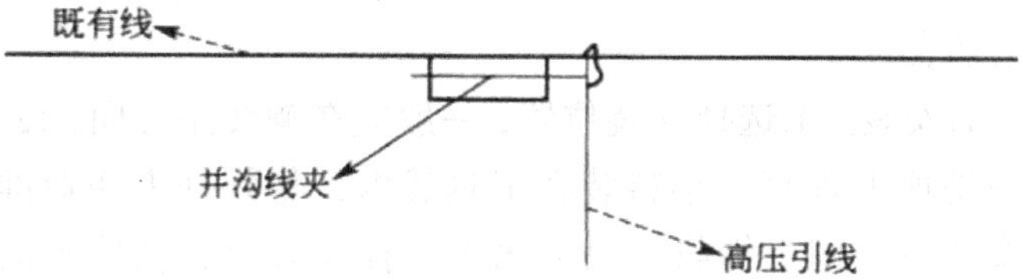

图 3-8 高压引线连接示意图

高压引线通过引线横担的针式瓷瓶引下，固定在熔断器的上端，高压引线在剥除外皮时，不得损坏芯线。三条高压引线的松紧度要恰当，不得使既有线出现弧度。从熔断器到变压器高压侧设备线夹的三条高压引线的松紧度要一致，并且不得使设备线夹承受额外应力。从熔断器到避雷器的引线在连接时，要作弓子线进行连接，为了美观，建议采用图 3-9 所示方式制作

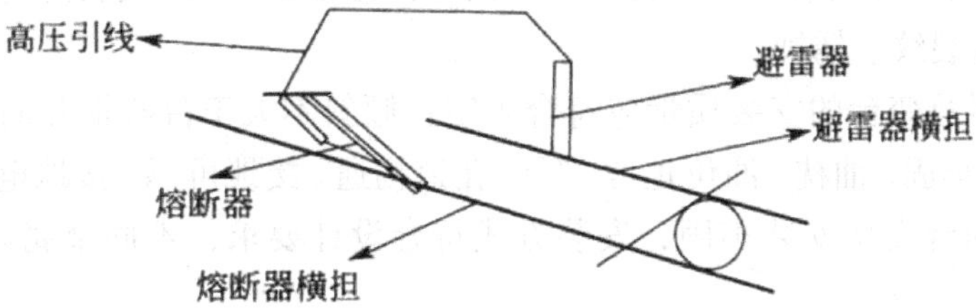

图 3-9 弓子线制作示意图

（6）接变压器低压侧引线熔断器，

将低压引线穿入低压引线管中，并做出相序标记。采用了压接或螺栓型线鼻子连接两侧低压引线，核对两侧引线相序无误后连接到设备端子上。

（7）接地线制作

挖接地沟：①选择接地沟位置，宜选择在土质较好的地段，并避开建筑物 1.5m 以外。②挖接地沟时，沟要平直，沟深不应小于 0.8m，接地体坑深不应小于 1.5m，沟内的石头、建筑垃圾等杂物要清除。

敷设接地极：①将接地极上的接地引上线镀锌圆钢引上电杆，露出地面 1.7m，并在地面下 300mm 处用镀锌铁线绑扎在电杆上。②将接地线圆钢在沟内水平展开敷设，不得高低起伏，垂直打入接地极，其上端距地面不得小于 0.6m。③检查接地体与接地线间的焊缝是否开裂，如开裂时要及时补焊或更换。④回填接地沟，用细黏土将接地线接地极盖一层，厚度为接地极顶面不小于 200mm，然后回填其他土，不能将砖头、石块等杂物回填在沟内。

测试接地电阻：①在接地极的反方向将测试线拉直，探针全部插入地下，接好接

地电阻测试仪的地线和测试线。②将测试仪放平，右手摇动手柄约 120r/min，从大到小调好倍率，左手转动刻度盘，由大数值向小数值转动，直到测试仪指针居中，读出读数。③填写接地隐蔽记录表。

主接地引下线的安装：①选择安装位置，一般应在顺线路方向，设备接地端的一侧。②将接地引下线在地面上理直，小料装在工具袋内，作好杆上作业准备。③上杆到预定位置后，系好安全带，用吊绳将工具袋吊上，挂在安全方便取料的地方。④用吊绳将接地引下线吊至杆上预定位置，先将主引下线用 ф5.0 镀锌铁线绑扎在杆顶结构件上，然后在构件下方 300mm 处扎一道绑线。

（六）质量控制及检验

变压器、跌落式熔断器、断路器、负荷开关、隔离开关、避雷器等设备到达现场应按批次进行检查，其规格、型号、质量应符合设计要求和相关产品标准的规定。

电杆上电气设备的安装质量应符合规定：设备上的瓷件表面应光洁，无裂缝、破损等现象。带有的设备所有焊缝连接面及阀门应无渗油的现象。设备应有的零部件齐全。设备铸件不应有裂纹、锈蚀。

杆上变压器及变台的安装质量应符合规定：倾斜不大于台架根开的 1%。二次引线排列整齐，绑扎牢固。油枕、油位正常，呼吸孔道畅通。接地可靠，接地电阻值符合规定。

杆上设备的台支架安装牢固，安装方式符合设计要求，不同金属导线连接应有可靠的过渡金具。

跌落式熔断器的安装质量应符合规定：转轴光滑灵活，熔丝管不应有吸潮膨胀或弯曲现象。熔管轴线与铅垂线交角为 15° ~ 30° ，熔断器水平相间距离不应小于 500mm，并且排列整齐。操作灵活可靠，接触紧密。合熔丝管时上触头应有一定的压缩行程。上下引线压紧，与线路导线的连接紧密可靠。

杆上避雷器的安装质量应符合规定：瓷套与固定抱箍之间应有垫层。排列整齐，高低一致，相间距离：1 ~ 10kV 时，不应小于 350mm；lkV 以下时，不应小于 150mm。与电器部分连接，不应使避雷器产生外加力。引下线接地可靠，接地电阻符合规定。

杆上配电箱安装应符合设计要求，固定牢固，箱内外接线正确，回路标示清晰；箱体坚固，外表无破损，门锁安全可靠，防雨和防尘良好。

（七）安全措施

在既有带电线路上进行变台安装作业，要按规定办理停电作业手续；停电时，必须履行验电、接地程序。工具及材料的传递严禁采取抛投方式进行。6 级以上大风天气严禁登杆作业。

（八）环保要求

为保护自然环境，在施工中，加大环境保护方面的投入，真正将各项环保措施落实到位。生产中的废弃物及时处理，运到当地环保部门指定的地点弃置。按环保部门要求集中处理试验及生活中产生的污水以及废水。

第二节 避雷器与隔离开关安装

一、避雷器安装

（一）适用范围

铁路 35kV 及以下电力线路避雷器安装工程

（二）作业条件

（1）物资料具已到货齐全。
（2）电杆组立及杆顶金具组装已完成。
（3）绝缘子及导线安装绑扎已完成。
（4）避雷器已做电气试验并且合格。

（三）作业内容

施工准备；安装避雷器；引线连接；检验避雷器；接地线制安；填写安装记录。

（四）施工技术要求

避雷器安装位置及方向符合设计要求。避雷器金具应用镀锌件或者有防腐涂层。连接线无散股破损，接线端子压接牢固。

（五）工序流程与操作要点

1. 工序流程图

工序流程如图 3-10 所示。

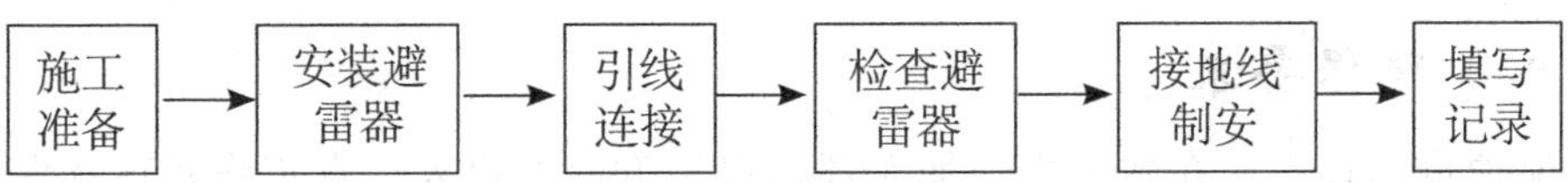

图 3-10 工序流程图

2. 操作要点

（1）施工准备

对施工人员进行技术交底，并填写交底记录。对参加施工人员进行上岗前技术培训，考核合格后持证上岗。按照机械设备及工器具配置表、物资材料表配置物资料具。

（2）安装避雷器

将吊装尼龙带挂在避雷器的专用吊钩上，并且在设备的上部拴好稳固绳。核对避雷器极性标志根据施工图确定其朝向。设备吊离地面100mm时，对吊绳和稳固绳要进行检查，确认安全后再继续起吊。起吊过程中，用稳固绳加以引导，防止碰伤设备，避雷器吊至设备支柱上端后，调正方向缓缓下落对位。对位后及时穿入螺杆，在槽钢下方加楔形垫片并紧固螺栓。

用线坠检查垂直度，如不垂直，在倾斜方向的底座与支架间中垫相应厚度的垫片，每处垫片不超过3片。为了防止垫片脱落，所加垫片应钻孔并套在设备紧固螺栓上同设备一起固定牢靠；将固定螺栓紧固至扭力值。

（3）引线连接

测量导线连接长度，并下料。连接新避雷器的引线，在连接部位的接触面涂抹上电力复合脂并且将连接螺栓紧固至扭力值。

（4）检查避雷器

安装好避雷器以后需进行设备检查；再次确认避雷器已安装垂直，各连接螺栓已紧固到位，外部接线连接正确、牢固，设备上和支柱上没有遗漏工器具与零件。

（六）质量控制及检验

避雷器到达现场应按批次进行检查，其规格、型号、质量应符合设计要求和相关产品标准的规定。

电杆上电气设备的安装质量应符合规定：设备上的瓷件表面应光洁，无裂缝、破损等现象。带油的设备所有焊缝连接面及阀门应无渗油的现象。设备应有的零部件齐全。设备铸件不应有裂纹及锈蚀。

（七）安全措施

工具不得上下抛扔，应使用小绳系上一个工具袋上下传递；人字梯应放置稳固。拆除吊绳、稳固绳时，禁止攀登设备瓷件。登高作业必须系好安全带，吊车吊臂下严禁站人。

（八）环保要求

为保护自然环境，在施工中，加大环境保护方面的投入，真正将各项环保措施落实到位。生产中的废弃物及时处理，运到当地环保部门指定的地点弃置。按环保部门要求集中处理试验及生活中产生的污水以及废水。

二、隔离开关安装

（一）单极隔离开关安装

1. 适用范围

适用于 35kV 以下铁路电力工程单级隔离开关安装施工。

2. 作业条件

电杆组立及金具安装已完成。物资材料设备已到货齐全，隔离开关已调试完成并已做设备电气试验。

3. 作业内容

施工准备；开关安装；开关调整；引线连接；接地线制安；填写安装记录。

4. 施工技术要求

引线连接要紧密，并按规定缠裹铝包带；当采用了绑扎连接时，绑扎长度不得小于 150mm。隔离开关在安装前应进行仔细检查，开关配件应齐全，绝缘子不能有掉釉及破损现象。接地装置的接地电阻必须符合设计规定。所有用铁配件和螺栓均应为热镀锌制品。设备间的电气连线必须符合工艺要求。

5. 工序流程与操作要点

（1）工序流程图

工序流程如图 3-11 所示。

施工准备 → 开关安装 → 开关调整 → 引线连接 → 接地线制安 → 填写安装记录

图 3-11　工序流程图

（2）操作要点

施工准备：对施工人员进行技术交底，并填写交底记录。对于参加施工人员进行上岗前技术培训，考核合格后持证上岗。隔离开关吊装前，应对施工机具强度进行核算，并制定安全措施。按照机械设备及工器具配置表、物资材料表配置物资料具。熟悉单极隔离开关的安装设计图纸。如图 3-12 所示。

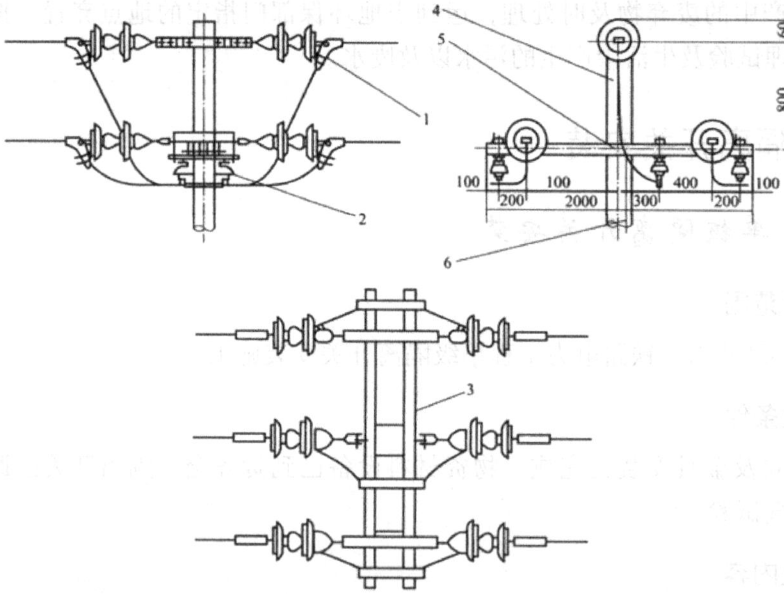

图 3-12　单极隔离开关安装示意图

1——耐张绝缘子串；2——单极隔离开关；3——安装角钢；4——电杆；5——高压横担；6——接地线

到施工现场必须带齐设备、工具、材料。在施工地点检查电杆组立情况，确认是否具备安装条件，在地面上对隔离开关进行粗调。

开关安装：安装开关固定角钢。将小滑轮用铁丝套子固定在托架角钢上，穿入小绳。先将开关提升到高压横担上，然后将开关提升到固定角钢上，用螺栓固定，螺栓一律从下向上穿入，每次吊装一极，按照先中间后两边的次序，依次吊装。

开关调整：用绝缘拉杆打开单极开关，测量其开合角度，若不符合产品技术规定要求，调整调节杆长度，至达到了标准规定为止。

引线连接：测量导线连接长度，并下料。电源侧及馈电侧引线一律用并沟线夹将导线固定在线路的线条上，另一端固定在电源侧开关设备线夹上，每三相的引线弛度要统一，以设备线夹不受力为准。

6. 质量控制及检验

变压器、跌落式熔断器、断路器、负荷开关、隔离开关、避雷器等设备到达现场应按批次进行检查，其规格、型号以及质量应符合设计要求和相关产品标准的规定。

电杆上电气设备的安装质量应符合规定：设备上的瓷件表面应光洁，无裂缝、破损等现象。带有的设备所有焊缝连接面及阀门应无渗油的现象。设备应有的零部件齐全。设备铸件不应有裂纹、锈蚀。变压器、跌落式熔断器、断路器、负荷开关、隔离开关以及避雷器等设备的电气试验项目符合相关规定，且试验合格。

杆上设备的台支架安装牢固，安装方式符合设计要求。不同金属导线连接应有可靠的过渡金具。

杆上隔离开关的安装质量应符合规定：瓷件与引线的连接可靠。操作机构动作灵活。隔离刀刃合闸时，接触紧密；分闸后应有小于200mm的空气间隙。水平安装的隔离刀刃，分闸时，宜使静触头带电，三相联动隔离开关的动作不同期不应大于5mm。

7. 安全措施

在带电线路附近进行隔离开关安装作业时，要按规定办理停送电手续，停电。后应设专人进行安全监护。进入施工现场必须戴安全帽，杆上作业人员必须系安全带。横担安装前，应在地面进行检查，其弯曲度和扭曲度不能超过有关规定。所有安装用螺栓，拧紧后至少要露出两扣螺纹。严禁抛投传递工具及材料，应采用绳索提拉。6级以上大风天气严禁登杆作业。

8. 环保要求

为保护自然环境，在施工中，加大环境保护方面的投入，真正将各项环保措施落实到位。生产中的废弃物及时处理，运到当地环保部门指定的地点弃置。按环保部门要求集中处理试验以及生活中产生的污水及废水。

（二）负荷隔离开关

1. 适用范围

适用于35kV铁路电力工程负荷隔离开关安装施工。

2. 作业条件

电杆组立及金具安装已完成。物资材料设备已到货齐全。负荷隔离开关已做设备电气试验。

3. 作业内容

施工准备；开关安装；横担安装；引线连接；开关调整；填写了安装记录。

4. 施工技术要求

负荷开关的倾斜度不得大于横担或拖架长度的2%。设备引线连接要紧密，要按规定缠挠铝包带，若采用绑扎连接时长度不能小于150mm。负荷开关不得存在渗漏油现象，内部压力不得低于产品说明书的规定。接地线的接地电阻应符合设计规定，所用铁配件和螺栓均应采用镀锌制品。

5. 工序流程与操作要点

（1）工序流程图

工序流程如图3-13所示。

图 3-13　工序流程图

（2）操作要点

施工准备：对施工人员进行技术交底，并填写交底记录。对参加施工人员进行上岗前技术培训，考核合格后持证上岗。隔离开关吊装前，应对施工机具强度进行核算，并制定安全措施。按照机械设备及工器具配置表、物资材料表配置物资料具。熟悉负荷开关的施工设计图纸，并且备料。备齐所用设备、工具及材料。检查电杆组立质量情况，确认是否具备安装条件。

负荷开关安装：安装开关固定横担，用 U 型抱箍固定开关横担，上横担离杆顶 900mm。负荷开关安装的工艺方法参见第四章第一节杆上变压器安装。

引线横担安装：用 U 型抱箍将引线横担固定在电杆上，位置距杆顶 1800mm，安装在负荷开关的相对侧。把针式瓷瓶直接安装在引线横担上。

引线连接：电源侧引线，先安装负荷开关上部（电源侧）的设备线夹。若电源侧耐张线夹尾巴线长度满足连接要求，直接将尾巴线引到负荷开关上部设备线夹上；若尾巴线不够长，用并沟线夹将准备的钢芯铝绞引线固定在电源侧线条上，距耐张线夹约 50mm 处进行连接。

馈电侧引线：①安装负荷开关下部设备线夹。②用并沟线夹将钢芯铝绞线引线固定在馈电侧线条上，离耐张线夹约 50mm 处进行连接，然后将引线固定在相应跳线横担的针式瓷瓶上，最后连接到了负荷开关馈电侧设备线夹上。

负荷开关调整：根据观察及测量，检查负荷开关是否水平。如果不水平，要适当调整横担或负荷开关的固定位置，直到将负荷开关调整到水平位置为止。用绝缘拉杆穿入分闸拉环中，向下用力拉，使负荷开关处于打开位置，用钢卷尺或者专用工具测量隔离触头的分闸角度或距离，应符合产品技术规定。若存在偏差，按说明书规定的方法进行调整，直到符合要求。将绝缘拉杆穿入合闸手柄的套环中，向下用力拉，使负荷开关处于合闸位置。在合闸过程中，隔离触头的闭合应平滑无卡滞，若有卡滞或颤动现象，应按说明书规定的方法进行调整，直到符合要求。

接地线制作：接地线的制作安装参见第四章第一节落地变压器安装中关于接地线制作的相关规定。

6. 质量控制及检验

变压器、跌落式熔断器、断路器、负荷开关、隔离开关、避雷器等设备到达现场应按批次进行检查，其规格、型号及质量应符合设计要求和相关产品标准的规定。

电杆上电气设备的安装质量应符合规定：设备上的瓷件表面应光洁，无裂缝、破损等现象。带有的设备所有焊缝连接面及阀门应无渗油的现象。设备应有的零部件齐全。设备铸件不应有裂纹、锈蚀。变压器、跌落式熔断器、断路器、负荷开关、隔离开关、避雷器等设备的电气试验项目符合规定，且试验合格。

杆上设备的台支架安装牢固，安装方式符合设计要求。不同金属导线连接应有可靠的过渡金具。

杆上负荷开关的安装质量应符合规定：水平倾斜不应大于托架长度的1%。引线连接紧密，当采用绑扎连接时，长度不应小于150mm。不应有漏油现象，气压不应低于规定值。操作灵活，分合位置指示正确可靠。接地可靠，接地电阻符合规定。

7. 安全措施

在既有带电线路附近或带电线路上进行负荷开关安装作业时，必须按有关规定办理停电作业手续，并做好安全防护措施。进入安装施工区内必须戴安全帽，杆上作业人员必须系安全带。各种横担的弯曲度和扭曲度不能大于有关标准规定，6级以上大风天气严禁登杆作业。

8. 环保要求

为保护自然环境，在施工中，加大环境保护方面的投入，真正将各项环保措施落实到位。生产中的废弃物及时处理，运到当地环保部门指定的地点弃置。按环保部门要求集中处理试验以及生活中产生的污水及废水。

（三）三极隔离开关

1. 适用范围

适用于35kV以下铁路电力工程三极隔离开关安装施工。

2. 作业条件

电杆组立及金具安装已完成。物资材料设备已到货齐全，隔离开关已调试完成并已做设备电气试验。

3. 作业内容

施工准备；托架安装；开关安装；横担安装；引线连接；开关调整；填写安装记录。

4. 技术要求

开关水平倾斜度不能大于开关拖架长度的1%。导线连接要紧密，并按规定缠裹铝包带，当采用绑扎连接时，绑扎的长度不能小于150mm。隔离开关的绝缘子不得有掉釉及破损现象。接地装置的接地电阻不得大于设计规定值，导引线的截面要符合设计规定要求。

5. 工序流程与操作要点

（1）工序流程图

工序流程如图3-14所示。

施工准备→托架安装→开关安装→开关调整→引线连接→接地线制安→填写安装记录

图 3-14　工序流程图

（2）操作要点

施工准备：对施工人员进行技术交底，并填写交底记录。对参加施工人员进行上岗前技术培训，考核合格后持证上岗。隔离开关吊装前，应对施工机具强度进行核算，并制定安全措施。按照机械设备及工器具配置表、物资材料表配置物资料具。熟悉三极开关安装设计图纸，并且备料。将需要带到现场的设备、工具、材料备齐全。检查施工地点电杆组立情况，确认是否具备安装条件。检查开关粗调情况，确认操作杆和开关连接处打眼的准确度。

托架安装：托架组装，在地面将托架抱箍和托架横担及两端的连接角钢连接好，螺栓由下向上穿入，螺帽带上就行，不要拧紧。

托架吊装：由安装人员在杆顶，用小绳将托架提升到杆顶，两人要横线路站立，托架由上向下穿入杆顶，杆项和上方托架抱箍齐平。

托架调整：根据线路方向，调整托架方向，务必使托架垂直于线路方向，然后拧紧托架抱箍螺栓。调整托架上方横担使其保持水平，拧紧上方所有连接螺栓。安装斜撑时，要注意左右方向。

开关安装：将小滑轮用铁丝套子固定在托架角钢上，穿入拖拉绳。开关吊装。由辅助人员收紧拖拉绳将开关提升到杆顶，杆顶安装人员将开关提升到托架上，用固定螺栓固定，螺栓自下向上穿入，每次吊装一极，按照先中间后两边的次序，依次吊装。

开关调整：单极调整。首先对单极开关进行调整。打开了单极开关，测量其开合角度，调整调节杆，直到达到标准规定为止。水平连接杆连接。在三极开关同时处于打开或闭合状态，用连接杆将三极串接在一起。固定操作杆。操作杆上端和隔离开关主传动轴连接（此连接螺栓孔在进行施工准备时已提前打好，穿入连接螺栓、拧紧螺母即可）。按设计规定的高度测量垂直传动操作杆长度，并在现场加工。将操动机构主轴穿入传动杆中，调整操动机构抱箍方向，使操作杆处于垂直状态，拧紧抱箍螺栓，固定好操动机构。在操动机构和操作杆连接处打眼固定，此时隔离开关和操动机构都应处于完全打开或闭合状态。三极隔开调整。转动操动机构打开或者闭合开关，检查开关的打开角度和闭合状态是否符合产品技术规定，若达不到规定要求，调节三极水平连杆，直至达到要求为止。固定操动机构。

引线连接：悬挂绝缘子串。作耐张段。用紧线器将通过的线条从两个方向在电杆上固定好，两边同时收紧 2 ~ 3 扣，在受电侧用断线钳断开线条，受电侧预留的线条长度够安装耐张线夹的长度即可，两边同时安装耐张线夹。作耐张段的程序是先中间线条后两边线条，并受电侧和电源侧的紧线器要同时操作。在开关上安装设备线夹。电源侧用尾巴线先直接引至电源侧的开关设备线夹上，三相的弛度要一致，以设备不承受外加应力为原则。受电侧用并沟线夹将引线一端固定在线路线条上，另一端固定在受电侧开关的设备线夹上，三相的弛度要一致。

6. 质量控制及检验

变压器、跌落式熔断器、断路器、负荷开关、隔离开关、避雷器等设备到达现场应按批次进行检查，其规格、型号、质量应符合设计要求与相关产品标准的规定。

电杆上电气设备的安装质量应符合规定：设备上的瓷件表面应光洁，无裂缝、破损等现象。带有的设备所有焊缝连接面及阀门应无渗油的现象。备应有的零部件齐全。设备铸件不应有裂纹、锈蚀。变压器、跌落式熔断器、断路器、负荷开关、隔离开关、避雷器等设备的电气试验项目符合相关规定，且试验合格。

杆上设备的台支架安装牢固，安装方式符合设计要求。不同金属导线连接应有可靠的过渡金具。

杆上隔离开关的安装质量应符合规定: 瓷件与引线的连接可靠。操作机构动作灵活。隔离刀刃合闸时，接触紧密; 分闸后应有小于200mm的空气间隙。水平安装的隔离刀刃，分闸时，宜使静触头带电，三相联动隔离开关的动作不同期不应大于5mm。

7. 安全措施

在带电线路附近进行隔离开关安装作业时，要按规定办理停送电手续，停电后应设专人进行安全监护。进入施工现场必须戴安全帽，杆上作业人员必须系安全带。横担安装前，应在地面进行检查，其弯曲度和扭曲度不能超过有关规定。所有安装用螺栓，拧紧后至少要露出两扣螺纹。严禁抛投传递工具以及材料，应采用绳索提拉。6级以上大风天气严禁登杆作业。

8. 环保要求

为保护自然环境，在施工中，加大环境保护方面的投入，真正将各项环保措施落实到位。生产中的废弃物及时处理，运到了当地环保部门指定的地点弃置。按环保部门要求集中处理试验及生活中产生的污水及废水。

第三节　跌落保险与补偿装置安装

一、跌落保险

（一）适用范围

35kV 及以下电力工程施工跌落保险安装工程。

（二）作业条件

物资料具已到货齐全。电杆组立以及金具安装已完成。确认跌落式熔断器的各项试验合格、符合试验标准要求，设备质量完好。

（三）作业内容

施工准备；安装熔断器；一次接线以及附件安装；清理现场。

（四）技术要求

熔断器规格型号符合设计要求。熔断器安装位置符合验标规定。熔断器安装方向正确。支架安装牢固、平整，水平面倾斜不应 > 1%，熔丝规格符合设计要求。

（五）工序流程与操作要点

1. 工序流程图

工序流程如图 3-15 所示。

施工准备 → 安装熔断器 → 接线及附件 → 清理现场

图 3-15　工序流程图

2. 操作要点

（1）施工准备

对施工人员进行技术交底，并填写交底记录。对于参加施工人员进行上岗前技术培训，考核合格后持证上岗。按照机械设备及工器具配置表、物资材料表配置物资料具。

（2）安装熔断器

将高压跌落式熔断器安装在支架上，并用热镀锌或不锈钢螺栓固定，水平相间距离 2500mm。安装时熔管轴线应与地面垂线为 15° ~ 30° 夹角，转动部分应灵活，跌落时不应碰及其他物体。熔断器熔管上下动触头之间的距离应调节恰当，安装熔丝应松紧适度。

（3）一次接线及附件安装

选择的导线其截面应满足设计要求，导线在施工前应先用尺实际测量各跨安装点的准确长度，根据施工需要进行切割。导线压接后不应使管口附近导线有隆起和松股，管表面应光滑，无裂纹。金具压接后，均应倒棱，去毛刺。两端遇有铜铝连接时，应设有过渡措施。高压跌落式熔断器的引线应安装牢固、排列整齐美观。引线相间距离及对地距离应符合规定要求。接线端子和引线的连接应采用线夹（高压跌落式熔断器上引线与铜三角符的连接应采用带电夹头），接触面清洁无氧化膜，并涂以中性导电脂。支架接地应可靠，紧固件及防松零件齐全。户外一次接线应采用热镀锌螺栓连接，所用螺栓应有平垫圈和弹簧垫片，螺栓紧固后，螺栓宜露出 2 ~ 3 扣。

（4）清理场地

清理现场，做到工完料尽场地清。

（六）质量控制及检验

熔断器各部分零件完整，应安装牢固螺栓紧固，接线应美观、自然，操作应灵活，接触紧密。熔断器方向应直正、排列整齐、高低一致、熔管倾斜角为 30° 、瓷件应良好、熔管不应有吸潮膨胀或弯曲现象、间距不小于 500mm。熔断器铸件不应该有裂纹、砂眼，转动光滑灵活。电气间隙应符合要求，相与相为 300mm，相与电杆、构件等为 200mm。熔断器安装应正确、可靠、分合良好，无杂物。

（七）安全措施

起吊时下方严禁站人，并应防止碰撞。杆上作业转位时不得失去安全带的保护，脚不得踩在熔断器触头、灭弧装置及裙套上。杆上人员不得抛物，要使用绳索传递，上下电杆应注意防止脚扣打滑及碰撞，交叉作业应错开并防止掉东西，应使用工具包。工作负责人应及时提醒和制止影响作业人员精力的言行。严禁酒后作业和在工作中谈笑及打闹等。

（八）环保要求

为保护自然环境，在施工中，加大环境保护方面的投入，真正将各项环保措施落实到位。生产中的废弃物及时处理，运到了当地环保部门指定的地点弃置。按环保部门要求集中处理试验及生活中产生的污水及废水。

（二）箱式补偿装置安装

1. 适用范围

适用于铁路电力工程箱式补偿装置安装施工。

2. 作业条件

物资料具已到货齐全。设备基础已施工完毕并能达到设备安装要求。补偿装置的合格证、产品说明书等技术文件应齐全，设备型号、规格应符合设计要求，施工工器具检查调整完成。

3. 作业内容

施工准备；设备本体就位安装；设备电缆连接；设备保护、工作接地连接；设备本体孔洞、基础电缆引入孔洞防火、防水封堵；电气试验；填写好安装记录。

4. 施工技术标准

箱式补偿装置的规格、型号应符合设计要求，质量证明文件齐全。箱式补偿装置外观应完好，本体无变形，无锈蚀或机械损伤。箱式补偿装置内电气元件完好，设备接线完整。箱式补偿装置安装稳固，不得侵入铁路限界，箱式补偿装置接地电阻符合设计要求。

5. 工序流程及操作要点

（1）工序流程图

工序流程如图 3-16 所示。

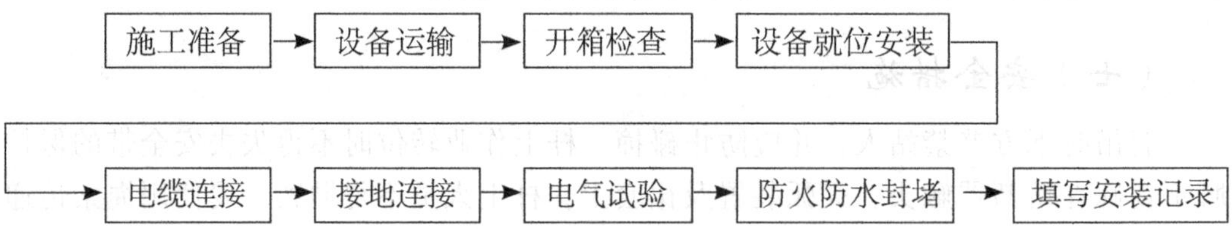

图 3-16　工序流程图

（2）操作要点

工作准备：对施工人员进行技术交底，并填写交底记录。对参加施工人员进行上岗前技术培训，考核合格后持证上岗。按照机械设备及工器具配置表、物资材料表配置物资料具。对设备运输通道的检查，为吊车吊装就位利用现有的施工便道尽量创造条件。依据设计图纸和技术标准的要求，对先期工程的基础进行检查和核实工作，以保证箱式补偿装置的基础螺栓预埋位置符合设计图纸要求。依据设计图纸、技术标准和以往的施工经验，对于制造厂家的箱体和设备进行检查和核实工作，以保证箱体安装预留孔与基础预留螺栓对位。安装箱体前，应检查基础面的平整度，保证箱体底座与基础接触密贴，以防箱体变形。

设备运输：一般宜采用汽车运输方法进行箱体的运输，利用汽车吊将箱体和设备吊装就位。设备进场通道上，车辆进出的路径范围内，道路畅通，路径上方无障碍物，地面平整并压实。基础周围的场地平整压实，无其他任何杂物。

开箱检查：设备开箱应由业主（监理工程师）、施工方、设备供货方一起进行，依据设备装箱清单、说明书仔细核对设备型号、规格及全部零部件、附属材料和专用工具，仔细检查零部件表面及主体结构有无缺损和锈蚀情况。设备验收后，专用工具、技术文件、合格证应妥善保管，验收后向接管单位办理交接手续。

检查主要内容如下，并填写设备验收记录：箱号、箱数及包装情况；设备名称、类别、型号及规格；设备外形尺寸及管口方位；设备内件及附件的规格、尺寸及数量；表面损坏、变形及锈蚀状况。

设备就位及安装：安装施工前，设备基础须经交接验收，基础标高应符合设计要求，避免负偏差。利用吊车将箱体吊起，安装在箱体基础上，检测基础预埋槽钢的相对位置。利用水准仪对设备基础上面进行水平检查。保证了基础槽钢在标准误差范围内，确保箱体安装的稳定性。吊装点要在箱体标示的承重点，保证起吊过程中，箱体外形不因受力而变形。用水平尺检测箱体水平度和垂直度，边调整边测量，直到箱体水平符合设计要求，固定箱体。

线缆连接：箱体安装完毕后，确认各部的安装位置及尺寸是否符合设计要求，并清除箱体内的所有的工机具和杂物，保持箱体内的清洁。补偿装置电缆引入并可靠连接。箱体外壳保护接地、设备工作接地分别按照设计要求单独与接地装置可靠连接。

防火防水封堵：箱式补偿装置本体电缆孔洞防火封堵，箱式补偿装置基础预留孔洞防水封堵。

6. 质量控制标准及检验

补偿装置及装置内部设备的规格、型号、质量应符合设计要求和相关产品标准的规定。所有附件齐全，外观完好，无锈蚀或机械损伤。补偿装置安装的位置、方向和水平、垂直误差应符合标准要求。补偿装置的接地应可靠，且有标识，其电阻值符合设计要求。补偿装置的规格、型号、质量应符合设计要求和相关产品标准的规定，附件齐全、设备完好，表面无锈蚀或机械损伤。补偿装置安装位置正确，应垫平放正，防潮、防污功能应符合设计要求。补偿装置接地可靠，且有标识。补偿装置内部接线完整，回路标识清晰、准确。补偿装置内电气设备的电气性能检测项目符合相关标准规定。

7. 安全措施

起重司机及起重指挥人员应由经过专业培训且取得特殊工种操作证的人员进行，严格按照作业操作规程操作。施工区域应设警示标志，严禁非工作人员出入。现场应有专人统一指挥，并且设一名专职安全员负责现场的安全工作，坚持班前进行安全教育制度。设备就位要平稳匀速，防止出现人身安全及设备损坏的现象发生。

8. 环保要求

为了保护自然环境，在施工中，应当减少甚至避免扬尘，各项环保措施落实到位。生产中的废弃物及时处理，运到了当地环保部门指定的地点弃置。按环保部门要求集中处理试验以及生活中产生的污水及废水。

第四章　电力系统调度自动化

第一节　调度的主要任务及结构体系

一、电力系统调度的主要任务

电力系统调度的基本任务是控制整个电力系统的运行方式，使之无论在正常情况或事故情况下，都能符合安全、经济以及高质量供电的要求。具体任务主要有以下几点。

1. 保证供电的质量优良

电力系统首先应该尽可能地满足用户的用电要求，这样就可使系统的频率与各母线的电压都保持在额定值附近，即保证了用户得到质量优良的电能。为保证用户得到优质电能，系统的运行方式应该合理，此外还需要对系统的发电机组、线路及其他设备的检修计划做出合理的安排。在有水电厂的系统中，还应考虑枯水期与旺水期的差别，但这方面的任务接近于管理职能，它的工作周期较长，通常不算作调度自动化计算机的实时功能。

2. 保证系统运行的经济性

电力系统运行的经济性当然与电力系统的设计有很大关系，因为电厂厂址的选择与布局、燃料的种类与运输途径、输电线路的长度与电压等级等都是设计阶段的任务，而这些都是和系统运行的经济性有关的问题。对于一个已经投入运行的系统，其发、供电的经济性就取决于系统的调度方案了。一般来说，大机组比小机组效率高，新机组比旧机组效率高，高压输电比低压输电经济。但是调度时首先要考虑系统的全局，要保证必要的安全水平，所以要合理安排备用容量的分布，确定主要机组的出力范围等。由于电力系统的负荷是经常变动的，发送的功率也必须随之变动。因此，电力系统的经济调度是一项实时性很强的工作，在使用了调度自动化系统以后，这项任务大部分已依靠计算机来完成了。

3. 保证较高的安全水平——选用具有足够的承受事故冲击能力的运行方式

电力系统发生事故既有外因，也有内因。外因是自然环境、雷雨、风暴、鸟栖等自然“灾害”，内因则是设备的内部隐患与人员的操作运行水平欠佳。一般来说，完全由于误操作和过低的检修质量而产生的事故也是有的．但事故多半是由外因引起．通过内部的薄弱环节而暴发。世界各国的运行经验证明，事故是难免的，但是一个系统承受事故冲击的能力却和调度水平密切相关。事故发生的时间、地点都是无法事先断言的，要衡量系统承受事故冲击的能力，无论在设计工作中，还是在运行调度中都是采用预想事故的方法。即对于一个正在运行的系统，必须根据规定预想几个事故，然后进行分析、计算，若事故后果严重，就应选择其他的运行方式，以减轻可能发生的后果，或使事故只对系统的局部范围产生影响，而系统的主要部分却可免遭破坏。这就提高了整个系统承受事故冲击的能力，亦即提高了系统的安全水平。由于系统的数据与信息的数量很大，负荷又经常变动，要对于系统进行预想事故的实时分析，也只在计算机应用于调度工作后才有了实现的可能。

4. 保证提供强有力的事故处理措施

事故发生后，面对受到严重损伤或遭到了破坏的电力系统．调度人员的任务是及时采取强有力的事故处理措施，调度整个系统，使对用户的供电能够尽快地恢复，把事故造成的损失减少到最小，把一些设备超限运行的危险性及早排除。对电力系统中只造成局部停电的小事故，或者某些设备地过限运行，调度人员一般可以从容处理。大事故则往往造成频率下降、系统振荡甚至系统稳定破坏，系统被解列成几部分，造成大面积停电，此时要求调度人员必须采用强有力的措施使系统尽快恢复正常运行。

从目前情况来看．调度计算机还没有正式涉及事故处理方面的功能，仍是自动按频率减负荷、自动重合闸、自动解列、自动制动、自动快关汽门、自动加大直流输电负载等，由当地直接控制、不由调度进行启动的一些“常规”自动装置，在事故处理方面发挥着强有力的作用。在恢复正常运行方面，目前还主要靠人工处理，计算机只能提供一些事故后的实时信息，加快恢复正常运行的过程。由此可见，实现电力系统调度自动化的任务仍是十分艰巨的。

二、电力系统调度的分层体系

电力系统调度控制可分为集中调度控制和分层调度控制。集中调度控制就是电力系统内所有发电厂和变电站的信息都集中到一个中央调度控制中心，由中央调度中心统一来完成整个电力系统调度控制的任务。在电力工业发展的初期阶段，集中调度控制曾经发挥了它的重要作用。但随着电力系统规模的不断扩大，集中调度控制暴露出了许多不足，如运行不经济、技术难度大及可靠性不高等，这种调度机制已不能够满足现代电力系统的发展需要。

为了解决集中调度控制的缺点和不足，现代大型电力系统普遍采用了分层调度控制。国际电工委员会标准提出的典型分层结构将电力系统调度中心分为主调度中心，区域调度中心，地区调度中心。分层调度控制将整个电力系统的监控任务分配给属于不同层次的调度中心，较低级别的调度中心负责采集实时数据并且控制当地设备，只有涉及全网性的信息才向上一级调度中心传送；上级调度中心做出的决策以控制命令的形式下发给下级调度中心。与集中调度控制相比，主要有以下几方面的优点：

①易于保证自动化系统的可靠性；

②可灵活地适应系统的扩大和变更；

③可提高投资效率；

④能更好地适应现代技术水平的发展；

⑤便于协调调度控制；

⑥改善系统响应。

根据我国电力系统的实际情况和电力工业体制．电网调度指挥系统分为国家级总调度（简称国调）、大区级调度（简称网调）、省级调度（简称省调）、地区级调度（简称地调）和县级调度（简称县调）五级，形成了五级调度分工协调进行指挥控制的电力系统运行体制。

（1）国家级调度

国家级调度通过计算机数据通信网与各大区电网控制中心相连，协调、确定大区电网间的联络线潮流和运行方式，监视、统计与分析全国电网运行情况。

其主要任务包括：

①在线收集各大区电网和有关省网的信息，监视大区电网的重要监测点工况及全国电网运行概况，并做统计分析和生产报表；

②进行大区互连系统的潮流、稳定、短路电流及经济运行计算，通过计算机数据通信校核计算结果的正确性，并且向下传达；

③处理有关信息，做中期、长期安全经济运行分析。

（2）大区级调度

大区级调度按统一调度分级管理的原则，负责跨省大电网的超高压线路的安全运行并按规定的发用电计划及监控原则进行管理，提高电能质量和运行水平。

其具体任务包括：

①实现电网的数据收集和监控、调度及有实用效益的安全分析；

②进行负荷预测，制订开停机计划和水火电经济调度的日分配计划，闭环或开环地指导自动发电控制；

③省（市）间和有关大区电网的供受电量计划编制和分析；

④进行潮流、稳定、短路电流及离线或在线的经济运行分析计算，通过计算机数

据通信校核各种分析计算的正确性并上报、下传；

⑤进行大区电网继电保护定值计算及其调整试验；

⑥大区电网中系统性事故的处理；

⑦大区电网系统性的检修计划安排；

⑧统计、报表以及其他业务。

（3）省级调度

省级调度按统一调度、分级管理的原则，负责省内电网的安全运行并按照规定的发电计划及监控原则进行管理，提高电能质量和运行水平。

其具体任务包括：

①实现电网的数据收集和监控、经济调度以及有实用效益的安全分析；

②进行负荷预测，制订开停机计划和水火电经济调度的日分配计划，闭环或开环地指导自动发电控制；

③地区间和有关省网的供受电量计划的编制和分析；

④进行潮流、稳定、短路电流及离线或在线的经济运行分析计算，通过计算机数据通信校核各种分析计算的正确性并上报、下传。

（4）地区调度

其具体任务包括：

①实现所辖地区的安全监控；

②实施所辖有关站点（直接站点和集控站点）的开关远方操作、变压器分接头调节以及电力电容器投切等；

③所辖地区的用电负荷管理及负荷控制。

（5）县级调度

县级调度主要监控 110kV 及以下农村电网的运行，其主要任务有以下几点：

①指挥系统的运行和倒闸操作；

②充分发挥本系统的发供电设备能力，保证了系统的安全运行和对用户连续供电；

③合理安排运行方式，在保证电能质量的前提下，使本系统在最佳方式下运行。

县调按照最大供电负荷和厂站数划分为四个等级。超大型县调：容量 > 150MW，厂站数 > 24。大型县调：容量 50 ~ 150MW，厂站数 > 16。中型县调：容量 20 ~ 50MW，厂站数 > 10。小型县调：容量 < 20MW，厂站数 < 10。厂站数是指 35kV 以上变电站数和 2MW 以上水、火电厂数。

电力系统的分层（多级）调度虽然与行政隶属关系的结构相类似，但却是由电能生产过程的内部特点所决定的。一般来说，高压网络传送的功率大，影响着该系统的全局。如果高压网络发生了事故，有关的低压网络肯定会受到很大的影响，致使正常的供电过程遇到障碍；反过来则不一样，如故障只发生在低压网络，高压网络则受影响较小，不致影响系统的全局。这就是分级调度较为合理的技术原因。从网络结构上看，低压网络，特别是城市供电网络，往往线路繁多，构图复杂，而高压网络则线路反而少些；但是调度电力系统却总是对高压网络运行状态的分析与控制倍加注意，对其运行数据与信息的收集与处理、运行方式的分析与监视等都做得十分严谨。

随着电网的规模不断扩大，当主干系统发生事故时，无论系统本身的状况、事故的后果以及预防事故的措施，都会变得很复杂。如果万一对于系统事故后的处理不当，其影响的范围将是非常广泛的。鉴于这种情况，必须从保证供电可靠性的观点来讨论目前系统调度的自动化问题。

为保证供电的可靠性，对全部系统设备采用一定的冗余设计，这虽然是一种有效的方法，但存在着经济方面的问题。因此，迄今防止事故蔓延的主要方法仍是借助继电保护装置进行保护，以及从系统调度自动化方面采取一些措施。其基本原则是，为了防止事故蔓延，不单是依靠继电保护装置．而是平时就要对事故有相应的准备，一旦发生事故，则可尽快实现系统工作的恢复。

第二节　调度自动化系统的功能组成

一、电力系统调度自动化系统的功能概述

从自动控制理论的角度看，电力系统属于复杂系统，又称大系统，而且是大面积分布的复杂系统。复杂系统的控制问题之一是要寻求对全系统的最优解，所以电力系统运行的经济性是指对全系统进行统一控制后的经济运行。另外，安全水平是电力系统调度的首要问题，对一些会使整个系统受到严重危害的局部故障，必须从调度方案的角度进行预防、处理，从而确定当时的运行方式。由此可见，电力系统是必须进行统一调度的。但是，现代电力系统的一个特点是分布十分辽阔，大者达千余公里，小的也有百多公里；对象多而分散，在其周围千余公里内，布满了发电厂与变电所，输电线路形成网络。要对于这样复杂而辽阔的系统进行统一调度，就不能平等地对待它的每一个装置或对象。

测量读值与运行状态信号这类信息一般由下层往上层传送，而控制信息是由调度中心发出，控制所管辖范围内电厂、变电所内的设备。这类控制信息大都是全系统运行的安全水平与经济性所必需的。

由此可见，在电力系统调度自动化的控制系统中，调度中心计算机必须具有两个功能：其一是与所属电厂及省级调度等进行测量读值、状态信息以及控制信号的远距离、高可靠性的双向交换；另一是本身应具有的协调功能。调度自动化的系统按其功能的

不同.分为数据采集和监控(SCADA)系统和能量管理系统。

国家调度的调度自动化系统为EMS，其中的SCADA子系统完成对广阔地区所属的厂、网进行实时数据的采集、监视和控制功能.以形成调度中心对全系统运行状态的实时监控功能；同时又向执行协调功能的子系统提供数据，形成数据库，必要时还可人工输入有关资料，以利于计算与分析，形成协调功能。协调后的控制信息，再经由SCADA系统发送至有关网、厂，形成了对具体设备的协调控制。

二、SCADA/EMS系统的子系统划分

1. 支撑平台子系统

支撑平台是整个系统最重要的基础，有一个好的支撑平台，才能真正地实现全系统统一平台，数据共享。支撑平台子系统包括数据库管理、网络管理、图形管理、报表管理、系统运行管理等。

2. SCADA子系统

具体包括数据采集、数据传输及处理、计算与控制、人机界面及告警处理等。

3. 高级应用软件（power application software，PAS）子系统

包括网络建模、网络拓扑、状态估计、在线潮流、静态安全分析、无功优化、故障分析及短期负荷预报等一系列高级应用软件。

4. 调度员仿真培训（DTS）系统

包括电网仿真SCADA/EMS系统仿真和教员控制机三部分。调度员仿真培训(DTS)与实时SCADA/EMS系统共处一个局域网上。DTS本身由2台工作站组成，一台充当电网仿真和教员机，另一台用来仿真SCADA/EMS和兼作学员机。

5. AGC/EDC子系统

自动发电控制和在线经济调度(AGC/EDC)是对发电机出力的闭环自动控制系统，不仅能够保证系统频率合格，还能保证了系统间联络线的功率符合合同规定范围，同时，还能使全系统发电成本最低。

6，调度管理信息系统(DMIS)

调度管理信息系统属于办公自动化的一种业务管理系统，一般并不属于SCADA/EMS系统的范围。它与具体电力公司的生产过程、工作方式、管理模式有非常密切的联系，因此总是与某一特定的电力公司合作开发，为其服务。当然，其中的设计思路和实现手段应当是共同的。

我国的EMS经历了20世纪70年代基于专用计算机和专用操作系统的SCADA系统的第一代；20世纪80年代基于通用计算机的第二代；20世纪90年代基于RISC/UNIX的开放式分布式的第三代；第四代的主要特征是采用了JAVA、因特网、面向对

象等技术并综合考虑电力市场环境中的安全运行及商业化运营要求，目前仍在迅速发展中。

三、电力系统调度自动化系统的设备构成

电网调度自动化系统的设备可以统称为硬件，这是相对于各种功能程序——软件而言。电网调度自动化系统由三部分构成，即调度端、信道设备和厂站端。信道设备及相关通信协议与技术在电力系统运动等课程中有详细介绍，本节仅仅加以概括性介绍。而调度端的调度员工作站、PAS 工作站、SCADA 服务器及数据库服务器随着计算机软、硬件技术的飞速发展，已涉及状态估计（state estimation）、安全分析（security analysis）、动态监测（dynamic supervisory），自动发电控制（automatic generation control）和经济调度控制（economic dispatch control）等众多功能。

第三节 调度自动化信息的传输

一、电力系统运动简介

远动系统（telecontrol system）是指对广阔地区的生产过程进行监视和控制的系统，它包括对必需的过程信息的采集、处理、传输和显示、执行等全部的设备与功能。构成远动系统的设备包括厂站端远动装置、调度端远动装置和远动信道。

按习惯称呼的调度中心和厂站，在远动术语中称为主站（master station）和子站（slave station）。主站也称控制站（control station），它是对子站实现远程监控的站；子站也称受控站（controlled station），它是受主站监视的或者受主站监视且控制的站。计算机技术进入远动技术之后，安装在主站和子站得远动装置分别被称为前置机（front-end processor）和远动终端装置（remote terminal unit，RTU）。

前置机是缓冲和处理输入或输出数据的处理机。它接收 RTU 送来的实时远动信息，经译码后还原出被测量的实际大小值和被监视对象的实际状态，显示在调度室的显示器上和调度模拟屏上，也可以按要求打印输出。这些信息还要向主计算机传送。此外，调度员通过键盘或鼠标操作，可以向前置机输入遥控命令和遥调命令，前置机按规约组装出遥控信息字和遥调信息字向 RTU 传送。

RTU 对各种电量变送器送来的 0 ~ 5V 直流电压分时完成 A/D 转换，得到与被测量对应的二进制数值；并且由脉冲采集电路对脉冲输入进行计数，得到与脉冲量对应的计数值；还把状态量的输入状态转换成逻辑电平“0”或“1”。再将上述各种数字

信息按规约编码成遥测信息字和遥信信息字，向前置机传送。RTU 还可以接收前置机送来的遥控信息字和遥调信息字，经译码后还原出遥控对象号和控制状态，遥调对象号和设定值，经返送校核正确后（对遥控）输出执行。

前置机和 RTU 在接收对方信息时，必须保证与对方同步工作，因此收发信息双方都有同步措施。

远动系统中的前置机和 RTU 是 1 对 N 的配置方式，即主站的一套前置机要监视和控制 N 个子站的 N 台 RTU，因此前置机必须有通信控制功能。为减少前置机的软件开销，简化数据处理程序 RTU 应统一按照部颁远动规约设计。同时为了保证远动系统工作的可靠性，前置机应为双机配置。

远动系统是调度自动化系统的重要组成部分，它是实现调度自动化的基础。

二、远动信息的内容和传输模式

远动信息包括遥测信息、遥信信息、遥控信息和遥调信息。

遥测信息和遥信信息从发电厂、变电所向调度中心传送，也可以从下级调度中心向上级调度中心转发，通常称它们为上行信息。遥控信息和遥调信息从调度中心向发电厂、变电所传送，也可以从上级调度中心通过下级调度中心传送，称它们为下行信息。

遥测信息传送发电厂、变电所的各种运行参数，它分为电量和非电量两类。电量包括母线电压、系统频率、流过电力设备（发电机、变压器）及输电线的有功功率、无功功率和电流。非电量包括了发电机机内温度以及水电厂的水库水位等。这些量都是随时间做连续变化的模拟量。对电流、电压和功率量，通常利用互感器和变送器把要测量的交流强电信号变成 0 ~ 5V 或 0 ~ 10mA 的直流信号后送入远动装置。也可以把实测的交流信号变换成幅值较小的交流信号后，由远动装置直接对其进行交流采样。电能量的测量采用脉冲输入方式，由计数器对脉冲计数实现测量．或把脉冲作为特殊的遥信信息用软件计数实现测量。对非电量，只能借助其他传感设备（如温度传感器、水位传感器），将它转换成规定范围内的直流信号或数字量后送入远动装置，后者称为外接数字量。

遥信信息包括发电厂、变电所中断路器和隔离开关的合闸或分闸状态，主要设备的保护继电器动作状态，自动装置的动作状态，以及一些运行状态信号，如厂站设备事故总信号、发电机组开或停的状态信号、远动及通信设备的运行状态信号等。遥信信息所涉及的对象只有两种状态，因此用一位二进制的“0”或“1”便可以表示出一个遥信对象的两种不同状态。遥信信息通常由运行设备的辅助接点提供。

遥控信息传送改变运行设备状态的命令，如发电机组的启停命令、断路器的分合命令、并联电容器和电抗器的投切命令等。电力系统对遥控信息的可靠性要求很高，为了提高控制的正确性，防止了误动作，在遥控命令下达后，必须进行返送校核。当返送命令校核无误之后，才能发出执行命令。

遥调信息传送改变运行设备参数的命令，如改变发电机有功出力和励磁电流的设定值，改变变压器分接头的位置等。这些信息通常由调度员人工操作发出命令，也可以自动启动发出命令，即所谓的闭环控制。例如为了保持系统频率在规定范围内，并维持联络线上的电能交换，调节发电机出力的自动发电控制（AGC）功能，就是闭环控制的例子。在下行信息中，还可以传送系统对时钟功能中的设置时钟命令、召唤时钟命令、设置时钟校正值命令，以及对于厂站端远动装置的复归命令、广播命令等。

远动信息的传输可以采用循环传输模式或问答传输模式。

在循环数字传输模式（cyclic data transmission，CDT）中，厂站端将要发送的远动信息按规约的规定组成各种帧．再编排帧的顺序，一帧一帧地循环向调度端传送。信息的传送是周期性的、周而复始的，发端不顾及收端的需要，也不要求收端给以回答。这种传输模式对信道质量的要求较低，因而任何一个被干扰的信息可望在下一循环中得到它的正确值。

问答传输模式也称 polling 方式。在这种传输模式中，若调度端要得到厂站端的监视信息，必须由调度端主动向厂站端发送查询命令报文。查询命令是要求一个或多个厂站传输信息的命令。查询命令不同，报文中的类型标志取不同值，报文的字节数一般也不一样。厂站端按调度端的查询要求发送回答报文。用这种方式，可以做到调度端询问什么，厂站端就回答什么，即按需传送。因为它是有问才答，要保证调度端发问后能收到正确的回答，对信道质量的要求较高，且必须保证有上下行信道。

三、远程通信系统

1. 远动信息的编码

远动信息在传输前，必须按有关规约的规定，把远动信息变换成各种信息字或各种报文。这种变换工作通常称作远动信息的编码，编码工作由远动装置完成。

采用了循环传输模式时，远动信息的编码要遵守循环传输规约的规定。按规约规定，由远动信息产生的任何信息字都由 48 位二进制数构成，即所有的信息字位数相同。其中前 8 位是功能码，它有浮种不同取值，用来区分代表不同信息内容的各种信息字，可以把它看作信息字的代号。最后 8 位是校验码，采用循环冗余检验（cyclic redundancy check，CRC）校验。

校验码是信息字中用于检错和纠错的部分，它的作用是提高信息字在传输过程中抗干扰的能力。信息字用来表示信息内容，它可以是遥测信息中模拟量对应的 A/D 转换值、电能量的脉冲计数值、系统频率值对应的 BCD 码等，也可以是遥信对象的状态，还可以是遥控信息中控制对象的合 / 分状态及开关序号或者是遥调信息的调整对象号及设定值……信息内容究竟属于哪一种值，可以根据功能码的取值范围进行区分。

问答式传输规约中报文（message）格式，报文头通常有 3 ~ 4 个字节，它指出进行问答的双方中 RTU 的地址（报文中识别其来源或目的地的部分），报文所属的类型，报文中数据区的字节数。数据区表示报文要传送的信息内容，它的字节数和字节中各位的含义随报文类型的不同而不同，且数据区的字节数是多少，由报文头中有关字节指出。校验码按照规约给定的某种编码规则，用报文头的数据区的字节运算得到。它可以是一个字节的奇偶校验码，也可以是一个或者两个字节的 CRC 校验码。问答式传输规约的报文格式与循环式传输规约的信息字格式比较，最明显的差别是，问答式传输规约中，不同类型的报文，报文的总字节数不同，即报文的长度不同，且报文长度的变化总是按字节增减，即 8 位及其倍数地增加或减少。

2. 数字信号的调制与解调

数字信号在电路上的表达为一系列高低电平脉冲序列（方波），称为“基带数字信号”。这种波形所包含的谐波成分很多，占用的频带很宽。而电话线等传输线路是为传送语言等模拟信号而设计的，频带较窄，直接在这种线路上传输基带数字信号，距离很短尚可，距离长了波形就会发生很大畸变，使接收端不能正确判读，从而造成通信失败。

因此，引入了调制解调器（modem）这样一种设备。先把基带数字信号用调制器（midulator）转换成携带其信息的模拟信号（某种正弦波），在长途传输线上传输的是这种模拟信号。到了接收端，再用解调器（demodulator）将其携带的数字信息解调出来，恢复成原来的基带数字信号。

3. 常用远动信道

我国常用的远动信道有专用有线信道、复用电力线载波信道、微波信道、光纤信道、无线电信道等，信道质量的好坏直接影响信号传输的可靠性。

采用专用有线信道时，由远动装置产生的远动信号，以直流电的幅值、极性或交流电的频率在架空明线或专用电缆中传送。这种信道常用作近距离传输。

电力线载波信道是电力系统中应用较广泛的信道形式。当远动信号与载波电话复用电力线载波信道时，通常规定载波电话占用 0.3 ~ 2.3kHz（或 0.3 ~ 2.0kHz）音频段，远动信号占用 2.7 ~ 3.4kHz（或 2.4 ~ 3.4kHz）的上音频段。由远动装置产生的用二进制数字序列表示的远动信号，经调制器转换成上音频段内的数字调制信号后，进入电力载波机完成频率搬移，再经电力线传输。收端载波机将接收到的信号复原为上音频信号，再由解调器还原出用二进制数字序列表示的远动信号。由于电力线载波信道直接利用电力线作信道，覆盖各个电厂和变电所等电业部门，不另外增加线路投资，且结构坚固，所以得到广泛应用。

微波信道是用频率为 300MHz ~ 300GHz 的无线电波传输信号。由于微波是直线传播，传输距离一般为 30 ~ 50km，所以在远距离传输时，要设立中继站。微波信道的优点是频带宽，传输稳定，方向性强，保密性好。它在电力系统中的应用呈上升趋势。

光导纤维传输信号的工作频率高，光纤信道具有信道容量大，衰减小，不受外界的电磁场干扰，误码率低等优点，它是性能比较好的一种信道。

无线电信道由发射机、发射天线、自由空间、接收天线和接收机组成。在无线电信道中，信号以电磁波在自由空间中传输。因为它利用自由空间传输，不需要架设通信线路，因而可以节约大量金属材料并减少维护人员的工作量。这种信道在地方电力系统中应用较多。

除上述几种信道外，卫星通信也在电力系统中得到应用。

第四节　电力系统状态估计

一、电力系统状态估计的必要性

电力系统的状态由电力系统的运行结构和运行参数来表征。电力系统的运行结构是指在某一时间断面电力系统的运行接线方式。电力系统的运行结构有一个特点，即它几乎完全是由人工按计划决定的。但，当电力系统的运行结构发生了非计划改变（如因故障跳开断路器）时，如果运动的遥信没有正确反映，就会出现调度计算中电力系统运行接线与实际情况不相符的问题。

电力系统的运行参数（包括各节点电压的幅值、注入节点的有功和无功功率、线路的有功和无功功率等）可以由远动系统送到调度中心来。这些参数随着电力系统负荷的变化而不断地变化，称之为实时数据。SCADA 系统收集了全网的实时数据，汇成 SCADA 数据库。SCADA 数据库存在以下明显缺点：

（1）数据不齐全

为了使收集的数据齐全，必须在电力系统的所有厂、所都设置 RTU，并采集电力系统中所有节点和支路的运行参数。这将使 RTU 的数量以及远动通道和变送器的数量大大增加，而这些设备的投资是相当昂贵的。目前的实际情况是，仅仅在一部分重要的厂、所中设置 TRTU。这样，就有一些节点和支路的运行参数不能被测量到而造成数据收集不全。

（2）数据不精确

数据采集和传送的每个环节如 TA、TV、A/D 转换等都会产生误差。这些误差有时使相关的数据变得相互矛盾，且其差值之大甚至使人不便取舍。同时，干扰总是存在的，尽管已采取了滤波和抗干扰编码等措施，减少了出错的次数，但是个别错误数据的出现仍不能避免。

（3）数据不和谐

数据相互之间可能不符合建立数学模型所依据的基尔霍夫定律。原因有二：一是前述各项误差所致，二是各项数据并非是同一时刻采样得到的。这种数据的不和谐影响了各种高级应用软件的计算分析。

由于实时数据有上述缺点，因而必须找到一种方法能够把不齐全的数据填平补齐，不精确的数据“去粗取精”，同时找出错误的数据“去伪存真”，使整个数据系统和谐严密，质量和可靠性得到提高。这种方法就是状态估计，电力系统状态估计的内容应该包括如何将错误的信息检测出来并且予以纠正。

综上所述，电力系统状态估计是电力系统高级应用软件的一个模块（程序）。其输入的是低精度、不完整、不和谐，偶尔还有不良数据的“生数据”，而输出的则是精度高、完整、和谐和可靠的数据。由这样的数据组成的数据库，称为“可靠数据库”。电网调度自动化系统的许多高级应用软件，都以可靠数据库的数据为基础，因此，状态估计有时被誉为应用软件的“心脏”，可见这一功能的重要程度。

二、状态估计的基本原理

1. 测量的冗余度

状态估计算法必须建立在实时测量系统有较大冗余度的基础之上。

对那些不随时间而变化的量，为消除测量数据的误差，常用的方法就是多次重复测量。测量的次数越多，它们的平均值就越接近真值。

但在电力系统中不能采用上述方法，因为电力系统运行参数属于时变参数，消除或减少时变参数测量误差必须利用一次采样得到的一组有多余的测量值。

电力系统的状态变量是指表征电力系统特征所需最小数目的变量，一般取名节点电压幅值及其相位角为状态变量。若有 N 个节点，则有 2N 个状态变量。因为可以设某一节点电压相位角为零，所以对一个电力系统，其未知的状态变量数为 2N－1。

2. 状态估计的数学模型

状态估计的数学模型是基于反映网络结构、线路参数、状态变量和实时测量值之间相互关系的方程。测量值包括线路功率、线路电流、节点功率、节点电流和节点电压等，状态量包括了节点电压幅值和相角。

3. 状态估计的加权最小二乘法

状态估计可选用的数学算法有最小二乘法、快速分解法、正交化法和混合法等。目前在电力系统中用得较多的是加权最小二乘法。

如果再考虑到各测量设备精度的不同，可令目标函数中对应测量精度较高的测量值乘以较高的“权值”，以使其对估计的结果发挥较大的影响；相反，对应测量精度较低的测量值，则乘以较低的“权值”，使其对估计的结果影响小一些。

状态变量一般取名母线电压幅值和相位角，测量值选取母线注入功率、支路功率和母线电压数值。测量不足之处可使用预报和计划型的“伪测量”，同时将其权重设置得较小以降低对状态估计结果的影响。此外，无源母线上的零注入测量和零阻抗支路上的零电压测量，也可以为伪测量值。这样的测量值完全可靠，可取较大的权重。

三、状态估计的步骤

状态估计可分为以下四个步骤：

（1）确定先验数学模型

在假定没有结构误差、参数误差和不良数据的条件下，根据已有经验和定理 · 如基尔霍夫定律等，建立各测量值和状态量间的数学方程。

（2）状态估计计算

根据所选定的数学方法，计算出使“残差”最小的状态变量估计值。所谓残差，就是各量测值与计算的相应估计值之差。

（3）校验

检查是否有不良测量值混入或者有结构错误信息。如果没有，此次状态估计即告完成；如果有，转入下一步。

（4）辨识

这是确定具体的不良数据或网络结构错误信息的过程。在除去或修正已识别出来的不良数据和结构错误后，重新进行了第二次状态估计计算，这样反复迭代估计，直至没有不良数据或结构错误为止。

测量值在输入前还要经过前置滤波和极限值检验。这是因为有一些很大的测量误差，只要采用一些简单的方法和很少的加工就可容易地排除。例如，对输入的节点功率可进行极限值检验和功率平衡检验，这样就可提高状态估计的速度和精度。

不良数据的检测与识别是很重要的，否则状态估计将无法投入在线实际应用。当有不良数据出现时，必然会使目标函数大大偏离正常值，这种现象可以用来发现不良数据。为此可把状态估计值代入目标函数中，求出目标函数的值，如果大于某一门槛值，即可认为存在不良数据。

发现存在不良数据后要寻找不良数据。对单个不良数据的情况，一个最简单的方法就是逐个试探。

第五节　电力系统安全分析与安全控制

一、电力系统的运行状态与安全控制

电力系统的安全控制与电力系统的运行状态是相关的。电力系统的运行状态可以用一组包含电力系统状态变量（如各节点的电压幅值和相位角）、运行参数（如各节点的注入有功功率）和结构参数（网络连接和元件参数）的微分方程组描述。方程组要满足有功功率和无功功率必须平衡的等式约束条件，及系统正常运行时某些参数（母线电压、发电机出力和线路潮流等）必须在安全允许的限值以内的不等约束条件。电力系统的运行状态一般可划分为四种：①正常运行状态；②警戒状态；③紧急状态；④恢复状态。

电力系统在运行中始终把安全作为最重要的目标，就是要避免发生事故，保证电力系统能以质量合格的电能充分地对用户连续供电。在电力系统中，干扰和事故是不可避免的，不存在一个绝对安全的电力系统。重要的是要尽量减少发生事故的概率，在出现事故以后，依靠电力系统本身的能力、继电保护和自动装置的作用和运行人员的正确控制操作，使事故得到及时处理，尽量减少事故的范围及所带来的损失和影响。通常把电力系统本身的抗干扰能力、继电保护、自动装置的作用和调度运行人员的正确控制操作，称为电力系统安全运行的三道防线。

因此，电力系统安全性主要包括两个方面的内容：

（1）电力系统突然发生扰动时不间断地向用户提供电力和电量的能力。

（2）电力系统的整体性．即电力系统维持联合运行的能力。

电力系统安全控制的主要任务包括：对于各种设备运行状态的连续监视；对能够导致事故发生的参数越限等异常情况及时报警并进行相应调整控制；发生事故时进行快速检测和有效隔离，以及事故时的紧急状态控制和事故后恢复控制等。其可以分为以下几个层次：

（1）安全监视

安全监视是对电力系统的实时运行参数（频率、电压和功率潮流等）以及断路器、隔离开关等的状态进行监视。当出现参数越限和开关变位时即进行报警，由运行人员进行适当的调整和操作。安全监视是 SCADA 系统的主要功能。

（2）安全分析

安全分析包括了静态安全分析和动态安全分析。静态安全分析只考虑假想事故后稳定运行状态的安全性，不考虑当前的运行状态向事故后稳态运行状态的动态转移。动态安全分析则是对事故动态过程的分析，着眼于系统在假想事故中有无失去稳定的危险。

（3）安全控制

安全控制是为保证电力系统安全运行所进行的调节、校正和控制。

二、静态安全分析

一个正常运行的电网常常存在许多的危险因素。要使调度运行人员预先清楚地了解到这些危险并非易事，目前可以应用的有效工具就是在线静态安全分析程序。通过静态安全分析，可以发现当前是否处在警戒状态。

1. 预想故障分析

预想故障分析是对一组可能发生的假想故障进行在线的计算分析，校核这些故障后电力系统稳定运行方式的安全性，判断出各种故障对电力系统安全运行的危害程度。

预想故障分析可分为三部分：故障定义、故障筛选和故障分析。

（1）故障定义

通过故障定义可以建立预想故障的集合。一个运行中的电力系统，假想其中任意一个主要元件损坏或任意一台开关跳闸都是一次故障。预想故障集合主要包括了以下各种断开故障：①单一线路开断；②两条以上线路同时开断；③变电所回路开断；④发电机回路开断；⑤负荷出线开断；⑥上述各种情况的组合。

（2）故障筛选

预想故障数量可能比较多，应当把这些故障按其对电网的危害程度进行筛选和排队，然后再由计算机按此队列逐个进行快速仿真潮流计算。

首先需要选定一个系统性能指标（比如全网各支路运行值与其额定值之比的加权平方和）作为衡量故障严重程度的尺度。当在某种预想故障条件下系统性能指标超过了预先设定的门槛值时，该故障即应保留，否则即可舍弃。计算出来的系统指标数值可作为排队依据。这样处理后就得到了一张以最严重的故障开头的为数不多的预想故障顺序表。

（3）故障分析（快速潮流计算）

故障分析是对预想故障集合里的故障进行快速仿真潮流计算，以确定故障后的系统潮流分布及其危害程度。仿真计算时依据的网络模型，除了假定的开断元件外．其他部分则与当前运行系统完全相同。各节点的注入功率采用经过状态估计处理的当前值（也可用由负荷预测程序提供的 15 ~ 30min 后的预测值）。每次计算的结果用预先确定的安全约束条件进行校核，如果某一故障使约束条件不能满足，则向运行人员发出报警（即宣布进入警戒状态）并且显示出分析结果，也可以提供一些可行的校正措施，例如重新分配各发电机组出力、对负荷进行适当控制等，供调度人员选择实施，消除安全隐患。

2. 快速潮流计算方法

仿真计算所采用的算法有直流潮流法、P—Q 分解法和等值网络法等。相关算法请查阅电力系统分析等课程的相关内容。

安全分析的重点是系统中较为薄弱的负荷中心。而远离负荷中心的局部网络在安全分析中所起的作用较小，因此在安全分析中可以把系统分为两部分：待研究系统和外部系统。待研究系统就是指感兴趣的区域，也就是要求详细计算模拟的电网部分。而外部系统则指不需要详细计算的部分。安全分析时要保留“待研究系统”的网络结构，而将“外部系统”化简为少量的节点和支路。实践经验表明，外部系统的节点数和线路数远多于待研究系统，所以等值网络法可以大大降低了安全分析中导纳矩阵的阶数和状态变量的维数，从而使计算过程大为简化。

三、动态安全分析

稳定性事故是涉及电力系统全局的重大事故。正常运行中的电力系统是否会因为一个突然发生的事故而导致失去稳定，这个问题是十分重要的。校核假想事故后电力系统是否能保持稳定运行的离线稳定计算，一般采用数值积分法，逐时段地求解描述电力系统运行状态的微分方程组，得到动态过程中各状态变量随时间变化的规律 . 并以此来判别电力系统的稳定性。这种方法计算工作量很大，无法满足实施预防性控制的实时性要求。因此要寻找一种快速的稳定性判别方法。到目前为止，还没有很成熟的算法。下面简单介绍一下已取得一定研究成果的模式识别法以及扩展等面积法。

（1）模式识别法

模式识别法是建立在对电力系统各种运行方式的假想事故离线模拟计算的基础上的，需要事先对各种不同运行方式和故障种类进行稳定计算。然后选取少数几个表征电力系统运行的状态变量（一般是节点电压和相角），构成了稳定判别式。稳定分析时，将在线实测的运行参数代入稳定判别式，根据判别式的结果来判断系统是否稳定。

（2）扩展等面积法

扩展等面积法（extended equd-area criteron，EEAC）是一种暂态稳定快速定量计算方法，已开发出商品软件，并已应用于国内外电力系统的多项工程实践中。

该方法分为静态 EEAC、动态 EEAC 和集成 EEAC 三个部分（步骤），构成一个有机集成体。利用 EEAC 理论，发现了许多与常规控制理念不相符合的“负控制效应”现象。比如，切除失稳的部分机组、动态制动、单相开断、自动重合闸、快关汽门、切负荷、快速励磁等经典控制手段，在一定条件下，却会使系统更加趋于不稳定。

静态 EEAC 采用“在线预算，实时匹配”的控制策略。整个系统分为在线预决策子系统和实时匹配控制子系统两大部分。前者根据电网当前的运行工况，定期刷新后者的决策表，后者根据该表实施控制。实时匹配控制子系统安装在电力系统中有关的发电厂和变电所，监测系统的运行状态，判断本厂、所出线、主变压器、母线的故障状态。它在系统发生故障时，根据判断出的故障类型，迅速从存放在装置内的决策表中查找控制措施，并通过执行装置进行切机、快关、切负荷、解列等稳定控制。在线预决策子系统根据电力系统当前运行工况，搜索最优稳定控制策略。这类方案的精髓是一个快速、强壮的在线定量分析方法和相应的灵敏度分析方法。对这些方法的速度要求，比对离线分析方案的要求高得多，但是比对实时计算的要求低很多，完全在 EEAC 的技术能力之内。

四、正常运行状态（包括警戒状态）的安全控制

为了保证电力系统正常运行的安全性，首先在编制运行方式时就要进行安全校核；其次，在实际运行中，要对电力系统进行不间断的严密监视，对电力系统的运行参数如频率、电压和线路潮流等不断地进行调整，始终保持尽可能地最佳状态；同时，还要对可能发生的假想事故进行后果模拟分析；当确认当前属警戒状态时，可对运行中的电力系统进行预防性的安全校正。

编制运行方式是各级调度中心的一项重要工作内容。运行方式编制得是否合理直接影响系统运行的经济性和安全性。运行方式的编制是根据预测的负荷曲线做出的。对运行方式进行安全校核，就是用计算机根据负荷、气象、检修等运行条件的变化，并假定一系列事故条件，对于未来某时刻的运行方式进行安全校核计算。

正常运行时，对电力系统进行监控由调度自动化系统的 SCADA 系统完成。SCADA 系统监控不断变化着的电力系统运行状态，如发电机出力、母线电压、线路潮流、系统频率和系统间交换功率等，当参数越限时发出警报，使调度人员能迅速判明情况，及时采取必要的调控措施来消除越限现象。此外，自动发电控制和自动电压控制（automatic voltage control，AVC），也是正常运行时安全监控的重要方面。

对可能发生的假想事故进行分析，由电网调度自动化系统中的安全分析模块完成。电网调度自动化系统可以定时地（例如 5min）或者按调度人员随时要求启动该模块，也可以在电网结构有变化（即运行方式改变）或某些参数越限时自动启动安全分析程序，并将分析结果显示出来。根据安全分析的结果，若某种假想事故后果严重，即说明系统已进入警戒状态，可以预先采取某些防范措施对当前的运行状态进行某些调整．使在该假想事故之下也不产生严重后果。这就是进行预防性安全控制。

预防性安全控制是针对可能发生的假想事故会导致不安全状态所采取的调整控制措施。这种事故是否发生是不确定的。如果预防性控制需要较大地改变现有运行方式，对系统运行的经济性很不利（比如改变机组的启停方式等），则需由调度人员根据具体情况做出决断。也可以不采取任何行动，但应当加强监视，做好各种应对预案。

综上所述可见，有了 SCADA/EMS 系统的各种监控和分析功能，电力系统运行的

安全性大大提高了。

五、紧急状态时的安全控制

紧急状态时的安全控制的目的是迅速抑制事故及电力系统异常状态的发展和扩大，尽量缩小故障延续时间及其对电力系统其他非故障部分的影响。在紧急状态中的电力系统可能出现各种“险情”，例如频率大幅度下降，电压大幅度下降，线路和变压器严重过负荷，系统发生振荡和失去稳定等。如果不能迅速采取有效措施消除这些险情，系统将会崩溃瓦解，出现大面积停电的严重后果，造成了巨大的经济损失。紧急状态的安全控制可分为三大阶段。第一阶段的控制目标是事故发生后快速而有选择地切除故障，这主要由继电保护装置和自动装置完成，目前最快可在一个周波内切除故障。第二阶段的控制目标是防止事故扩大和保持系统稳定，这需要采取各种提高系统稳定性的措施。第三阶段是在上述努力均无效的情况下，将电力系统在适当地点解列。

继电保护与自动装置是电力系统紧急状态控制的重要组成部分。

电力系统的紧急状态控制是全局控制问题，不仅需要系统调度人员正确调度、指挥，以及电厂、变电站运行人员认真监视和操作，而且需要自动装置的正确动作来配合。

六、恢复状态时的安全控制

电力系统是一个十分复杂的系统，每次重大事故之后的崩溃状态不同，因此恢复状态的控制操作必须根据事故造成的具体后果进行。一般来说，恢复状态控制应包括以下几个方面。

（1）确定系统的实时状态

通过远动和通信系统了解系统解列后的状态，了解各个已解列成小系统的频率和各母线电压，了解设备完好情况和投入或断开状态、负荷切除情况等，确定了系统的实时状态。这是系统恢复控制的依据。

（2）维持现有系统的正常运行

电力系统崩溃后，要加强监控，尽量维持仍旧运转的发电机组及输、变电设备的正常运行，调整有功出力、无功出力和负荷功率，使系统频率和电压恢复正常，消除各元件的过负荷状态，维持现有系统正常运行，尽可能保证了向未被断开的用户供电。

（3）恢复因事故被断开的设备的运行

首先要恢复对发电厂辅助机械和调节设备的供电，恢复变电站的辅助电源。然后启动发电机组并将其并入电力系统，增加其出力；投入主干线路和有关变电设备；根据被断开负荷的重要程度与系统的实际可能，逐个恢复停电用户的供电。

（4）重新并列被解列的系统

在被解列成的小系统恢复正常(频率和电压已达到正常值，已消除各元件的过负荷)后，将它们逐个重新并列，使系统恢复正常运行，逐步恢复对全系统供电。

在恢复过程中，应尽量避免出力和负荷间的动态不平衡和线路过负荷现象的发生，应充分利用自动监视功能，监视恢复过程中各重要母线电压、线路潮流、系统频率等运行参数，以确认每一恢复步骤的正确性。

第六节 调度自动化系统的性能指标

调度自动化系统必须保证其可靠性、实时性和准确性。才能保证调度中心及时了解电力系统的运行状态并且做出正确的控制决策。

一、可靠性

调度自动化系统的可靠性由运动系统的可靠性和计算机系统的可靠性来保证。它包括设备的可靠性和数据传输的可靠性。

系统或设备的可靠性是指系统或设备在一定时间内和一定的条件下完成所要求功能的能力。通常以平均无故障工作时间（mean time between failure，MTBF）来衡量。平均无故障工作时间指系统或设备在规定寿命期限内，在规定条件下，相邻失效之间的持续时间的平均值，也就是平均故障间隔时间。

可用性（availability）也可以说明系统或设备的可靠程度。可用性是在任何给定时刻，一个系统或设备可以完成所要求功能的能力。

对于调度自动化系统的各个组成部分进行运行统计时，还可用远动装置、计算机设备月运行率，远动系统、计算机系统月运行率、调度自动化系统月平均运行率等技术指标。

二、实时性

电力系统运行的变化过程十分短暂，所以调度中心对电力系统运行信息的实时性要求很高。

远动系统的实时性指标可以用传达时间来表示。远动传送时间（telecontrol transfer time）是指从发送站的外围设备输入到远动设备的时刻起，至信号从接收站的远动设备输出到外围设备止所经历的时间。远动传送时间包括远动发送站的信号变换、编码等时延，传输通道的信号时延以及远动接收站的信号反变换、译码和校验等时延。它不包括外围设备，比如中间继电器、信号灯和显示仪表等的响应时间。

平均传送时间（average transfer time）是指远动系统的各种输入信号在各种情况下传输时间的平均值。如输入信号在最不利的传送时刻送入远动传输设备，此时的传送时间为最长传送时间。

调度自动化系统的实时性可以用总传送时间（overall transfer time）、总响应时间（overall response time）来说明。

总传送时间是从发送站事件发生起到接收站显示为止事件信息经历的时间。总传送时间包括了输入发送站的外围设备的时延和接收站的相应外围输出设备产生的时延。

总响应时间是从发送站的事件启动开始，至收到接收站发送响应为止之间的时间间隔。如遥测全系统扫描时间、开关量变位传送至主站的时间、遥测量越死区的传送时间、控制命令与遥调命令的响应时间、画面响应时间、画面刷新时间等，都是表征调度自动化系统实时性的指标。

三、准确性

调度自动化系统中传送的各种量值要经过许多变换过程，比如遥测量需要经过变送器、A/D 转换等。在这些变换过程中必然会产生误差。此外，数据在传输时由于噪声干扰也会引起误差，从而影响数据的准确性。数据的准确性可以用总准确度、正确率、合格率等进行衡量。

遥测值的误差可以用总准确度来说明。总准确度是总误差对标称值的百分比，即偏差对满刻度的百分比。

第五章 电力系统频率和有功功率控制

第一节 电力系统频率和有功功率控制的必要性与原理

一、电力系统频率和有功功率控制的必要性

（一）电力系统频率控制的必要性

1. 频率对电力用户的影响

（1）电力系统频率变化会引起异步电动机转速变化，这会使得电动机所驱动的加工工业产品的机械的转速发生变化。有些产品（如纺织和造纸行业的产品）对加工机械的转速要求很高，转速不稳定会影响产品质量，甚至会出现了次品和废品。

（2）电力系统频率波动会影响某些测量和控制用的电子设备的准确性和性能，频率过低时有些设备甚至无法工作。这对一些重要工业和国防是不能允许的。

（3）电力系统频率降低将使电动机的转速和输出功率降低，导致其所带动机械的转速和出力降低，影响了电力用户设备的正常运行。

2. 频率对电力系统的影响

（1）频率下降时，汽轮机叶片的振动会变大，轻则影响使用寿命，重则可能产生裂纹。对额定频率为 50 Hz 的电力系统，当频率低到 45 Hz 附近时，某些汽轮机的叶片可能因发生共振而断裂，造成了重大事故。

（2）频率下降到 47 ~ 48 Hz 时，由异步电动机驱动的送风机、吸风机、给水泵、循环水泵和磨煤机等火电厂厂用机械的出力随之下降，使火电厂锅炉和汽轮机的出力

随之下降，从而使火电厂发电机发出的有功功率下降。这种趋势如果不能及时制止，就会在短时间内使电力系统频率下降到不能允许的程度，这种现象称为频率雪崩。出现频率雪崩会造成大面积停电，甚至使整个系统瓦解。

（3）在核电厂中，反应堆冷却介质泵对供电频率有严格要求。当频率降到了一定数值时，冷却介质泵即自动跳开，使反应堆停止运行。

（4）电力系统频率下降时，异步电动机和变压器的励磁电流增加，使异步电动机和变压器的无功消耗增加，引起系统电压下降。频率下降还会引起励磁机出力下降，并使发电机电势下降，导致全系统电压水平降低。如果电力系统原来的电压水平偏低，在频率下降到一定值时，可能出现电压快速而不断地下降，即所谓电压雪崩现象。出现电压雪崩会造成大面积停电，甚至使系统瓦解。

（二）电力系统有功功率控制的必要性

1. 维持电力系统频率在允许范围之内

电力系统频率是靠电力系统内并联运行的所有发电机组发出的有功功率总和与系统内所有负荷消耗（包括网损）的有功功率总和之间的平衡来维持的。当系统内并联运行的机组发出的有功功率总和等于系统内所有负荷在额定频率所消耗的有功功率总和时，系统就运行在额定频率。如上述“等于”关系遭到破坏，系统的频率就会偏离额定值。电力系统的负荷是时刻变化的，任何一处负荷变化都要引起上述“等于”关系破坏，导致系统频率变化。电力系统有功功率控制的重要任务之一，就是要及时调节系统内并联运行机组原动机的输入功率，维持上述“等于”关系，保证电力系统频率在允许范围之内。

2. 提高电力系统运行的经济性

前面已经指出，当系统内并联运行的所有机组发出的有功功率总和等于系统内所有负荷在额定频率所消耗的有功功率总和时，系统就运行在额定频率，但没有说明哪些机组参与并联运行及参与并联运行的机组各应该发多少有功功率。电力系统有功功率控制的另一个任务就是要解决这个问题，这就是电力系统经济调度问题。电力系统经济调度包括两个方面：第一，开启哪些机组并入电力系统运行；第二，确定已并网运行的机组各发多少有功功率。前者是机组经济组合问题，后者是有功负荷的经济分配问题。经济调度需要考虑机组效率、各种发电机组（水电、火电、核电）的协调以及电力系统网损等问题，目的是提高电力系统运行的经济性，用最少的一次能源消耗获得最多的可用电能。

3. 保证联合电力系统的协调运行

电力系统的规模在不断地扩大，已经出现了将几个区域电力系统联在一起组成的联合电力系统。有的联合电力系统实行分区域控制，要求不同区域系统间交换的电功率和电量按事先约定的协议进行。这时电力系统有功功率控制要对不同区域系统之间联络线上通过的功率和电量实行控制。

电力系统频率和有功功率控制是密切相关和不可分割的，应统一考虑并且协同控制。

二、电力系统频率和有功功率自动控制的基本原理

现代电力系统中并联运行的发电机组台数很多，负荷的数量就更多，且分布在辽阔的地理区域之内。不难想象，控制如此庞大的电力系统，使频率满足要求、功率分布得经济合理是一项十分复杂的工作。为使问题简化并突出主要矛盾，在分析电力系统频率和有功功率自动控制时，常将电力系统内并联运行的所有机组用一台等效机组代替；将电力系统内所有负荷用一个等效负荷来代替；然后使用发电机组单机带负荷运行时频率和有功功率控制的基本原理和方法进行分析和计算。

（一）电力系统负荷的静态频率特性

电力系统负荷功率与频率的关系为：

$$P_L = a_0 P_{Le} + a_1 P_{Le}\left(\frac{\mathrm{f}}{\mathrm{fe}}\right) + a_2 P_{Le}\left(\frac{\mathrm{f}}{\mathrm{fe}}\right) + \ldots anPLe\left(\frac{\mathrm{f}}{\mathrm{fe}}\right) \tag{5-1}$$

电力系统负荷的静态频率特性曲线：当系统频率下降时，负荷从系统取用的有功功率将下降；系统频率升高时，负荷从系统取用的有功功率将增加。这种现象称之为电力系统负荷的频率调节效应，简称负荷调节效应，并用负荷调节效应系数来衡量负荷调节效应作用的大小。负荷的频率调节效应系数定义为：

$$K_L = \frac{dP_L}{df} \tag{5-2}$$

（二）电力系统等效发电机组的静态调节特性

如果将电力系统内并联运行的所有机组用一台等效发电机组代替，系统等效发电机组也有与发电机组调速系统的静态调节特性相似的特性。

（三）电力系统频率控制的基本原理

频率的一次调整。当电力系统负荷发生变化引起系统频率变化时，系统内并联运行机组的调速器会根据电力系统频率变化自动调节进入它所控制的原动机的动力元素，改变输入原动机的功率，使系统频率维持在某一值运行，这就是电力系统频率的一次调整，也称为一次调频。一次调频是电力系统内并联运行机组的调速器在没有手动和自动调频装置参与调节的情况下，自动调节原动机的输入功率和系统负荷功率变化相平衡来维持电力系统频率的一种自动调节。

（四）电力系统的有功功率控制

电力系统中的有功功率平衡控制。电力系统频率在允许范围之内是通过控制系统内并联运行机组输入的总功率等于系统负荷在额定频率所消耗的有功功率实现的。这个“等于”关系就是电力系统中有功功率平衡关系。因为电力系统负荷功率的变化是随机的，不能被准确地预知，所以电力系统有功功率平衡是一项复杂的工作。

第二节　机械液压调速器与发电机组调速控制的原理

一、机械液压调速器的基本原理

同步发电机组的调速系统是电力系统频率和有功功率自动控制系统的基本控制级，机组调速器是实现电力系统频率和有功功率自动控制的基础自动化设备。从电力工业诞生起到20世纪50年代，汽轮机和水轮机都是由机械液压调速器（简称机械调速器或机调）来调节转速的。由于机械调速器失灵度大、调节稳定性差等缺点，现在已广泛使用电气液压调速器。但是在我国，目前还有相当数量的机调在运行，所以下面简单介绍一下机械调速器的基本工作原理。

（一）机械液压调速器的基本结构

经过简化的凝汽式汽轮机机械液压调速系统，由测速机构、放大执行机构、转速给定装置和调差机构等几部分组成。

1. 测速机构

测速机构由汽轮机主轴带动的齿轮传动机构与离心飞摆组成。当机组转速稳定不变时，离心飞摆重锤的离心力和弹簧的作用力相平衡，套筒固定在某一确定的位置上。当机组的转速升高时，通过齿轮传动机构带动离心飞摆转动加快，重锤的离心力增加，带动套筒克服弹簧的阻力向上移动。同理，当机组转速下降时套筒将向下移动。套筒的位置表征机组转速的大小，套筒的位移表征机组转速的变化。

2. 放大执行机构

放大执行机构由错油门和油动机组成。错油门的两个凸肩正好堵住了油动机上、下腔的油路，油动机活塞静止不动，汽轮机调节汽阀保持一定开度不变。当活动杆带动错油门凸肩向上移动时，油动机活塞的上腔和下腔分别和压力油和排油接通。在油压力的作用下，油动机活塞向下移动，关小调节汽阀的开度，减少进入汽轮机的蒸汽量。

同理，当E点向下移动时，压力油进入油动机的下腔，开大调节汽阀的开度，增加汽轮机的进汽量。放大执行机构的作用，一是将活动杆微小的机械位移放大成了调节汽阀开度的较大变化；二是将引起E点位移的微小的作用力变成了强大的、能够操动调节汽阀开度变化的作用力。

3. 转速给定装置同步器是转速给定装置

同步器中的控制电动机由运行人员或者自动装置控制，使其正转或反转，再通过机械机构推动滑杆向上或向下移动。

（二）机组调速系统的失灵区及其影响

1. 失灵区的形成

实际上，由于存在机械摩擦、间隙和重叠，由机械液压调速器构成的机组调速系统的静态特性并不是平滑曲线，而是一条带状曲线。

2. 失灵区的影响

失灵区的存在还会使机组调速系统的动态调节品质变差。但是，如果失灵区过小或完全没有，当电力系统频率发生微小波动时，调速器也要动作。这样会使调节汽阀动作过于频繁，对于机组本身和电力系统频率调节不利。所以，在一些非常灵敏的电液调速器中，通常要采取一些技术措施来形成一定大小的失灵区。

二、发电机组调速控制的基本原理

（一）发电机组单机运行时调速控制的基本原理

发电机组是指发电机及其原动机组成的整体，也称为机组。机组不并网而单独运行时，发电机端交流正弦电压的频率和机组转速的关系为：

$$f = \frac{Pn}{60} \tag{5-3}$$

要控制发电机频率就得控制机组转速。那么，如何控制机组的转速呢？这要从机组转子运动方程谈起。

同步发电机组转子运动方程

根据旋转物体的力学定律，同步发电机组转子的机械角加速度和作用在机组轴上的转矩之间的关系为：

$$Ja = J\frac{d\grave{U}}{dt} = M_T - M_G \tag{5-4}$$

1. 原动机的机械转矩 M_T

水轮机的机械转矩 TM 由水流对水轮机叶片的作用力形成，其大小决定于水头 H、导水叶开度 a（或水流量 Q）和机械转速 n 等。M_T 与 H、A、n 的关系十分复杂，要通过水轮机模型的综合特性曲线或者模型试验结果，根据相似理论求出。

2. 发电机电磁转矩 M_G

发电机电磁转矩是发电机定子对转子的作用力矩，方向与转子转动的方向相反，是阻力矩。由发电机工作原理知，发电机电磁转矩与电磁功率成正比，电磁功率等于发电机所带负荷的有功功率。

当发电机频率变化时，发电机所带负荷的有功功率也随着变化。负荷的有功功率随频率而变化的特性叫做负荷的静态频率特性。发电机所带的各种不同负荷对频率变化的灵敏程度不同：有些负荷的功率和频率变化基本上没有关系，如照明、电热等；有些负荷的功率与频率成正比，如切削机床、球磨机等；还有些负荷的功率与频率的二次方（如变压器中的涡流损耗）、三次方（如通风机）或更高次方（如静水头阻力很大的给水泵）成正比等。

（二）机组并网运行的转速调节

发电机组并入电网运行时，如这台机组的容量与电力系统的容量相比是微不足道的（单机并入无穷大电力系统就属于这种情况），那么系统的频率就不会因这台机组的有功功率变化而变化。当机组的容量与系统容量相比有足够大的份额（一般大于系统总量的 8% ~ 10%）时，机组有功出力变化可能改变系统内有功功率平衡关系，使系统频率发生变化。在这种情况下，机组调速系统既调节机组的有功出力，也可以对系统的频率起到一定的调节作用。

第三节　模拟电气液压调速器与数字电液调速器

一、模拟电气液压调速器

（一）模拟电气液压调速器的优点

机械液压调速器失灵区大，调节速动性和稳定性差，不易综合多种信号参与调速控制，因而实现高级控制比较困难。随着电力系统容量和单机容量不断增加，对调速器提出了一些新的要求，如除转速反馈之外，还需要功率反馈参与调速控制，需增加一些校正部件和方便地改变控制系统参数，等等。这些要求在机械液压调速器的基础上都难以实现。为了克服机械液压调速器存在的缺点，出现了模拟式电气液压调速器（简称模拟电调）。瑞士首先推出了电子管电气液压式水轮机调速器。20 世纪 50 年代以后，电气液压式调速器获得较快的发展，并且经历了从电子管、晶体管到集成电路等几个发展阶段。模拟电调的转速和功率测量、转速和功率给定、调节规律实现等均由电子电路完成，只是操纵调节汽阀（对水轮机为导水叶）开度变化的部分仍采用机液装置。模拟电调同机械调速器相比有以下优点：

1. 灵敏度高，调节速度快、精度高，机组甩负荷时转速超调量小；

2. 易于综合多种信号参与调速控制，这不仅可以提高机组调速系统的调节品质，而且为电厂经济运行和提高自动化水平提供了有利条件；

3. 易于实现高级控制，如 PID 控制，可以比较方便地改变控制系统的参数；

4. 安装、调试和检修方便。模拟电调的类型很多，而且汽轮机和水轮机模拟电调还有所不同。下面介绍一种用于汽轮机的功率—频率电调的基本原理。

（二）功率—频率电液调速系统的基本原理

经过简化的功率—频率电液调速系统由转速测量、功率测量、功率给定、电量放大器、PID 调节、电液转换器及机械液压随动系统等部分组成。

1. 转速测量

由磁阻发送器和频率—电压变送器完成了转速测量。

（1）磁阻发送器

磁阻发送器的作用是将转速转换为相应频率的电压信号。它由齿轮和测速磁头两部分组成，齿轮与机组主轴联在一起。测速磁头由永久磁钢和线圈组成，且与齿轮相距一定间隙 δ。当汽轮机转动时带动齿轮一起旋转。测速磁头面对齿顶及齿槽交替地变化，引起磁阻的变化，进而引起通过测速磁头磁通的相应变化，于是在线圈中感应出微弱的脉动信号，该信号的频率与机组转速成正比。

（2）频率—电压变送器

频率—电压变送器的作用是将磁阻发送器输出的脉动信号转换成与转速成正比的输出电压值，磁阻发送器输出的脉动信号经限幅、放大后得到近似于梯形的脉冲波。整形电路是一个施密特触发器，于是把梯形波转换为方波。微分电路在方波上升时获得正向尖峰脉冲，去触发一个单稳态触发器。在单位时间内，单稳态触发器输出正脉冲所占时间和磁阻变送器输出信号的频率成正比，也就是与汽轮机的转速打成正比。

2. 功率测量

功率测量的作用是将发电机的有功功率转换成与之成正比的直流电压。功率测量通常用磁性乘法器和霍尔效应原理实现。限于篇幅，本书只介绍霍尔功率变送器。

3. 转速和功率

给定环节转速和功率。给定环节用高精度稳压电源供电的精密多转电位器构成，输出电压值即可表示给定转速或功率。多转电位器由控制电机带动，以适应当地或远方控制的需要。频差放大器和PID调节由运算放大器组成。因为PID调节电路输出功率很小，不能驱动电液转换器，因此加入一个功率放大环节。

4. 电液转换及机液随动系统

电液转换器把调节量由电量转换成非电量油压变化。机液随动系统由继动器、错油门和油动机组成。电液转换器线圈将功率放大器输出的电量变化转换为调节油阀开度的变化。当调节油阀关小时，电液转换器输出的油压上升，进入继动器上腔的油压升高，将活塞压下，带动继动器蝶阀向下移动。错油门内腔是一个“王”字形滑阀。滑阀中间有一个油孔和底部排油箱相通。当蝶阀下移时使滑阀中间排油孔的排油量减小，其上腔油升高，推动滑阀向下移动，使油动机上腔与排油接通，下腔与压力油接通，因而在压力油的推动下开大调节汽阀，增加进入汽轮机的蒸汽流量，进而增加汽轮机的输入功率。

油动机活塞向上移动时，带动活动杆也上移。继动器活塞是差动式的，下边面积大于上边面积，因此A点向上移动时，在油压的推动下继动器蝶阀将向上移动，使错油门内滑阀中间排油孔的排油量增加，压力减小。在错油门底部弹簧作用下，“王”字形滑阀向上移动。当它又回到原始位置时，即进入新的平衡状态，调节汽阀也稳定在一个新的开度，调节随即结束。调节汽阀开度的变化和功率放大器输出的电量变化成正比。

二、数字电液调速器

同机械液压调速器相比，模拟电液调速器在技术上有很大进步，有不少优点，但也有美中不足之处。第一是工作稳定性差，工作点随温度和工作电源电压的变化而有所变化。第二是实现高级控制困难。模拟电调的控制规律是用模拟电路实现的，比用机械机构实现要容易得多，但是比起用数字方式实现要差得多，尤其不能在线修改控制参数和控制方式。这就使得自适应控制、模糊控制、神经网络控制等难以实现。第三是功能单一。模拟电调控制机组时，机组开停机控制、发电机并列等与调速器是分开设置的。目前以数字电调的硬件为基础开发的机组开停机逻辑控制、调速和机组同期并列的装置已经问世。一套硬件实现多项功能有很多优点。数字电液调速器（简称数字电调）是自动控制与计算机相结合的产物，利用了计算机大量存贮信息的能力、完善的逻辑判断能力和快速运算能力来实现机组调速系统的功能。数字电调出现于20世纪70年代初期，由数字控制器、电液转换器和机液随动系统组成。早期的数字电调价格昂贵，且可靠性不高，因此未能普及。20世纪80年代以来，随着微型计算机可靠性不断提高和价格不断降低，基于微型计算机构成的微机电液调速器（简称微机电调）在电厂中（尤其在水电厂中的应用）取得了长足的进展。目前，我国新投产的大、中型水电机组一般都采用了微机电调，不少已投入运行的水轮发电机组也已经或正在将旧式机液调速器和模拟电调改换成微机电调。我国不少大、中型火电机组也配备了计算机调速设备。

（一）数字电调的优点

与模拟电调相比，数字电调有如下优点：

1. 控制品质好

发电机组调速系统是一个非线性系统。要想使机组在启动升速、同期并列、发电、甩负荷等各种工况下均处于最优运行状态，调速系统的结构和参数需要随着机组的不同运行工况在线进行修改。数字电调可以很方便地做到这一点，能够实现机组运行全过程最优控制。数字电调还可以实现自适应控制、智能控制等高级控制来提高调速系统的调节品质。

2. 功能多

数字电调除了可以实现模拟电调的功能以外，还可实现模拟电调不易实现的功能，如机组自动启动和升速控制、自动同期并列控制等功能；对汽轮发电机组还可以在启动过程中附有热应力管理功能，从而大大提高了电厂自动化程度。

3. 灵活性好

由于微机电调在一套完善的硬设备做好之后，各种不同功能和性能的实现主要由软件来决定，这就使得微机电调可以很方便地增、减功能和改变特性。

4. 运行稳定、抗干扰能力强、工作可靠

模拟电调是用模拟电路实现的。模拟电路受工作环境温度和工作电源电压的影响会产生漂移，影响调速器运行的稳定性。为了克服漂移，常使电路变得复杂。数字电调是用数字电路来实现的。由于数字电路的工作对环境温度和电源电压的变化不敏感，这就克服了各种漂移的影响。因此数字电调的工作稳定性好。同时，数字电路的可靠性比较高，加上采用自检和自恢复、数字滤波等技术措施消除干扰的影响，这就使得微机电调具有较强的抗干扰能力和较高的可靠性。

（二）水轮发电机组微机电液调速器

1. 微机电液调速器的结构

水轮发电机组微机电液调速器的类型较多，但是结构和工作原理大同小异。微机电调由微机控制器、电液转换器和机液随动系统 3 部分组成。虚线框内是微机控制器。

电液转换器和机液随动系统的结构和工作原理与模拟电调相同。近几年投入运行的新型微机电调，除了具有传统调速器调节机组转速和有功功率的作用之外，一般都具有频率跟踪控制功能，有的还具有相角跟踪控制功能（控制发电机电压的频率和相角、跟踪电力系统电压的频率和相角）。

2. 微机控制器的硬件结构

微机控制器的硬件由专用控制计算机为核心组成。计算机控制系统的硬件由主机、接口电路、输入输出过程通道和人机联系设备组成。因为大规模集成电路技术的日益进步，微机技术的不断更新，微机控制器中的计算机系统在不太长的时间里经历了由基于 Z80CPU 的单板机、8 位单片机、16 位单片机、可编程控制器构成的发展过程；既有单微机的，也有多微机的，可谓日新月异。到目前为止尚无公认的固定模式，不同厂家的产品均有所不同。但从总体构成来看，各种微机控制器的结构又是基本相同的。微机控制器硬件结构：

（1）主机

微处理器（CPU）是控制器的核心，它与存贮器（RAM、ROM 或 EPROM）一起，通常称为主机。发电机组和调速系统的运行状态变量经采样输入存放在可读写的随机存贮器 RAM 中。固定系数、设定值以及应用程序固化在只读存贮器 ROM 或可擦写的只读存贮器 EPROM 中。主机的重要功能是对从输入通道采集来的运行状态变量的数值进行调节计算和逻辑判断，按照预定的程序进行信息的处理，求得控制量。

（2）输入、输出接口电路

在计算机控制系统中，输入和输出过程通道的信息不能直接与主机的总线相接，必须由接口电路完成信息传递任务。现在各种型号的 CPU 芯片都有相应的通用接口芯片供选用，有串行接口、并行接口、管理接口（计数 / 定时、中断管理等）、模—数的转换设备（D/A、A/D）等。单片微机已将输入、输出接口电路与 CPU 集成在一个芯片上。可编程控制器是一种结构完整的工业计算机控制器，包括了各种输入、输出接口电路。以上两者都可以方便地扩充接口电路，很适合用作工业控制系统。主机和接口电路在微型计算机原理中已经介绍过，这里就不多介绍了。

（3）输入、输出过程通道

为了实现机组调速控制的各种功能，须将发电机的频率、接力器机械行程等状态量按照要求送到接口电路。计算机计算出的调节量要去控制水轮机导水叶开度，也需要把计算机接口电路输出的信号变换为适合电液转换器输入的电量。控制计算机的接口电路与被控制对象之间的信息传输和变换设备称为输入、输出过程通道。输入、输出过程通道是在接口电路和被控对象之间传递信号的媒介，必须和两者很好地匹配。

3. 微机控制器

软件硬件是控制系统中传递信息的载体，而软件（也称为程序）则决定控制规律，对控制系统的特性有重大影响。软件通常分为系统软件和应用软件。应用软件是为实现调速器的功能而编写的各种程序的总称。系统软件是为应用软件服务的，包括了操作系统、编译程序、检查程序等。编写应用软件的程序设计语言开始时用汇编语言，后来逐步向可读性较好的高级语言发展，现在较普遍应用的是 C 语言。

4. 调节量计算

由于微机调速器的调节规律是由软件实现的，不同的调节规律只表现在软件的不同上，不需要修改硬件，因此微机调速器可以很方便地实现各种不同的控制规律。目前，微机调速器较普遍采用按频差的比例、积分和微分调节，称为 PID 调节或 PID 控制。PID 调节用微机控制器实现也是比较方便的，而且算法也比较成熟。

5. 新型水轮发电机组微机电调的研究

水轮发电机组微机电调随着计算机技术的发展正在以非常快的速度发展，主要表现在以下 4 个方面。

（1）微机控制器的研究

最初的微机控制器是以 Z80CPU 为基础构成的。由于电路的集成度低，需要精心设计硬件和软件，认真筛选元器件和有良好的制作工艺，才能保证微机控制器有较高的可靠性和良好的性能。单片机问世以后，由于单片机的集成度较高、可靠性较高，而且编程比 Z80 方便，于是出现了基于单片机构成的微机控制器。可编程控制器具有很高的可靠性，且可以很方便地构成调速系统的控制器。目前已有可编程微机调速器投入工业运行，还有用多 CPU 和工业控制计算机构成的微机控制器。

（2）控制方式的研究

随着控制理论的发展，基于微机构成的水轮发电机组调速系统的控制方式也在不断发展，继 PID 控制之后出现了随着机组运行状态的变化而改变控制系统结构和参数的变结构及变参数 PID 控制，并取得了良好的效果。后来又有人研究自适应控制、模糊控制等在水轮发电机组调速器中的应用。现在已有研究利用人工神经网络构成水轮发电机组调速器的报道。

（3）新型电液转换器的研究

电液转换器是微机电调中联结电气部分和机械液压部分的关键装置。它的作用是将微机控制器输出的电气控制信号转换成具有一定操作力和位移量的机械位移信号，或转换成具有一定压力的流量信号。电液转换器由电气—位移转换和液压放大两部分组成，是一个结构精密、工作原理比较复杂的机电一体化装置。目前，微机电调中基本仍沿用模拟式电液转换器。模拟式电液转换器存在以下问题：

①模拟电液转换器需要输入模拟电量，所以，微机电调中微机控制器输出的数字控制量需经过 D/A 转换成模拟电量，才能和模拟电液转换器接口。而且，由于模拟电液转换器需要足够大的功率才能推得动，经 D/A 转换后的模拟电量还需进行功率放大。

这种工作模式不仅使得微机电调的结构复杂了，而且由于直流功率放大器有温度漂移、时间漂移和电压漂移，会使微机电调的工作稳定性变差。为克服这些漂移，又使得功率放大器电路变得复杂了。

②于结构上的原因，模拟电液转换器常出现机械卡涩和油路堵塞，造成调速器失灵，出现机组异常增加或减少有功功率，甚至停机。我国就曾多次出现过这种事故。

③模拟电液转换器输出的机械位移及其作用力均很小，不能直接推动配压阀工作。为此，在微机电调中须将模拟电液转换器输出的机械位移进行机液放大。这样就使得与电液转换器连接的机械液压随动系统的结构变得复杂了。为了解决模拟电液转换器出现卡、堵问题，人们做了大量工作。首先是提高模拟电液转换器使用的介质油的洁净度，对介质油精心过滤。然而，由于模拟电液转换器结构复杂而精密，加上电厂工作条件的限制，采用上述措施后并没有杜绝卡、堵事故发生。为此有的调速器生产厂家为模拟电液转换器配备了一套专用的供油系统；有的厂家研制了新型的电液转换器。上述这些措施虽然对提高电液转换器的可靠性有一定作用，但是电液转换器仍然是模拟式的，并没有克服电液转换器固有的缺点及其给微机电调带来的不足。

（4）机械液压随动装置的研究

水轮机调速器诞生以来，经历了由机械液压调速器到电气液压调速器两个发展阶段。在过去的几十年里，电调由电子管、晶体管、集成电路构成，发展到今天的微机，取得了不小的进步。但是，电调的研究一直主要集中在电气部分。各种微机电调的区别也主要在微机控制器的硬件或者软件，而电液转换器后面的机械液压随动系统几十年基本没变。根据水轮发电机组微机调速器存在的问题，人们进行了不懈的研究与开发，目前已取得了重大突破。我国自行研究的一种新型的“全数字电动液压式水轮机调速器”已经投入电厂运行。该调速器取消了传统的电液转换器，对机液随动系统进行了根本性改革。

全数字电动液压式水轮机调速器原理结构是在微机电液调速器的基础上发展而来的。它有如下 4 个特点。

①全数字控制，系统结构简单，稳定性好

该调速器中所有电气量都是数字式的，没有模拟电量参与控制，实现了全数字自动控制。克服了传统微机电调中保留模拟电路所造成的漂移大、稳定性差、电路复杂等缺点。

②电动数字电液转换，可靠性高

该调速器中数字控制器输出的数字控制电量 YCD 不再像传统的微机电液调速器那样：先经过 D/A 转换将 YCD 转换成模拟电量，然后经过功率放大器去推动了传动的电液转换器。而是将 YCD 与和接力器机械位移成正比的数字电量 YFK 进行比较，生成误差信号 Y 去控制步进电动机驱动器驱动步进电动机转动。步进电动机是电动机的一种。就工作原理而论，步进电动机与通常电动机无异，是将电能转换成机械能的一种机器。

步进电机的电枢绕组不直接接到单相或三相正弦交流电源上，也不能简单地和直流电源接通。它受脉冲信号控制，在转子空间形成一种阶跃变化的旋转磁场，使转子步进式地转动。它的转动步距角、转动步数和转动快慢受脉冲信号控制。步进电动机转轴与旋转配压阀的阀芯同轴。步进电动机转动时带动旋转配压阀阀芯转动：顺时针转动时压力油进入接力器活塞的下腔，接力器活塞的上腔与回油（没有压力）接通，接力器活塞向上移动，关小导水叶开度，减少水轮机的进水流量；旋转配压阀阀芯逆时针转动时，则开大导水叶开度，增加水轮机的进水流量。这就起到调节机组转速（机组空载运行时）和调节机组功率（机组并网运行时）的作用。由于步进电动机机械转矩大，加上旋转配压阀与接力器之间油路截面积大，这就根除了传统微机电液调速器中采用电液转换器所造成的机械卡涩和油路堵塞引起调速器误动作的问题，提高了调速器的可靠性。

③全电气液压控制，灵敏度高

该调速器中，没有机械杠杆和机械反馈直接或间接参与自动调速控制。这就克服了传统微机电调中机械结构所造成的死区，同时也大大简化了调速器的机械结构。

④功能完善，操作简单

该调速器中数字控制器可以是可编程控制器，也可以是工业控制计算机。由于大大简化了调速器的电气构成和机械结构，因此操作十分简单，并具有完善的功能。

第四节　联合电力系统的频率和有功功率控制

一、频率和有功功率控制的数学模型

互联系统设控制区 i 中突然有一个量值为 ΔP_u 的负荷功率变化，引起系统频率变化为 Δf_i，等效原动机输出功率变化为 ΔP_{Ti}。在调节过程中，ΔP_{Ti} 与 ΔP_{Li} 两者是不相等的，两者之差由以下 3 个方面来平衡：

1. 发电机组转子动能提供的有功增量；

2. 负荷的频率调节效应引起的负荷功率变化；

3. 联络线上功率的变化。在分析时，将一个控制区域内所有并联运行的机组当成了一台等效发电机组，将负荷当成一个综合负荷。这样，控制区域 i 的功率平衡可用下式表示：

$$\Delta P_{Ti} - \Delta P_{Li} = \frac{dW_{Ki}}{dt} + K_{Li}\Delta f_i + \Delta P_{ti} \tag{5-5}$$

二、互联系统的频率和有功功率控制

为了突出问题的实质，又便于说明问题，下面以两个区域电力系统组成的联合电力系统为例，说明了互联电力系统的频率和有功功率控制问题。

（一）没有频率和有功功率自动控制的情况

这种情况相当于虚线部分不起作用，即 $\Delta P_{C1}=0$，$\Delta P_{C2}=0$。假设两个区域的负荷同时突然增加阶跃值 ΔP_{L1} 和 ΔP_{L2} 而引起频率变化，由于调速器一次调频的结果，在负荷增加前后两个稳态之间，各区域电力系统中并联运行的机组的原动机输出功率变化为：

$$\begin{aligned}\Delta P_{T1}&=-\frac{1}{\delta_1}\Delta f_1\\ \Delta P_{T2}&=-\frac{1}{\delta_2}\Delta f_2\end{aligned} \tag{5-6}$$

（二）有频率和有功功率自动控制参与的情况

联合电力系统频率和有功功率自动控制有两种观点。一种是单一系统的观点。这种观点把联合电力系统当成一个电力系统进行统一的频率和有功功率自动控制。现代的联合电力系统容量越来越大，联合在一起的区域电力系统的数量也越来越多，把一个庞大的联合电力系统当成了一个单一系统进行频率和有功功率控制越来越困难，行控制时，会把自动调频变得非常复杂。紧密的小型系统。另一种是多系统观点。各区域电力系统通过联络线联结而成的，所有并联运行的机组都参与调节，各区域系统之间通过联络线上的交换率相互支援；在调节过程结束之后，系统频率回到额定值，联络线上交换的功率回到计划规定的值，各区域电力系统内负荷变化由各个区域电力系统内的发电机组承担，大型联合电力系统均采用多系统观点进行频率和有功功率控制。

第五节　电力系统自动调频方法与自动发电控制

一、电力系统自动调频方法

为了维持电力系统频率在允许的偏差范围内，要进行人工的或者自动的频率二次调整。与手动调频相比，自动调频不仅反应速度快、频率波动小，而且还可以同时顾及其他方面的要求，例如实现有功负荷的经济分配、保持系统联络线交换功率为定值和满足系统安全经济运行各种约束条件等。所以现代电力系统普遍设有自动调频装置。电力系统自动调频的发展过程中，采用了过多种调频方法和准则，如主导发电机法、虚有差法等。其中主导发电机法仅适用于小容量的电力系统；虚有差法仅反映频率的偏差信号，而且有功功率在多个调频发电厂之间是按固定比例分配的，不能实现经济分配原则，同时也不能控制区域间联络线功率。

积差调节的实现方法。积差调节法维持系统频率的精度取决于各调频机组的频差积分信号数值的一致性。按照获得频差积分信号的不同，电力系统实现积差调节法有两种方式。一种是所谓的集中调频方式，即在系统调度中心设置一套高精度（可达 10-7 ~ 10-9）的标准频率发生器，集中产生频差积分信号，确定各调频发电厂应承担的负荷变化量，然后通过远动装置将此信号送至各调频发电厂，各调频发电厂再根据运行方式分配给各调频机组。这种调频方式的优点是各调频电厂的频差积分信号是一致的，但需要有远动装置。另一种是在调频厂就地产生频差积分信号，不使用远动装置就可以使计划外的负荷在所有调频机组间按一定比例分配。为了使各调频机组所在地测得的信号尽可能一致，避免频率偏差积分值的差异而造成功率分配上的误差，所以对标准频率的要求比较高，通常用于石英晶体振荡器经分频后得到。

二、自动发电控制

电力系统调度自动化系统中，自动发电控制 AGC 是互联电力系统运行中一个基本的和重要的计算机实时控制功能。其目的是使系统出力和系统负荷相适应，保持频率额定和通过联络线的交换功率等于计划值，并尽可能实现机组（电厂）间负荷的经济分配。具体地说，自动发电控制有 4 个基本目标：

1. 使全系统的发电出力和负荷功率相匹配；
2. 将电力系统的频率偏差调节到零，保持系统频率为额定值；
3. 控制区域间联络线的交换功率和计划值相等，实现各区域内有功功率的平衡；
4. 在区域内各发电厂间进行负荷的经济分配。

上述第 1 个目标与所有发电机的调速器有关，即与频率的一次调整有关。第 2 和第 2 个目标与频率的二次调整有关，也称为负荷频率控制 LFC。通常所说的 AGC 是指前 3 项目标，包括第 4 项目标时，往往称为 AGC/EDC（经济调度控制），但也有把 EDC 功能包括在 AGC 功能之中的。AGC 自动发电控制（AGC）是由自动装置和计算机程序对频率和有功功率进行二次调整实现的。所需的信息（比如频率、发电机的实发功率、联络线的交换功率等）是通过 SCADA 系统经过上行通道传送到调度控制中心的。然后，根据 AGC 的计算机软件功能形成对各发电厂（或发电机）的 AGC 命令，通过下行通道传送到各调频发电厂（或发电机）。自动发电控制是一个闭环反馈控制系统，主要包括两大部分。

负荷分配器：根据系统频率和其他有关信号，按一定的调节准则确定各机组的设定有功出力。

机组控制器：根据负荷分配器设定的有功出力，使机组在额定频率下的实发功率和设定有功出力相一致。

第六节　同步发电机组调速系统的数学模型与电力系统经济调度

一、同步发电机组调速系统的数学模型

应用自动控制理论分析和设计同步发电机组调速系统，需要建立同步发电机组调速系统的数学模型，传递函数是常用的一种。

（一）原动机的传递函数

1. 汽轮机的传递函数

汽轮机分为中间再热式汽轮机和凝汽式汽轮机两种。中间再热式汽轮机的结构：汽轮机高压缸、中压缸和低压缸产生的转矩同时作用在汽轮机转轴上，汽轮机输出的功率 P_T 为高、中、低压缸产生的功率 P_H、P_I 和 P_L 之和，即

$$P_T = P_H + P_I + P_L \tag{5-7}$$

高压调节汽阀到高压缸之间有一段较长的连接管道，这使得当调节汽阀开度突然增大或变小时，虽然通过调节汽阀的蒸汽流量变化了，但流量变化需要经过一些时间才能到达高压缸。蒸汽进入高压缸之后，要先通过蒸汽室才能进入到高压缸的第一级喷嘴去推动汽轮机叶片，使得高压缸输出功率，这也需要时间。这就是说，由于连接管道和蒸汽室能够容纳一定数量的蒸汽，使得汽轮机输出功率的变化滞后于调节汽阀开度的变化，这种现象称为汽容影响。汽容影响在数学上可以用一阶惯性环节来描述。

2. 水轮机的传递函数

水库的水通过引水管道引入水轮机转轮室，作用于转轮叶片，推动水轮机转动，将水能转换成机械能而使水轮机输出功率。水轮机输出功率的大小决定水轮机导叶开度（进入转轮室的水流量）和水头（进入转轮室的水流压力）。在水轮机稳定运行时，引水管道中水的流速是不变化的。但是，在迅速开大或关小导叶开度时，不仅会使进

入转轮室的水流量变化，而且还会引起引水管道中水压变化。这个水压变化又会引起水轮机输出功率变化。这种现象称为引水系统的水锤或水击。例如，调速器动作开大导水叶开度时，导水叶附近的水会首先以较原先为快的速度进入转轮室。由于水流具有惯性，引水管道中远离导水叶的水要经过一段延时才能流到导水叶进入转轮室。这就使得导叶开度增加时，除了流入转轮室的水流量增加以外，同时会出现水压暂时下降。同样，在导叶开度关小时，流入转轮室的水流量减小的同时会出现水压暂时增加。水锤效应对水轮机调节的影响是不能忽略的，建立数学模型时必须予以考虑。

（二）发电机和负荷的传递函数

发电机机组转子中储存的动能与机组转速的平方成正比，因此在机组

转子释放出储存动能的同时，机组转速（频率）也就下降了。机组转速下降将引起如下变化：一方面通过调速器增加原动机的输入和输出功率；一方面负荷从发电机取用的功率将减少。用数学表述式来描述，即：

$$p_T - P_L = \frac{dW_K}{dt} + k_L \cdot \Delta f \tag{5–8}$$

（三）调速器的传递函数

调速器的种类很多，建立调速器的传递函数要具体问题具体分析。下面以发电机调速系统说明。

1. 电气部分的传递函数

电气部分包括转速测量、功率测量、频差放大器、加法器、PID 调节器和功率放大器等。一般来说，上述除 PID 调节器外，其余各单元均为一阶惯性环节，但是时间常数很小，可以简化成比例环节，比例系数用标幺值表示时为 1。

2. 电液转换器的传递函数

电液转换器的种类也比较多。各类电液转换器的工作原理也不尽相同。一般将电液转换器视为一阶惯性环节，时间常数在 0.05s 以下。因为时间常数很小，常将电液转换器简化为比例环节，比例系数用标幺值表示时为 1。

3. 机械液压随动系统的传递函数

各种电液调速器的机液随动系统大同小异。下面为求取机液随动系统的传递系数。

（1）继动器和错油门的传递函数

继动器和错油门的输入为电液转换器输出的油压变化 P_H，输出为错油门内部“王”字形阀的移动距离 ΔS 与 P_H 成正比，且稍有一定滞后，为了一阶惯性环节，时间常数约为 30ms。继动器和错油门可简化为比例环节，用标幺值表示时，比例系数为 1。

（2）油动机的传递函数

油动机活塞运动方程可表示为：

$$\begin{aligned} TS\frac{d\mu}{dt} &= \sigma \\ \mu &= \frac{\Delta m}{\Delta m_{\max}} \end{aligned} \tag{5-9}$$

二、电力系统经济调度

以上介绍电力系统频率和有功功率控制时已经说明，要维持电力系统频率在允许范围之内，就要根据负荷的变化及时地调节电力系统中并联运行机组的有功输入，使之与负荷的功率变化相平衡，但是并没有说明调节系统中哪些机组原动机的输入功率。为了提高电力系统运行的经济性，电力系统调度的一个重要任务就是在维持电力系统有功功率平衡、使系统频率在允许范围之内的前提下做好以下两项工作：

1. 确定哪些机组并入电力系统运行；

2. 确定已并网运行的机组各发多少有功功率。

上述第一项属于机组经济组合问题；第二项属于有功功率经济分配问题。将两者结合起来一并且考虑就是电力系统经济调度和控制。电力系统经济调度和控制有一套完整的理论和方法，主要内容有：

（1）各类发电厂的运行特点以及其合理组合；

（2）发电设备的经济特性；

（3）经济调度控制的主要算法（等微增率法、梯度法、线性规划和动态规划法）；

（4）火电厂之间的负荷经济分配；

（5）水、火电厂之间的负荷经济分配；

（6）电力系统网损及网损微增率。

经济调度的目的是在满足电力系统频率质量和安全的前提下合理利用能源和设备，以最低的发电成本或者用最少的一次能源消耗获得最多的、有用的电能。电力系统经济调度和控制是电力系统频率和有功功率控制的重要内容之一。

第六章　电力系统电压和无功功率控制技术

第一节　电压控制的意义

电力系统中的有功功率电源是集中在各类发电厂中的发电机，而无功功率电源除发电机外，还有调相机、电容器和静止补偿器等，它们被分散安装在各个变电所。一旦无功功率电源设置好，就可以随时使用，而无需像有功功率电源那样消耗能源。由于电网中的线路及变压器等设备均以感性元件为主，因此系统中无功功率损耗远大于有功功率损耗。电力系统正常稳定运行时，全系统频率相同。频率调整集中在发电厂，调频控制手段只有调整原动机功率一种。而电压水平在全系统各点不同，并且电压控制可分散进行，调节控制电压的手段也多种多样。所以，电力系统的电压控制和无功功率调整与频率及有功功率调节有很大的不同。

电压是衡量电能质量的一个重要指标，质量合格的电压应该在供电电压偏移、电压波动和闪变、高次谐波和三相不对称程度（负序电压系数）这四个方面都能满足国家有关标准规定的要求，保证用户电压质量是电力系统运行调度的基本任务之一。

各种用电设备都是按额定电压进行设计和制造的，在额定电压下运行才能取得最佳效果。电压过高，偏离额定值，将对用户产生不良影响，直接影响了工农业生产产品的质量和产量，甚至会使各种电气设备的绝缘受损，设备损坏。变压器，电动机等的铁损增大，温升增加，寿命缩短，特别是对各种白炽灯的寿命影响更大。

当系统电压降低时，对于用户的不利影响主要有四个方面：

第一，各类负荷中所占比例最大的异步电动机的转差率增大，定子电流随之增大，发热增加，绝缘加速老化，这些均影响着电动机的使用寿命。异步电动机的电磁转矩是与其端电压平方成正比的，当电压降低 10% 时，转矩大约降低 19%。当电压太低时，电动机可能由于转矩太小，带不动所拖动的机械而停转。

第二，电动机的起动过程大为延长，甚至可能在起动过程中因温度过高而烧毁。

第三，电炉等电热设备的出力大致与电压的平方成正比，因此电压降低会延长电炉的冶炼时间，从而影响产量。

第四，使网络中的功率损耗加大，电压过低还可能危及电力系统运行的稳定性。

电压偏移过大不但影响用户的正常工作，对电力系统本身也有不利的影响。在系统中无功功率不足、电压水平低下的情况下，某些枢纽变电所会发生母线电压在微小扰动下顷刻之间大幅度下降的“电压崩溃”现象，这更可能导致一种极为严重的后果，即导致发电厂之间失步、整个系统瓦解的灾难性事故。

在电力系统的正常运行中，随着用电负荷的变化和系统运行方式的改变，网络中的电压损耗也随之发生变化。要严格使用户在任何时刻都有额定电压是不可能，也是没有必要的。实际上，大多数用电设备在稍许偏离额定值的电压下运行仍然可以正常工作。因此，根据需要和可能，从技术和经济两方面综合考虑，为各类用户规定一个合理的允许电压偏移是完全必要的。

在事故后的运行状态下，因为部分网络元件退出运行，网络等值阻抗增大，电压损耗将比正常时大，考虑到事故不会经常发生，非正常运行的时间不会很久，所以允许电压偏移比正常值再多5%，但电压升高总计不允许超过10%。

综上所述，电力系统电压控制是非常必要的。采取了各种措施，保证各类用户的电压偏移在上述范围内，这就是电力系统电压控制的目标。

第二节　无功功率平衡与系统电压的关系

一、电力系统中的无功功率负荷

（一）异步电动机

异步电动机在电力系统负荷中所占比重最大，也是无功功率的主要消耗者。当异步电动机满载时，其功率因数可达0.8，但当轻载时，功率因数却很低，可能只有0.2 ~ 0.3，这时消耗的无功功率在数值上比有功功率多。

电动机的受载系数，即实际拖带的机械负荷与其额定负荷之比。由图可见，在额定电压附近，异步电动机所消耗的无功功率随端电压上升而增加，随端电压下降而减少，但是当端电压下降到70% ~ 80%额定电压时，异步电动机所消耗的无功功率反而增加。这一特性对电力系统运行的稳定性有重要影响。

（二）变压器

变压器损耗的无功功率数值也相当可观。假如一台空载电流为 2.5%，短路电压为 10.5% 的变压器在额定满载下运行时，其无功功率的消耗可达到额定容量的 13% 左右。如果从电源到用户要经过 4 级变压，则这些变压器中总的无功功率消耗会达到了通过的视在功率的 50% ~ 60%，而当变压器不满载运行时，所占的比例就更大。

（三）输电线路

电力线路上的无功功率损耗可正可负。因为除了线路电抗要消耗无功功率之外，线路对地电容还能发出无功功率。当线路较短，电压较低时，线路电容及其发出的无功功率很小，所以线路是消耗无功功率的。当线路长，电压高时，线路对地电容及其发出的无功功率将会很大，甚至超过了线路电抗所吸收的无功功率，这时线路就发出无功功率了。

通常来说，35kV 及以下电压的架空线路都是消耗无功功率的。110kV 及以上电压的架空线路在传输功率较大时，也还会消耗无功功率；当传输的功率较小时，则可能成为向外供应无功功率的无功电源。

二、电力系统中的无功功率电源

电力系统中的无功功率电源向系统发出滞后的无功功率，一般有以下几类无功电源：一是同步发电机和过激运行的同步电动机；二是无功补偿设备，包括同步调相机、并联电容器、静止无功补偿装置等；三是 110kV 以及以上电压输电线路的充电功率。

（一）同步发电机

同步发电机既是电力系统中唯一的有功功率电源，同时也是最基本的无功功率电源。它所提供给电力系统的无功功率与同时输出的有功功率有一定的关系，由同步发电机的 P-Q 曲线（又称为发电机的安全运行极限）决定，如图 6-1 所示。

同步发电机只有运行在额定状态（即额定电压、电流和功率因数）下的 N 点，视在功率才能达到额定值 S_{GN}，发电机容量才能得到最充分的利用。同步发电机低于额定功率因数运行时，发电机的输出视在功率受制于励磁电流不超过额定值的条件，从而将低于额定视在功率 S_{GN}。同步发电机高于额定功率因数运行时，励磁电流的大小不再是限制的条件，而原动机的输出功率又成了它的限制条件。所以，同步发电机允许的有功功率输出和允许的无功功率输出的关系曲线大致沿图 6-1 中的实线连线变化。

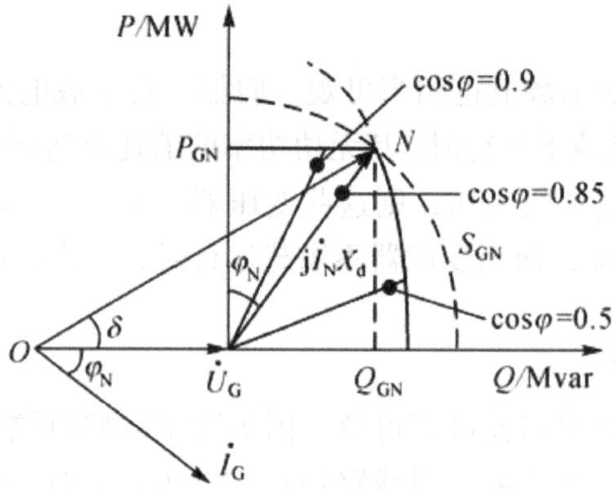

图 6-1 同步发电机的 PQ 曲线

同步发电机发出的无功功率为

$$Q_{GN} = S_{GN} \sin \varphi_N = P_{GN} \tan \varphi_N \qquad (6\text{-}1)$$

式中 S_{GN}—— 为发电机的额定容量，MVA；

P_{GN}—— 为发电机的额定有功功率，MW；

Q_{GN}—— 为发电机的额定无功功率，Mvar。

同步发电机以超前功率因数运行时，定子电流和励磁电流大小都不再是限制条件，而此时并联运行的稳定性或定子端部铁芯等的发热成了限制条件。由图 6-2 可知，当电力系统中有一定备用有功电源时，可以将离负荷中心近的发电机低于额定功率因数运行，适当降低有功功率输出而多发一些无功功率，这样有利提高电力系统电压水平。当发电机有功出力降为零而励磁电流保持额定时，发电机可有最大的无功出力。

（二）同步调相机

同步调相机（synchronous condenser，SC）是专门用来产生无功功率的同步电机，可视为不带有功负荷的同步发电机或是不带机械负荷的同步电动机。当过激运行时，它向电力系统提供感性无功功率而起无功电源的作用，能提高系统电压；欠激运行时，从电力系统中吸收感性无功功率而起无功负荷的作用，可以降低系统电压。因此，改变同步调相机的励磁，可以平滑地改变它的无功功率的大小及方向，从而平滑地调节所在地区的电压。但在欠激状态下运行时，由于运行稳定性的要求，欠励磁时转子励磁电流不得小于过励磁时最大励磁电流的 50%，相应地，欠激运行时其输出功率为过激运行时输出功率的 50% ~ 65%。同步调相机在运行时要产生有功功率损耗，一般在满负荷运行时，有功功率损耗为额定容量的 1.5% ~ 5%，容量越小，有功损耗所占的比重越大。在轻负荷运行时，有功功率损耗也要增大。

同步调相机一般装设有自动电压调节器，根据电压的变化可自动调节励磁电流，从而达到改变输出无功功率的作用，使节点电压在允许的范围内。调相机的优点是，它不仅能输出无功功率，还能吸收无功功率，具有良好的电压调节特性，对提高系统运行性能和稳定性有一定的作用。同步调相机适宜于大容量集中使用，安装于枢纽变电站中，方便平滑地调节电压和提高系统稳定性，一般不安装容量小于5MVA的调相机。

自20世纪20年代以来的几十年中，同步调相机在电力系统无功功率控制中一度发挥着主要作用。然而，由于它是旋转电机，因此损耗和噪声较大，运行维护复杂，而且响应速度慢，在很多情况下已无法适应快速无功功率控制的需要。所以自20世纪70年代以来，同步调相机开始逐渐被静止无功补偿装置（static var compensator，SVC）所取代，目前有些国家甚至已不再使用同步调相机。

（三）静电电容器

静电电容器可以按三角形接法或星形接法成组地连接到变电站的母线上，其从电力系统中吸收容性的无功功率，也就是说可以向电力系统提供感性的无功功率，因此可视为无功功率电源。由于单台容量有限，它可以根据实际需要由许多电容器连接组成。因此，容量可大可小，既可集中使用，又可分散使用，并且可以分相补偿，随时投入、切除部分或全部电容器组，运行灵活。电容器的有功功率损耗较小（约占额定容量的0.3% ~ 0.5%），其单位容量的投资费用也较小。

静电电容器输出的无功功率 Q_c 与其端电压的平方成正比，即

$$Q_C=\frac{U^2}{X_C}=U^2\omega C \tag{6-2}$$

式中：X_c—— 为电容器的容抗；

ω—— 为交流电的角频率；

C—— 为电容器的电容量。

由式（6-2）可知，当电容器安装处节点电压下降时，其所提供给电力系统的无功功率也将减少，而此时正是电力系统需要无功功率电源的时候，这是其不足之处。

由于静电电容器价格便宜，安装简单，维护方便，因而在实际中仍然被广泛使用。目前电力部门规定各用户功率因数不得低于0.95，所以一般均采取就地装设并联电容器的办法来改善功率因数。

（四）静止无功补偿装置

并联电容器阻抗是固定的，不能跟踪负载无功需求的变化，也就是不能实现对无功功率的动态补偿。而随着电力系统的发展，对于无功功率进行快速动态补偿的需求越来越大。

早期的静止无功补偿装置是饱和电抗器（saturated reactor，SR）型的，如图6-2（a）所示。英国GEC公司制成了世界上第一批饱和电抗器型静止无功补偿装置。饱和电抗器与同步调相机相比，具有静止型的优点，响应速度快；但是由于其铁芯需磁化到饱

和状态，因而损耗与噪声都很大，而且存在非线性电路的一些特殊问题，又不能分相调节以补偿负荷的不平衡，所以未能占据静止无功补偿装置的主流。

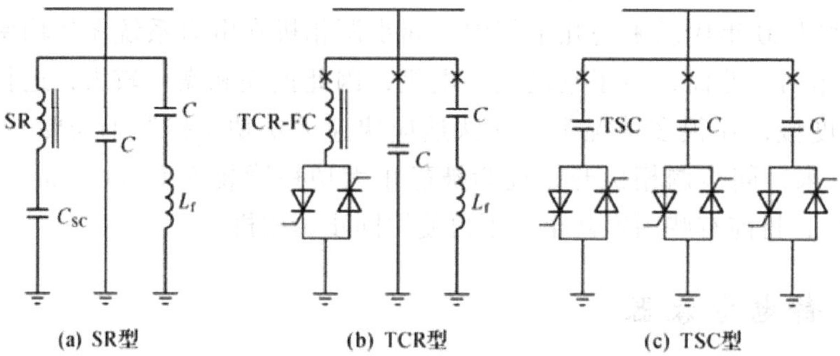

图 6-2　静止无功补偿装置

美国 GE 公司首次在实际电力系统中演示运行了其使用晶闸管的静止无功补偿装置。在美国电力研究院（Electric Power Research Institute，EPRI）的支持下，西屋电气公司（Westinghouse Electric Corp）制造的使用晶闸管的静止无功补偿装置投入实际运行。

因为使用晶闸管的静止无功补偿装置具有优良的性能，所以近 40 年来，在世界范围内其市场一直在迅速而稳定地增长，已占据了静止无功补偿装置的主导地位。因此，静止无功补偿装置（SVC）这个词往往专指使用晶闸管的静止无功补偿装置，包括：晶闸管控制电抗器（thyristor controlled reactor，TCR），如图 6-2（b）所示；晶闸管投切电容器（thyristor switched capacitor，TSC），如图 6-2（c）所示；这两者的混合装置（TCR+TSC），或者晶闸管控制电抗器与固定电容器（fixed capacitor，FC）或机械投切电容器（mechanically switched capacitor，MSC）混合使用的装置（如 TCR+MSC 等）。

随着电力电子技术的发展，20 世纪 80 年代以来，出现了一些更为先进的静止型无功补偿装置，如静止无功发生器（static var generator，SVG），静止补偿器（static compensator，STATCOM）等。SVG 主体是电压源型逆变器，适当控制逆变器的输出电压，就可以灵活地改变 SVG 的运行工况，使其处于容性负荷、感性负荷或零负荷状态。与 SVC 相比，SVG 具有响应快、运行范围宽以及谐波电流含量少等优点。尤其是当电压较低时仍可向系统注入较大的无功电流。

（五）高压输电线路的充电功率

高压输电线的充电功率可以由式（6-3）求出

$$Q_L = U^2 B_L \tag{6-3}$$

式中 B_L—— 为输电线路的对地总的电纳，

U—— 为输电线路的实际运行电压。

高压输电线路，特别是分裂导线，其充电功率相当可观，是电力系统所固有的无功功率电源。

三、无功功率与电压的关系

在电力系统中，大多数网络元件的阻抗是电感性的，不但大量的网络元件和负荷需要消耗一定的无功功率，同时电网中各种输电设备也会引起无功功率损耗。因此，电源所发出的无功功率必须满足它们的需要，这就是系统中无功功率的平衡问题。对于运行中的所有设备，系统无功功率电源所发出的无功功率与无功功率负荷及无功功率损耗相平衡，即

$$Q_G = Q_D + Q_L \tag{6-4}$$

式中 Q_G—— 为电源供应的无功功率，

Q_D—— 为负荷所消耗的无功功率，

Q_L—— 为电力系统总的无功功率损耗。

并且，Q_G 可以分解为

$$Q_G = \Sigma Q_{Gi} + \Sigma Q_{C1} + \Sigma Q_{C2} + \Sigma Q_{C3} \tag{6-5}$$

式中 $Q_{Gi}\ (i = 1,2,\cdots,m)$—— 为发电机供应的无功功率综合

m—— 为发电机组数量；

Q_{C1}, Q_{C2}, Q_{C3}—— 分别为调相机、并联电容器以及静止补偿器所供应的无功功率。

负荷所消耗的无功功率 Q_D 可以按负荷的功率因数来计算。Q_L 可以表示为

$$Q_L = \Delta Q_T + \Delta Q_X - \Delta Q_B \tag{6-6}$$

式中 ΔQ_T、ΔQ_X、ΔQ_B—— 分别为变压器、线路电抗、线路电纳中的无功功率损耗。

电力系统无功功率平衡和电压水平有着密切的关系，如图 6-3 所示。

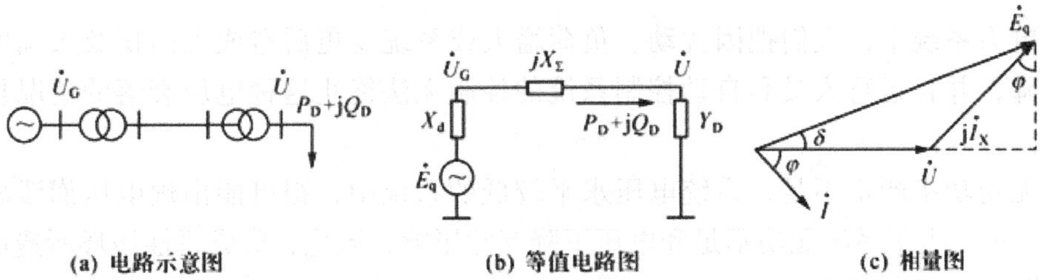

图 6-3 电力系统接线图

设电源电压为，U_G 负荷端的电压为 U，负荷以等值导纳 $Y_D = G_D + \mathrm{j}B_D$（$B_D$ 为感性负荷）来表示，用 X_Σ 表示线路、变压器及发电机等值电抗总和，E_q 表示发电机电势。由图 6-3 可知，负荷处的电压 U 大小取决于发电机电源电压 U_G 大小及电网总的电压

损耗 ΔU 两个量。U_G 的大小可以通过改变发电机的励磁电流，即改变发电机送出的无功功率来控制，但受设备容量限制。ΔU 可以分解成电阻电压损耗分量和电抗电压损耗分量

$$\Delta U = \frac{P_D R + Q_D X_\Sigma}{U_N} \tag{6-7}$$

如果在起始的正常运行状态下电力系统已达到无功功率平衡，满足式（6-4），保持在额定电压 U_N 水平上。现由于某种原因使负荷无功功率 Q_D 增加，则 ΔU 随之增加，此时如果增加发电机的励磁电流，使 U_G 增加，其所增加量 ΔU_G 正好补足电网总的电压损耗 ΔU，则将使 U 维持在原有的电压 U_N 水平上。这样，由于系统的无功功率负荷增加，使发电机的无功功率输出增加，它们会在新的状态下达到平衡：$Q'_G = Q'_L + Q'_G$。此时的电压水平仍可以维持在原有的额定电压 U_N 下。

如果发电机输出电压增量 ΔU_G 大于 ΔU 的增量，将会使 U 升高并且超过 U_N，负荷在 $U_H > U_N$ 下运行，电力系统所需要的无功功率也在增加，此时整个电力系统在新的电压水平

下达到新的无功功率平衡：$U_{GH} = U_{DH} + U_{LH}$。相反，如果因为发电机励磁的限制，U_G 不能增加足够的量以 ΔU 补偿的增加，则负荷端电压将下降，低于 U_N，此时负荷在低电压 U_L 水平下运行，系统所需的无功功率将减小，因此整个电力系统又会在新的电压水平下达到新的无功功率平衡：$U_{GL} = U_{DL} + U_{LL}$。

总之，电力系统的运行电压水平取决于无功功率的平衡；无功功率总是要保持平衡状态，否则电压就会偏离额定值。当电力系统无功功率电源充足，可以调节容量大时，电力系统可在较高电压水平上保持平衡；当电力系统无功功率电源不足，可调容量小甚至没有时，电力系统只能在较低电压水平上保证平衡。

四、无功功率平衡与系统电压稳定性

在电力系统中，人们把因扰动、负荷增大或系统变更后造成大面积及大幅度电压持续下降，并且运行人员和自动控制系统的控制无法终止这种电压衰落的情况称为电压崩溃。

在无功功率严重不足，系统电压水平较低的系统中，很可能出现电压崩溃事故。简言之，这是由于系统无功不足和电压下降互相影响，激化，形成恶性循环所造成的。下面用图 6-4 于以说少。

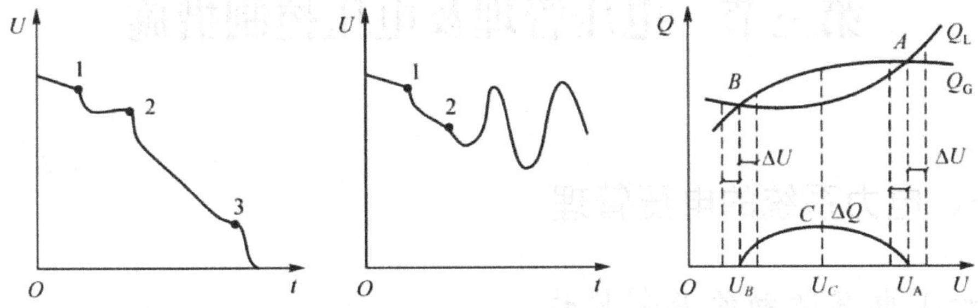

图 6-4　电压崩溃的现象和原因

图 6-4（a）中的曲线表示由于系统无功电源突然被切除（点 1 时刻）而引起电压崩溃（从点 2 时刻开始）的情形，在点 3 时刻系统已经瓦解。

图 6-4（b）中的曲线表示负荷缓慢增加引起电压崩溃的情形，在点 1 时刻开始发生崩溃，在点 2 时刻已经引起了系统异步振落。

图 6-4（c）中的曲线 Q_L 是系统中重要枢纽变电所高压母线所供出的综合负荷的无功 - 电压静态特性曲线，曲线 Q_G 是向该母线供电的系统等值发电机的无功 - 电压静特性曲线；这两条曲线相交于 A、B 两点，这两点看起来都是无功功率平衡点，但在电压波动时，情形却大不相同。

系统运行于 A 点时，当电压升高微小的 ΔU 时，综合负荷吸取的无功功率就大于等效发电机供出的无功功率，于是该母线（它是系统中的电压中枢点）处出现无功功率缺额，这促使发电机向中枢点传送更多的无功，进而在传输网络上产生更大的电压降，导致中枢点电压下降并恢复到原来的 U_A。当中枢点电压降低微小的 ΔU 时，情况则相反，但同样会使电压上升到原来的 U_A，所以 A 点是稳定的，具有抗电压波动的能力。

系统运行于 B 点的情况则不同了，当系统扰动使电压升高微小的 ΔU 时，无功供大于求，促使中枢点电压升得更高。如此循环下去，电压要一直升到 U_A 才能稳定下来，即运行点滑到了 A 点。当系统扰动使电压下降微小的 ΔU 时，无功供少于求，导致中枢点电压进一步下降，更加剧了无功的不足，这样就形成了恶性循环，最终导致了电压急剧下降，即发生“电压崩溃”。

从上面的分析可知，B 点是不能稳定运行的。实际上，运行于 A 点的电力系统若因扰动使电压下降到 U_C 以下就很危险，很可能发生电压崩溃。U_C 是中枢点母线电压的最低允许值，称之为临界电压，它是系统电压稳定极限。在图 6-4 中，C 点位于 $\Delta Q = Q_G - Q_L$ 曲线的最高点。

当系统发生电压崩溃时，大批电动机减速乃至停转，大量甩负荷，各发电机有功出力也变化很大，可能引起系统失去同步运行，使系统瓦解。

第三节　电压管理及电压控制措施

一、电力系统的电压管理

（一）电压波动的限制措施

日常生活中经常会看到白炽灯（非节能灯）有时会一明一暗地闪动，这是由于电力系统中冲击性负荷所造成的电压波动。这类负荷主要有轧钢机械、电焊机、电弧炉等。其中电弧炉的影响最大，因为它的冲击性负荷电流可能高达数万安培。因此而带来的电压波动将会给用户带来不利影响，应设法消除。

限制电压波动的措施有如图 6-5 所示的几种。在图 6-5 中，负荷母线的电压等于电源电压减去输电系统（其中可能包括多级变压）中的电压损耗 ΔU。一般电源电压可能维持恒定，在负荷稳定时，ΔU 无大变化，因此负荷母线电压也比较平稳。但由于冲击性负荷忽大忽小，使输电系统电压损耗 ΔU 也随之忽多忽少。这样，就造成了负荷母线的电压忽低忽高，而使用户大受其害。

图 6-5（a）所示的措施是在输电线路上串入电容，使得输电系统总的电抗 X 下降，由于 $\Delta U=\frac{PR+QX}{U}$，所以 X 的下降会使 ΔU 减少，负荷母线的电压波动幅度也会相应减少。

图 6-5（b）的方法是就地装设调相机以供给负荷所需的无功功率，使通过输电系统送过来的无功功率 Q 减少，同样能使及负荷母线电压波动幅度减小。

效果最好的措施如图 6-5（c）所示，即在负荷母线处装设静止无功补偿装置（如 TCR）。在静止无功补偿装置的有效范围内，其端电压 U 可基本保持恒定，几乎消除了冲击负荷所引起的电压波动，使接于负荷母线上的用户大受其益。

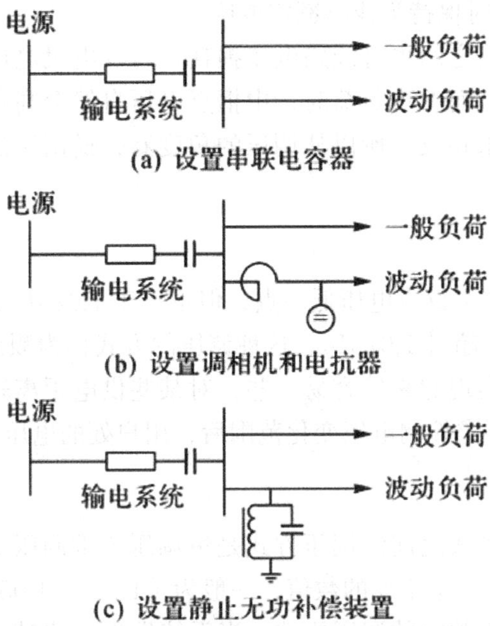

图 6-5　限制电压波动的措施

（二）中枢点的电压管理

为保证电能质量，各负荷点的电压应当保持在允许的电压偏移范围之内，在整个电力系统中，负荷点数量极多且分布极广，要想对每个负荷点的电压都进行控制和调节肯定是办不到的，而只能监视和控制某些“中枢点”的电压水平。称为中枢点的节点有：区域性水、火电厂的高压母线，枢纽变电所的二次母线，有大量地方负荷供出的发电机电压母线，中枢点设置数量不少于全网 220kV 及以上电压等级变电所总数的 7%。

即使对这些有限数目的电压中枢点，也难以使其电压在负荷的不断变化中保持恒定，而只能控制这些中枢点电压的变化不超过一个合理的用户可以接受的范围。对于中枢点的电压控制可以分为三种方式。

1. 逆调压

在高峰负荷时升高中枢点电压（比如将电压调为 $1.05U_N$），而在低谷负荷时调低中枢点电压（例如将电压调为 U_N），这种做法称为逆调压。当高峰负荷时，由于中枢点到各种负荷点的线路电压损耗大，中枢点电压的升高就可以抵偿线路的较大压降，从而使负荷点电压不致过低；当低谷负荷时，因为中枢点到负荷点的线路电压损耗减少，将中枢点适当降低，就不至于使负荷点电压过高。这样，在其他部分时间里，负荷点的电压都会符合用户需要了。供电线路较长、负荷变动较大的中枢点往往要采用这种调压方法。一般而言，采用逆调压方式，在最大负荷时可保持中枢点电压比线路额定电压高 5%，在最小负荷时保持为线路额定电压。

但，发电厂到中枢点之间也有线路电压损耗，若发电机电压一定，则大负荷时中枢点电压自然会低一些。而在小负荷时，中枢点电压自然会高一点，这种自然的变化规律正好与逆调压的要求相反。所以从调压的角度看，逆调压的要求是比较高和比较难实现的。

2. 顺调压

在高峰负荷时，允许中枢点电压低一点，但不低于 $1.025U_N$，在低谷负荷时，允许中枢点电压高一点，但不超过 $1.075U_N$，这种调压的方式称为顺调压。顺调压符合电压变化的自然规律，因此实现起来较容易一些，对某些供电距离较近，负荷变动不大的变电所母线，按照调压要求控制电压变化范围后，用户处的电压变动也不会很大。

3. 恒调压

介于上述两种调压方式之间的调压方式是恒调压（常调压），即在任何负荷时，中枢点电压始终保持为一基本不变的数值，一般为（1.02 ~ 1.05）U_N。

以上所述均是系统正常时的调压要求。当系统发生事故时，可允许对电压质量的要求适当地降低。通常允许事故时的电压偏移较正常情况下再增大 5%。

这些只是对中枢点电压控制的原则性要求，在规划设计阶段因为没有负荷的实际资料，只好如此。当一个中枢点通过几条线路给若干个完全确定的负荷供电时，就可以进行详细的电压计算。计算时只要选择如下两个极端情况即可：

（1）在地区负荷最大时，应选择允许电压变化范围的下限为最低的负荷点进行电压计算，此最低允许电压加上线路损耗电压，就是中枢点的最低电压。

（2）在地区负荷最小时，应选择允许电压变化范围的上限为最高的负荷点进行电压计算，此最高允许电压加上线路损耗电压，就是中枢点的最高电压。如果中枢点的电压能够满足了这两个负荷点的要求，则其他各负荷点的电压要求也会得到满足。

当然，也有这种可能性，不论中枢点电压如何调节，总是顾此而失彼，无法同时满足各个负荷点的要求。这时只有在个别负荷点加装必要的调压设备才能解决。中枢点的电压控制计算很麻烦，人工计算无法保证电力系统所有中枢点电压都是最合理的。这个工作只有交给计算机去完成才能实现真正合理的电压控制。

若中枢点是发电机电压母线，则除上述要求外，还受发电厂用电设备与发电机的最高允许电压以及为保持系统稳定的最低允许电压的限制。如果在某些时间段内，各用户的电压质量要求反映到中枢点的电压允许变化范围内没有公共部分，则仅靠控制中枢点的电压并不能保证所有负荷点的电压偏移都在允许范围内。为满足各负荷点的调压要求，就必须在某些负荷点增设其他必要的调压设备。

二、电力系统的电压控制措施

（一）电压控制的基本原理

在电力系统中，为保证系统有较高的电压水平，必须要有充足的无功功率电源。但是要使所有用户处的电压质量都符合要求，还必须采用各种调压控制手段。下面以图 6-6 所示的简单电力系统为例，说明常用的各种调压控制措施的基本原理。

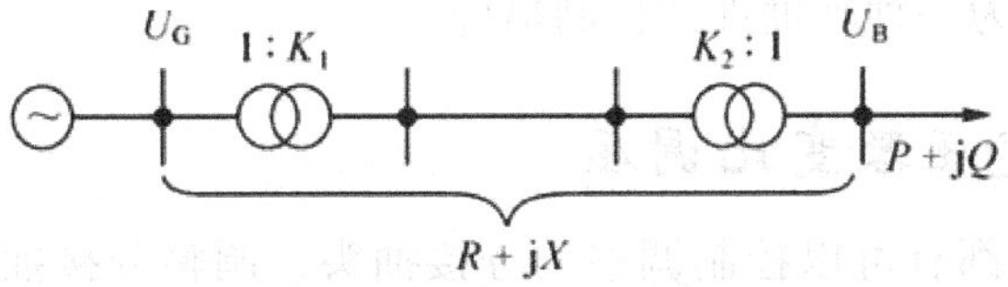

图 6-6 电力系统电压控制原理

同步发电机通过升压变压器、输电线路和降压变压器向负荷用户供电。要求采取各种不同的调整和控制方式来控制用户端的电压。为了分析简便起见，略去输电线路的充电功率、变压器的励磁功率以及网络中的功率损耗。变压器的参数已经归算到高压侧，这样用户端的电压为

$$U_B = (U_G K_1 - \Delta U)/K_2 = \left(U_G K_1 - \frac{PR + QX}{U_N}\right)/K_2 \qquad (6\text{-}8)$$

式中 K_1,K_2,—— 分别为升压和降压变压器的变比，

R,X,—— 分别为变压器和输电线路的总电阻和总电抗。

从式（6-8）可知，要想控制和调整负荷点的电压 U_B，可以采取以下的控制方式：

1. 控制和调节发电机励磁电流，以改变发电机端电压 U_G；
2. 控制变压器变比 K_1 及 K_2 调压；
3. 改变输送功率的分布 $P+jQ$（主要是 Q），以使电压损耗减小；
4. 改变电力系统网络中的参数 $R+jX$（主要是 X），从而减小输电线路电压的损耗。

（二）发电机调压

现代同步发电机在端电压偏离额定值不超过 ±5% 的范围内，能够以额定功率运行。大中型同步发电机都装有自动励磁调节装置，可以根据运行情况调节励磁电流来改变其端电压。不同类型的供电网络，发电机调压所起的作用不同：

1. 对由孤立发电厂不经升压直接供电的小型电力网，因供电线路不长，输电线路上的电压损耗不大时，可以采用改变发电机端电压直接控制电压的方式（例如实行逆调压），以满足负荷点对电压质量的要求。它不需要增加额外的调压设备，是最经济合理的控制电压的措施，应该优先考虑。

2. 对于输电线路较长、供电范围较大、有多电压等级的供电系统并且在有地方负荷的情况下，从发电厂到最远处的负荷点之间，电压损耗的数值和变化幅度都比较大，仅仅依靠发电机控制调压已不能满足负荷对电压质量的要求。发电机调压主要是满足近处地方负荷的电压质量要求。

3. 对于由若干发电厂并列运行的电力系统，进行电压调整的电厂需有相当充裕的无功容量储备，一般不易满足。此外，调整个别发电厂的母线电压会引起无功功率的重新分配，可能同发电机的无功功率经济分配发生矛盾。所以在大型互联电力系统中，发电机调压一般只作为一种辅助性的控制措施。

（三）控制变压器变比调压

一般电力变压器都有可以控制调整的分接抽头，调整分接抽头的位置可以控制变压器的变比。通常分接抽头设在高压绕组（双绕组变压器）或中、高压绕组（三绕组变压器）。在高压电网中，各个节点的电压与无功功率的分布有着密切的关系，通过控制变压器变比来改变负荷节点电压，实质上是改变了无功功率的分布。变压器本身并不是无功功率电源，所以，从整个电力系统来看，控制变压器变比调压是以全电力系统无功功率电源充足为基本条件的，当电力系统无功功率电源不足时，仅仅依靠改变变压器变比是不能达到控制电压效果的。

双绕组变压器的高压绕组上设有若干个分接抽头以供选择，其中对应额定电压 U_N 的称为主抽头。容量为 6300kVA 及以下的变压器，高压侧有 3 个分接抽头，分别为 $1.05U_N$、U_N、$0.95U_N$。容量为 8000kVA 及以上的变压器，高压侧有 5 个分接抽头，分别 $1.05U_N$、$1.025U_N$、U_N、$0.975U_N$、$0.95U_N$。变压器低压绕组不设分接抽头。

控制变压器的变比调压实际上就是根据调压要求适当地选择变压器分接抽头。图 6-7 所示为一个降压变压器。

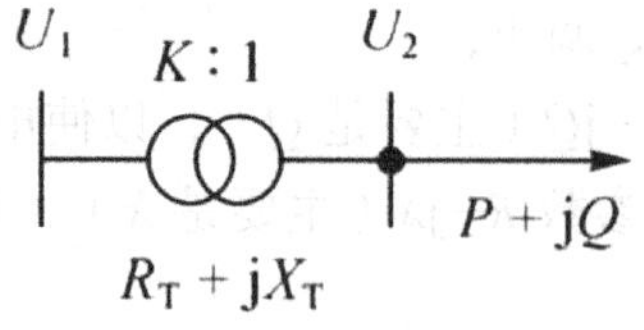

图 6-7　降压变压器系统

若通过的功率为 $P+jQ$，高压侧实际电压为 U_1，归算到高压侧的变压器阻抗为 R_T+jX_T，归算到高压侧的变压器电压损耗为 ΔU_T，低压侧要求得到的电压为 U_2，则有

$$\Delta U_T=\frac{PR_T+QX_T}{U_1}$$
$$U_2=\frac{U_1-\Delta U_T}{K} \tag{6-9}$$

式中 K—— 为变压器的变比，即高压绕组分接抽头电压 U_{1t} 和低压绕组额定电压 U_{2t} 之比。

将 K 代入式（6-9），可以得到高压侧分接抽头电压为

$$U_{1t}=\frac{U_1-\Delta U_T}{U_2}U_{2N} \tag{6-10}$$

普通双绕组变压器的分接抽头只能在停电的情况下改变。在正常的运行中无论负荷如何变化，只能使用一个固定的分接抽头。这时可以分别算出最大负荷与最小负荷下所要求的分接抽头电压为

$$\begin{cases} U_{1\max}=\dfrac{U_{1\max}-\Delta U_{T\max}}{U_{2\max}}U_{2N} \\ U_{1\min}=\dfrac{U_{1\min}-\Delta U_{T\min}}{U_{2\min}}U_{2N} \end{cases} \tag{6-11}$$

然后取它们的算数平均值，即

$$U_{1tav}=\frac{U_{1t\max}+U_{1t\min}}{2} \tag{6-12}$$

可以根据 U_{1tav} 来选择一个与它最接近的分接抽头，然后再根据所选取的分接抽头校验最大负荷和最小负荷时低压母线上的实际电压是否符合用户的要求。

选择升压变压器分接抽头的方法和选择降压变压器的方法基本相同。三绕组变压器分接抽头的选择可以按如下方法来考虑：三绕组变压器一般在高压、中压绕组有分接抽头可供选择，而低压侧是没有分接抽头的。一般可先按高压、低压侧的电压要求来确定高压侧的分接抽头；再根据所选定的高压侧分接抽头，来考虑中压侧的电压要求；最后选择中压侧的分接抽头。

三、利用无功功率补偿设备调压

无功功率的产生基本上是不消耗能源的，但无功功率沿输电线路传送却要引起有功功率损耗和电压损耗。合理的配置无功功率补偿设备和容量以改变电力网络中的无功功率分布，可以减少网络中的有功功率损耗和电压损耗，从而改善用户负荷的电压质量。并联补偿设备有调相机、静止补偿器、电容器，它们的作用都是在重负荷时发出感性无功功率，补偿负荷的无功需要，减少了由于输送这些感性无功功率而在输电线路上产生的电压降落，提高负荷端的输电电压。

具有并联补偿设备的简单电力系统如图 6-8 所示。

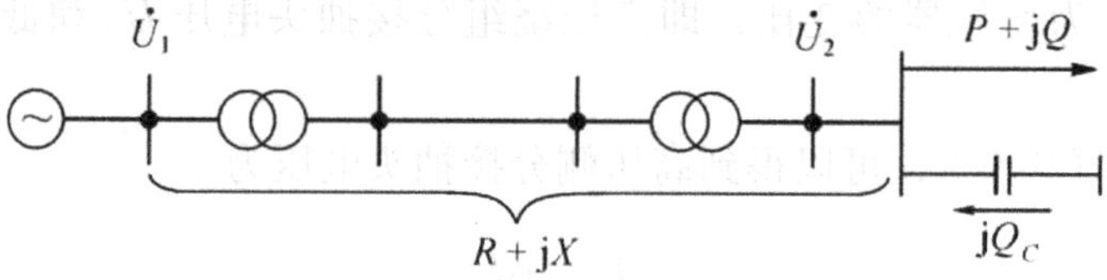

图 6-8　具有并联补偿设备的简单电力系统

发电机出口电压 U_1 和负荷功率 $P + jQ$ 给定，电力线路对地电容和变压器的励磁功率可以不考虑。当变电所低压侧没有设置无功功率补偿设备时，发电机出口电压可以表示为

$$U_1 = U_2' + \frac{PR + QX}{U_2'} \quad (6\text{-}13)$$

式中 U'_2——为归算到高压侧的变电所低压母线电压。

当变电所低压侧设置容量为 Q_C 的无功功率补偿设备后，电力网络所提供给负荷的无功功率为 $Q - Q_C$，这时，归算到高压侧的变电所低压母线电压变为 U'_{2C}，发电机输出电压可以表示为

$$U_1 = U_{2C}' + \frac{PR + (Q - Q_C)X}{U_{2C}'} \quad (6\text{-}14)$$

如果补偿前后发电机出口电压 U_1 保持不变，则有

$$U_2' + \frac{PR + QX}{U_2'} = U_{2C}' + \frac{PR + (Q - Q_C)X}{U_{2C}'} \quad (6\text{-}15)$$

由此可以解出 U'_2 改变到 U'_{2C} 时所需要的无功功率补偿容量为

$$Q_C = \frac{U_{2C}'}{X}\left[\left(U_{2C}' - U_2'\right) + \left(\frac{PR + QX}{U_{2C}'} - \frac{PR + QX}{U_2'}\right)\right] \quad (6\text{-}15)$$

式中中括号内的第二部分一般较小，可略去，这样式（6-16）可以改写成

$$Q_C = \frac{U_{2C}'}{X}\left(U_{2C}' - U_2'\right) \quad (6\text{-}16)$$

如变压器变比为 K，经无功功率补偿后变电所低压侧要求保持的实际电压为 U_{2C}，则 $U'_{2C} = KU_{2C}$。代入式（6-16），有

$$Q_C = \frac{U_{2C}}{X}\left(U_{2C} - \frac{U_2'}{K}\right)K^2 \quad (6\text{-}17)$$

四、利用串联电容器控制电压

在输电线路上串联接入电容器，利用了电容器上的容抗补偿输电线路中的感抗，使电压损耗计算式中的QX/U分量减小，从而提高输电线路末端的电压，如图6-9所示。

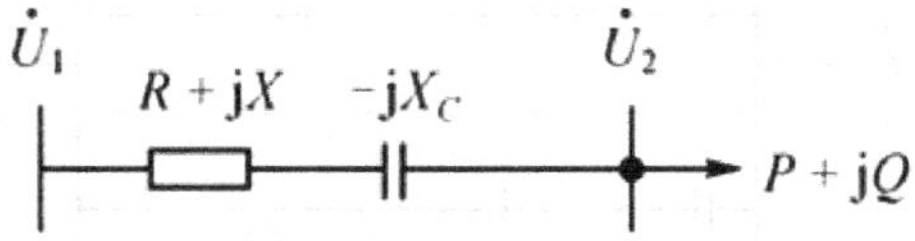

图 6-9　串联电容器控制调压

未接入串联电容器补偿前有

$$U_1=U_2+\frac{PR+QX}{U_2} \tag{6-18}$$

线路上串联了容抗 X_c 后就改变为

$$U_1'=U_{2C}+\frac{PR+Q\left(X-X_C\right)}{U_{2C}} \tag{6-19}$$

假如补偿前后输电线路首端电压维持不变，即

$$U_1=U_1'$$

则有

$$U_2+\frac{PR+QX}{U_2}=U_{2C}+\frac{PR+Q\left(X-X_C\right)}{U_{2C}} \tag{6-20}$$

经过整理可得到

$$X_C=\frac{U_{2C}}{Q}\left[\left(U_{2C}-U_2\right)+\left(\frac{PR+QX}{U_{2C}}-\frac{PR+QX}{U_2}\right)\right] \tag{6-21}$$

式中中括号内的第二部分一般较小，可略去，则有

$$X_C=\frac{U_{2C}}{Q}\left(U_{2C}-U_2\right) \tag{6-22}$$

如果近似认为 U_{2C} 接近输电线路额定电压 U_N，则有

$$X_C=\frac{U_N}{Q}\Delta U \tag{6-23}$$

式中：ΔU—— 为经串联电容补偿后输电线路末端电压需抬高的电压增量数值。所

以可以根据输电线路末端需要升高的电压数值来确定串联电容补偿的电抗值。

线路上串联接入的电容器往往由多个电容器串、并联而组成，如图 6-10 所示。

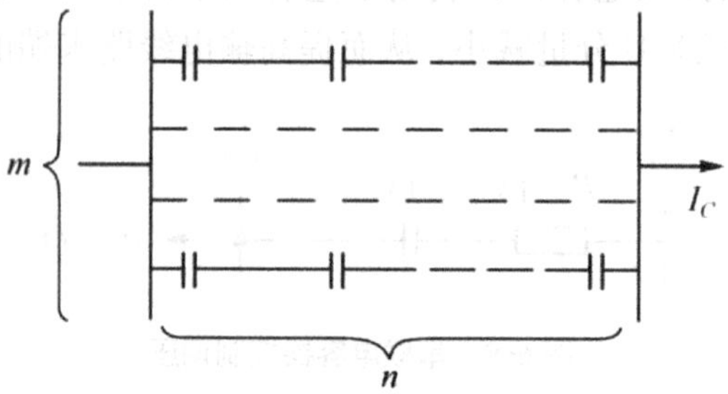

图 6-10　电容器的串并联

假如每个电容器的额定电流为 I_{NC}，额定电压为 U_{NC}，则可以根据输电线路通过的最大负荷电流 I_{Cmax} 和所需要补偿的容抗值 X_C 来计算出电容器串并联的数量 n、m，它们应该满足

$$\begin{cases} mI_{\mathrm{NC}} \cdot\cdot I_{C\max} \\ nU_{\mathrm{NC}} \cdot\cdot I_{C_{\max}} X_C \end{cases} \tag{6-24}$$

三相电容器的总容量为

$$Q_C = 3mnQ_{NC} = 3mnU_{NC}\ I_{NC}$$

由式（6-23）可知，串联电容器抬高末端电压的数值为 $\Delta U = QX_C / U_N$，即调压效果随无功功率负荷 Q 变化而改变。无功功率负荷增大时末端所抬高的电压将增大，无功功率负荷减小时末端所抬高的电压也将减小。串联电容器调压方式与调压要求恰好一致，这是串联电容器补偿调压的一个显著优点。但对于负荷功率因数高（$cos\varphi$>00.95）或者输电线路导线截面小的线路，线路电抗对电压损耗影响较小，故串联电容补偿控制调压效果就很小。因此利用串联电容补偿调压一般用于供电电压为 35kV 或 10kV、负荷波动大而频繁、功率因数又很低的输配电线路。

补偿所需的容抗值 X_C 和被补偿输电线路原有感抗值 X_L 之比称为补偿度，用 K_C 来表示

$$K_C = \frac{X_C}{X_L} \tag{6-25}$$

在输配电线路中以调压为目的的串联电容补偿，其补偿度常接近于 1 或大于 1，一般为 1 ~ 4。对超高压输电线，串联电容补偿主要用于提高输电线路的输电容量和提高电力系统运行的稳定性。

并联电容器补偿和串联电容器补偿都可以提高输电线路末端电压和减小输电线路中的有功功率损耗，但是它们的补偿效果是不一样的。串联电容器补偿可以直接减少

输电线路的电压损耗以提高输电线路末端电压的水平，它是依靠提高末端电压水平而减少输电线路有功功率损耗的；而并联电容补偿则是通过减少输电线路上流通的无功功率而减小线路电压损耗，以提高线路末端的电压水平，能够直接减少输电线路中的有功功率损耗，但它的效果不如前者。一般为减少同一电压损耗值，串联电容器容量仅为并联电容器容量的 15% ~ 25%。

五、电力系统电压控制措施的比较

在各种电压控制措施中，首先应该考虑发电机调压，用这种措施不需要增加附加设备，从而不需要附加任何投资。对无功功率电源供应较为充裕的系统，采用变压器有载调压，既灵活又方便。尤其是电力系统中个别负荷的变化规律相差悬殊时，不采取有载调压变压器调压几乎无法满足负荷对电压质量的要求。对无功功率电源不足的电力系统，首先应该解决的问题是增加无功功率电源，因此以采用了并联电容器、调相机或静止补偿器为宜。同时，并联电容器或调相机还可以降低电力网中功率传输产生的有功功率损耗。

第四节　电力系统电压和无功的综合控制

一、综合控制的原理

由于不同的电压控制措施各有其优缺点，所以可以将它们组合起来进行综合控制，以获得最优的控制方式。这样，就需分析负荷变化和各类电压控制措施同时存在的综合效果。现以图 6-11 所示的电力系统为例，来分析各种电压控制的特点。电压控制设备包括：发电机 G_1 和 G_2，有载调压变压器 T，可切换的并联电容器组 C。

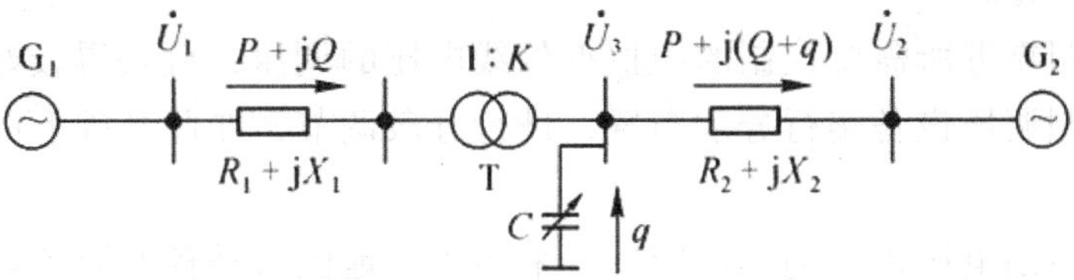

图 6-11　电力系统电压的综合控制

发电机 G_1 和 G_2 具有自动励磁调节装置，可以使母线电压 U_1、U_2 发生改变；T 为有载调压变压器，变比 K 可以调节；C 代表无功补偿设备，它可以是静电电容器、同步调相机和静止无功补偿器。现分析 G_1 和 G_2 控制的电压 U_1 和 U_2，变压器变比 K、补偿容量 C 这些控制措施对于节点 3 母线电压 U_3 的影响。由于电压与无功功率分布密切相关，所以改变电压的同时也会对无功功率 Q 产生影响。将节点 3 的电压 U_3、无功功率 Q 定义为状态变量，发电机母线电压 U_1,U_2 以及变压器变比 K 和无功补偿量 q 定义为控制变量。根据图 6-11，有解得

$$\left.\begin{aligned}\Delta U_1-\Delta U+\Delta K=X_1\Delta Q\\ \Delta U-\Delta U_2=X_2(\Delta Q+\Delta q)\end{aligned}\right\} \tag{6-26}$$

$$\Delta U=\frac{X_2}{X_1+X_2}\Delta U_1+\frac{X_1}{X_1+X_2}\Delta U_2+\frac{X_2}{X_1+X_2}\Delta K+\frac{X_1X_2}{X_1+X_2}\Delta q \tag{6-27}$$

$$\Delta Q=\frac{1}{X_1+X_2}\Delta U_1-\frac{1}{X_1+X_2}\Delta U_2+\frac{1}{X_1+X_2}\Delta K-\frac{X_2}{X_1+X_2}\Delta q \tag{6-28}$$

通过式（6-27）、式（6-28）可以分析各种电压控制措施对节点 3 的电压 U_3 和无功功率 Q 的影响以及各种控制措施配合的效果，获得如下结论：

1.改变变压器变比K和改变发电机 G_1 的母线电压 U_1 对节点3的电压控制效果相同，并且可以使无功功率 Q 增加，而且参数比值 X_1/X_2 越小，电压控制效果越显著。

2.改变发电机 G_1 的母线电压 U_2 对节点 3 的母线电压 U_3 的影响与参数比值 X_2/X_1 有关，比值越小，影响越显著。

3.当 X_2 较大，即 G_2 离节点 3 的距离相对较远时，改变了发电机 G_1 的母线电压 U_1 对节点 3 的电压影响较大，会使无功功率 Q 增加。反之，当 X_1 较大，即 G_1 离节点 3 的距离相对远一些时，改变发电机 G_2 的电压 U_2 对节点 3 的电压影响较大，会使无功功率 Q 减小。

4.控制节点 3 的无功补偿容量 q 的效果与等效电抗 $\frac{X_1X_2}{X_1+X_2}$ 有关，等效电抗越大，控制电压 U_3 效果越好。

5.节点 3 的无功补偿输出容量 q 按与输电线路电抗成反比的关系向两侧流动，其结果使无功功率 Q 减少。

总之，控制靠近所需要控制的中枢点母线电压的调压，可获得较好的控制效果。因此，一般控制调压设备实行分散布置，进行分散调节，在此基础上由电力系统实行集中控制。

上述各种控制电压措施的具体应用，采用了各地区自动控制调节电压和电力系统集中自动控制调节电压相结合的模式进行。各区域负责本区域电网电压的控制调节，并就地解决无功功率的平衡；电力系统调度中心负责控制主干电网中主干输电线和环网的无功功率的分布以及给定主要中枢点（发电厂母线、枢纽变电所母线）的电压设定值，以便加以监视和控制，并协调各地区的电压水平。

二、综合控制的实现

变电站中利用有载调压变压器和补偿电容器组进行局部的电压及无功补偿的自动调节，以保证负荷侧母线电压在规定范围内以及进线功率因数尽可能接近于1，称为变电站电压无功综合控制（VQC）。

有载调压改变变压器分接头的位置，变压器变比改变，从而改变低压侧电压。当低压侧电压降低时，同时会使负荷向系统吸收的无功功率也减少。正常负载时，在变压器低压母线上投入电容器可以减少变电所高压侧输入的无功功率，实现无功就地平衡，从而减少流经变压器的电流，即减少变压器的压降，从而提高变电所低压侧电压。而在最小负荷或空载时，补偿电容器可能引起变压器低压侧电压严重升高，并产生多余的有功损耗，需退出若干电容器容量。可见，无功功率调节和有载调压并不是互相独立的问题。

（一）就地VQC调节方法

在变电站内采样有载调压变压器和并联补偿电容器的数据，通过控制和逻辑运算实现电压和无功自动调节，从而保证负荷侧母线电压在规定范围内及进线功率因数尽可能高。这种装置具有独立的硬件，因此它不受其他设备运行状态的影响，可靠性较高。但它不能做到与变电站的就地监控装置共享软、硬件资源的要求，不能尽可能多地采集变电站的各种信息为综合调节电压和无功功率服务。这种装置适合在电网网架结构尚不太合理、基础自动化水平不高的电力网的变电站内使用。

（二）软件VQC调节方法

它是在就地监控主机上利用现成的遥测、遥信信息，通过运行控制算法软件，用软件模块控制方式来实现了变电站电压和无功的自动调节。用这种方法可以发展为通过调度中心实施全系统电压与无功的综合在线控制，这是保持系统电压正常、提高系统运行可靠性的最佳方案。这种方法的实施前提条件是电网网架结构合理、基础自动化水平较高，尤其适用于综合自动化的变电站中。

（三）厂站VQC和区域VQC

厂站VQC通常是在各变电站安装一个VQC装置，即变电站电压无功综合控制系统，根据变电站自动化系统采集的变电站母线电压量、无功功率量、主变压器分接头位置、电容器开关状态量等，通过分析计算使主变压器分接开关及电容器开关进行自动控制，实现就地无功优化补偿和电压控制，同时确保变电站母线电压在合格的范围内。

区域VQC是建立在主站的一种软件VQC系统，即电网电压、无功优化集中控制系统，是一种集中控制模式。区域VQC通常从调度数据采集与监督控制（SCADA）系统主站获取各厂站送来的各母线节点的无功、电压等遥信、遥测量进行分析计算，从而对全网各节点的无功、电压的分布做出优化策略，形成有载调压变压器分接开关调节指令、无功补偿设备投切指令及相关控制信息，然后将控制信息交 SCADA 系统通过遥控、遥调执行调节。

就地 VQC 控制装置仅采用本变电站的信息，因此仅仅对局部供电区域有效。就整个电力系统而言，当发生全网性无功功率缺乏时，局部的调节可能产生有害的结果，即当就地 VQC 检测到本站低压侧电压过低时，改变变压器分接头，虽然提高了本站低压侧的电压，但同时会从系统中吸收更多的无功功率，从而加剧系统的无功功率缺乏。

VQC 综合调节首先要保证供电电压的质量满足要求，再投入适当的电容器组（或其他无功补偿装置）使系统有功损耗最小，同时要保证调节的动作次数最少。

第五节　无功功率电源的最优控制

电力系统中无功功率平衡是保证电力系统电压质量的基本前提，而无功功率电源在电力系统中的合理分布是充分利用无功电源、改善电压质量和减少了网络有功损耗的重要条件。无功功率在电网输送会产生有功功率损耗。无功功率电源的最优控制目的在于控制各无功电源之间的分配，使网络有功损耗达到最小。

电力网中的有功功率损耗可以表示为所有节点注入功率的函数

$$\Delta P_{\Sigma}=\Delta P_{\Sigma}\left(P_{\mathrm{G1}},P_{\mathrm{G2}},\cdots,P_{\mathrm{Gm}},Q_{\mathrm{G1}},Q_{\mathrm{G2}},\cdots,Q_{\mathrm{Gm}}\right) \tag{6-29}$$

则无功功率电源最优控制的目标函数为

$$\min_{Q_{G1},Q_{G2},\cdots,Q_{Gm}} J=\Delta P_{\Sigma}$$

$$\text{s. t.}\sum_{i=1}^{m}Q_{\mathrm{G}i}-\sum_{j=1}^{n}Q_{\mathrm{D}j}-\Delta Q_{\Sigma}=0 \tag{6-30}$$

式中　$Q_{Gi}\,(i=1,2,\cdots,m)$—— 为发电机供应的无功功率，

m—— 为发电机组数量；

$Q_{Dj}\,(i=1,2,\cdots,n)$—— 为电力网中的无功负荷；

n—— 为负荷数量；

ΔQ_{Σ}—— 是电力网中的无功功率损耗。

应用拉格朗日乘数法，构造了拉格朗日函数

$$L=\Delta P_{\Sigma}-\lambda\left(\sum Q_{\mathrm{G}i}-\sum Q_{\mathrm{D}j}-\Delta Q_{\Sigma}\right) \tag{6-31}$$

将 L 分别对 Q_{Gi} 和 λ 取偏导数并令其等于零，有

$$\frac{\partial L}{\partial Q_{\mathrm{G}i}}=\frac{\partial \Delta P_{\Sigma}}{\partial Q_{\mathrm{G}i}}-\lambda\left(1-\frac{\partial \Delta Q_{\Sigma}}{\partial Q_{\mathrm{G}i}}\right)=0 \tag{6-32}$$

$$\frac{\partial L}{\partial \lambda}=-\left(\sum Q_{\mathrm{G}i}-\sum Q_{\mathrm{D}j}-\Delta Q_{\Sigma}\right)=0 \tag{6-33}$$

于是可以得到无功功率电源最优控制的条件为

$$\frac{\partial \Delta P_{\Sigma}}{\partial Q_{\mathrm{G}i}}\times\frac{1}{1-\dfrac{\partial \Delta Q_{\Sigma}}{\partial Q_{\mathrm{G}i}}}=\lambda \tag{6-34}$$

式中 $\partial \Delta P_{\Sigma}/\partial Q_{Gi}$—— 为网络中有功功率损耗对于第 i 个无功功率电源的微增率，

$\partial \Delta Q_{\Sigma}/\partial Q_{\mathrm{G}i}$—— 为无功功率网损对第 i 个无功功率电源的微增率。

式（6-34）的意义是：使有功功率网损最小的条件是各节点无功功率网损微增率相等。在无功电源配备充足、布局合理的条件下，无功功率电源最优控制方法如下：

1. 根据有功负荷经济分配的结果进行功率分布的计算。

2. 利用以上结果，可以求出各个无功电源点的 λ 值。如果某个电源点的 $\lambda < 0$，表示增加该电源的无功出力就可以降低网络有功损耗；如果 $\lambda > 0$，表示增加该电源的无功出力将导致网络有功损耗的增加。因此，为减少网络损耗，凡是 $\lambda < 0$ 的电源节点都应该增加无功功率的输出，而 $\lambda > 0$ 的电源节点则应该减少无功功率的输出。按此原则控制无功功率电源，调整时 λ 有最小值的电源应该增加无功功率的输出，λ 有最大值的电源应减小无功功率，经过一次调整后，再重新计算功率的分布。

3. 经过又一次的功率分布计算，可以算出总的网络有功损耗，网络损耗的变化实际上都反映在平衡发电机（已知节点电压和功率角，而输出有功、无功功率待定，功率分布计算时至少应该选择一个平衡机）的功率变化上。所以，如果控制无功功率电源的分配，还能够使平衡机的输出功率继续减少，那么这种控制就应该继续下去，直到平衡机输出功率不能再减少为止。

上述无功功率电源的控制原则也可以用于无功补偿设备的配置。其差别是：现有的无功功率电源之间的分配不需要支付费用，而无功补偿设备配置则需要增加费用支出。由于设置无功补偿装置一方面能够节约网络有功功率损耗，另一方面又会增加设备投资费用，因此无功补偿容量合理配置的目标应该是总的经济效益为最优。

在电力系统中某节点 i 设置无功功率补偿设备的前提条件是：一旦设置补偿设备，所节约的网络有功损耗费用应该大于为了设置补偿设备而投资的费用。用数学表达式可以表示为

$$F_{\mathrm{e}}\left(Q_{\mathrm{C}i}\right)-F_{\mathrm{C}}\left(Q_{\mathrm{C}i}\right)>0 \tag{6-35}$$

式中 $F_c(Q_{Ci})$—— 为设置了补偿设备 Q_{Ci} 而节约的网络有功功率损耗的费用，

$F_c(Q_{Ci})$—— 为设置补偿设备 Q_{Ci} 而需投资的费用。

所以，确定节点 i 的最优补偿容量的条件是

$$F_{\max}=F_{\mathrm{e}}\left(Q_{\mathrm{C}i}\right)-F_{\mathrm{C}}\left(Q_{\mathrm{C}i}\right) \quad (6\text{-}36)$$

设置补偿设备而节约的费用 F_c 就是因设置补偿设备每年可减少的有功功率损耗费用，其值为

$$F_{\mathrm{e}}\left(Q_{\mathrm{C}i}\right)=\beta\left(\Delta P_{\Sigma 0}-\Delta P_{\Sigma}\right)\tau_{\max} \quad (6\text{-}37)$$

式中 β—— 为单位电能损耗价格，元 /（kvar•h）；

ΔP_{Σ_0}), ΔP_{Σ}—— 分别为设置补偿装置前后电力网最大负荷下的有功功率损耗，kvar；

$\tau_{\max}$—— 为电力网最大负荷损耗小时数，h。

为设置补偿设备 Q_{Ci} 而需要投资的费用包括两部分：一部分为补偿设备的折旧维修费，另一部分为补偿设备投资的回收费，其值都和补偿设备的投资成正比，即

$$F_{\mathrm{C}}\left(Q_{\mathrm{Ci}}\right)=(\alpha+\gamma)K_{\mathrm{C}}Q_{Ci} \quad (6\text{-}38)$$

式中 α,γ—— 分别为折旧维修率和投资回收率，

K_C—— 为单位容量补偿设备投资，元 /kvar。

将式（6-37）和式（6-38）代入式（6-36），可以得到

$$F=\beta\left(\Delta P_{\Sigma 0}-\Delta P_{\Sigma}\right)\tau_{\max}-(\alpha+\gamma)K_{\mathrm{C}}Q_{Ci} \quad (6\text{-}39)$$

对式（6-39）中的 Q_{Ci} 求偏导并且令其等于零，可以解出

$$\frac{\partial \Delta P_{\Sigma}}{\partial Q_{\mathrm{C}i}}=-\frac{(\alpha+\gamma)K_{\mathrm{C}}}{\beta\tau_{\max}} \quad (6\text{-}40)$$

式（6-40）表明，对于各补偿点配置补偿容量时，应该使每一个补偿点在装设最后一个单位的补偿容量时网络损耗的减少都等于 $(\alpha+\gamma)K_C/\beta\tau_{\max}$，按这一原则配置，将会取得最大的经济效益。

第七章　电力系统的安全与中断路器控制

第一节　电力系统的安全控制

一、基础知识

（一）关于电力系统安全的概念

1. 电力系统的安全性

电力系统安全性包括两个方面内容：电力系统突然发生扰动（例如突然短路或非计划失去电力系统元件）时不间断地向用户提供电力和电量的能力；电力系统的整体性，即电力系统维持联合运行的能力。保证电力系统的安全性要通过合理进行规划、设计和运行管理实现。在规划和设计时应考虑如下几点：①电力系统发展规模应与负荷增长相适应，并有足够备用。②合理设计系统结构，使电力系统具有足够的抗干扰能力。（如在双回路供电时，在一回线路故障断开后，另一回线路有足够的供电裕度，仍能连续供应合格电能，不会因为故障线路断开后的负荷转移而使事故扩大。③合理选择电力元件，保证设备质量。为了实现上述第一项要求，电力系统规划设计部门应根据规定的可靠性准则，根据供电地区各阶段电力负荷发展的规模规划发电机装机容量及其配置、网络结构及其输送容量，使电力系统发展规模和负荷增长相适应。不仅要保证有功功率达到平衡，同时还要保证无功功率平衡。

2. 电力系统运行的安全水平

电力系统运行的安全水平可以理解为该系统承受偶发性事故冲击而不致破坏的能力。在实际运行中，一般用安全储备系数与干扰出现的概率确定一个电力系统当前的安全水平。

首先，一个电力系统运行的安全水平与事故概率有关。如果电力系统中的运行设备维护及时、完好率高，这个系统出现因设备偶然损坏造成事故的概率就小，这个系统运行的安全水平就高；反之安全水平就低。如果系统中的有关人员均训练有素，且尽职尽责，能够防患于未然，就会减少因人为失误造成的事故，系统的安全水平就高；反之安全水平就低。又如，一个电力系统所在的区域，今天暴风骤雨，昨天风和日丽，显然今天事故的几率比昨天就大得多。也就是说，这个电力系统今天比昨天的运行安全水平降低了。为监视雷雨情况，一些电力系统配备了先进的雷电自动监测系统。这种系统可以自动地在屏幕上显示电力系统覆盖区域内的雷电情况。应当着重指出，电力系统干扰和事故是不可避免的，绝对安全的电力系统也是不存在的，重要的是应当尽量减少发生事故的概率。

其次，电力系统的安全水平与其是否有足够的安全储备有关。安全储备可以理解为备用容量，包括有功备用、无功备用和线路传输能力备用等。一个备用容量充足的系统发生事故时，备用容量会很快地代替被切掉的元件而不致中断向用户供电，这样的系统运行的安全水平是高的。很显然，一个备用容量不足的系统发生事故时，切掉电源会使系统有功功率不足导致系统频率下降。为了维持系统频率，常常不得不切除一部分负荷，中断向用户供电，这种电力系统的安全水平是低的。又比如一条输电线路的实际潮流与该线路的极限传输能力已经很接近，当系统发生事故时很可能由于潮流增加而使该线路超过传输极限而跳闸。如果该线路有足够的安全储备系数就可能不会跳闸，这时的安全水平就是高的。线路的安全储备系数是指线路的实际潮流与该线路极限传输能力之差占实际潮流的百分数。

应该进一步指出，备用容量是否能发挥作用与电力系统的运行方式有密切关系。在电力系统发生事故时，一个合理的运行方式可充分发挥备用容量的作用，便于消除局部过负荷和过电压等情况，保证向用户供电。如果一个电力系统备用容量十分充裕，而由于接线方式不合理，在事故时不能充分发挥备用容量的效益，这个系统的安全水平也是不高的。系统的接线是否灵活、合理，较难用具体指标全面衡量，但是它确是安全调度的内容之一。分析许多事故后发现，运行方式不合理造成了严重损失。如果换为另一种方式，损失就不会那么严重。

以上论述不仅可以加深对电力系统运行安全水平的理解，而且对理解电力系统安全控制也是十分有益的。例如，对雷雨地区，调度人员除加强监视外，要认真考虑一旦发生事故时的调度方案，也可以提前采取一些措施，如命令一些电厂启动机组并网或做好并网的准备。这样，一旦发生事故就可以防止事故扩大，或者迅速消除事故造成的后果，而较快地恢复供电。又如，调度人员及时对电网潮流进行调整，使线路经常保持足够的安全储备系数，就可以提高电力系统运行的安全水平。通过对安全水平的分析可知，一个备用不足、事故概率很高的电力系统是十分脆弱的。对这种系统，无论是调度人员，还是计算机组成的调度自动化系统，对提高它的安全水平都是无能为力的。充足的备用、合理的电力系统运行结构以及较高的设备完好率，是提高电力系统安全水平的物质基础。只有在此基础上，调度人员的调度指挥和调度自动化系统才是有效的。在此基础上，通过加强全系统的安全监视、安全分析和安全控制，就有可能在出现局部故障时，迅速地处理事故和恢复正常运行，不使局部故障扩大为全系统的事故。这时，系统就有了较高的安全水平。

（二）电力系统安全控制的主要内容

电力系统调度实行“事故预想”制度。这是根据已有知识和运行经验设想：电力系统运行在某一情况下出现异常情况时应如何处理；在另一种运行情况时出现异常又该如何处理，等等。这样做有利于提高调度人员处理事故的能力，维持电力系统安全运行。事故预想是有效的，但人工预想的事故只能是少量的，偏重于预想反事故措施。它对当前系统运行状态的安全水平很难作出全面的评价。在电子计算机应用于电力系统调度之后，用计算机代替人工事故预想，对电力系统进行安全监视并提出安全控制对策，把电力系统调度自动化推向了能量管理系统阶段。一般说来，电力系统安全控制的主要内容包括以下几个方面：

1. 安全监视

安全监视是利用电力系统信息收集和传输系统所获得的电力系统与环境（如电力设备附近是否有雷电发生）变量的实时测量数据和信息，使运行人员能正确而及时地识别电力系统的实时状态。电子计算机自动校核实时电流或电压是否已到极限。校核项目包括母线电压、注入有功和无功功率、线路有功和无功功率、频率、断路器状态及操作次数等。如果校核的结果是越限则报警，如果逼近极限值则予以显示。

2. 安全分析

安全分析是在安全监视的基础上，用计算机对预想事故的影响进行估算：分析电力系统当前的运行状态在发生预想事故后是否安全；确定在出现预想事故后为保持系统安全运行采取的校正措施。在做安全分析时，首先假设一种故障，如停运一台机组或一条线路，然后进行了潮流计算，检验是否会出现过负荷状态。然后，再假定一种事故，再做上述计算和检验。这种预想的事故有时多达几十种。对计算机进行安全分析的时间间隔和预想事故的种类，不同的电力系统有不同的规定。

电力系统安全分析分为静态安全分析和动态安全分析。所谓静态安全分析是指只考虑事故后稳态运行的安全性，而不考虑从当前运行状态向事故后稳定运行状态的动态转移过程。所谓动态安全分析是包括了事故后动态过程的安全分析。

3. 安全控制

安全控制是指在电力系统各种运行状态下，为了保证电力系统安全运行所进行的各种调节、校正和控制。电力系统正常运行状态下安全控制的首要任务是监视不断变化着的电力系统状态（发电机出力、母线电压、系统频率、线路潮流、系统间交换功率，等等），并根据日负荷曲线调整运行方式和进行正常的操作控制（如启、停发电机组，调节发电出力，调整高压变压器分接头的位置等），使系统运行参数维持在规定的范围之内，以满足正常供电的需要。以上是常规调度控制的内容。另一种调度控制是正常运行状态下的预防性安全控制。预防性安全控制是指在进行控制时电力系统并未受到干扰，之所以对于电力系统实行控制是因为安全分析已经显示电力系统当前的运行状态在出现某种事故时是不安全的。实行预防性安全控制之后会提高电力系统的安全性。但是，安全分析时所假定的事故可能出现，也可能不出现。如果为了预防这种可能出现又不一定出现的不安全状态，需要使正常运行方式和接线方式有很大改变而影响正常运行经济性时，要由运行人员来作出判断，决定是否需要进行这种预防性控制。安全控制还包括紧急状态下的安全控制和事故后的恢复控制。广义地理解安全控制也包括对电能质量和运行经济性的控制。

二、电力系统运行状态的安全分析

（一）安全分析的功能及内容

电力系统安全分析是分析运行中的电力系统在出现预想的事故后是否能够继续保持正常状态运行。

安全分析的第一个功能是确定系统当前的运行状态在出现事故时是否安全。这里所谓的事故是根据运行人员的经验假定的事故。这些事故的结果，或者使一条或两条电力线路断开，或使变压器、发电机、负荷断开，或发生以上各种情况的组合。确定出现事故时系统是否安全就是通过计算机计算出在发生以上各种假定的事故时，是否有线路过负荷或超过允许传输极限，是否有节点过电压，系统是否会失去稳定等。如果不会出现上述情况，系统的当前运行状态就是安全的，否则就是不安全的。

安全分析的第二个功能是确定保持系统安全运行的控制措施。如果安全分析的结果发现系统的当前运行状态在发生某一特定事故时是不安全的，安全分析应提出保持系统安全运行需要采取的校正、调节和控制措施。

（二）静态安全分析

1. 静态安全分析的内容

电力系统静态安全分析是“故障分析”的一种具体形式，是应用软件的一个组成部分。它的主要功能包括以下几个方面：

第一，计算电力系统中由于有功不平衡而引起的频率变化。电力系统发生故障使大电源断开或使重要联络线断开而造成系统解列时，会出现有功不平衡，进而引起系统频率变化。电力系统频率变化时，一方面会通过对发电机组的调速系统自动调节机组的有功出力；另一方面，由于电力系统负荷的频率调节效应会自动改变负荷的有功功率。这样，通过电力系统中发电和用电两方面自动调节的结果会使电力系统在新的频率下稳定运行（如果故障后系统能够稳定运行的话）。

第二，校核在断开线路或发电机时电力系统元件是否过负荷、母线电压是否越限本项校核要对事故顺序表中所列事故逐一进行。每次校核都相当于一次潮流计算。安全分析计算要求速度快是第一位的，因而在计算精度上不要求像正常潮流计算那么高。

2. 直流潮流法

直流潮流法的特点是将电力系统的交流潮流用等值的直流电流代替，用求解直流网络的方法计算电力系统的有功潮流，而完全忽略无功分布对有功潮流的影响。直流潮流法的突出优点是计算速度快，这一点对在线安全分析是十分重要的。有的系统能够在 60 s 的时间内模拟 600 条单个支路、150 台单个机组的故障和 50 个复合故障。直流潮流法的缺点是计算精度差，因此有被其他方法取代的趋势。但是直流法仍旧是目前最成熟和应用最广泛的一种方法，而且通过对它的讨论可以比较容易地掌握安全分析中的某些基本关系。

（三）动态安全分析

动态安全分析是分析电力系统出现预想的事故时是否会失去稳定。目前解决上述问题一般采用离线计算，通过逐段求解描述电力系统运行状态的微分方程组求取动态过程中状态变量随时间的变化规律，并用此来判断电力系统的稳定性。这种方法的缺点是计算工作量大，且仅仅能给出电力系统的动态过程，而不能给出判断电力系统是否稳定的判据。

因此，这种方法不能用于电力系统在线安全分析。稳定事故是涉及电力系统全局的重大事故。电力系统一旦失去稳定，就会造成重大的经济损失。所以，寻求在线判断正常运行状态下系统出现事故后是否会失去稳定的方法，一直是电力系统自动化工作者追求的目标之一。到目前为止，此项研究虽已取得了一定的研究成果，但是还没有实际应用的例子。下面仅对动态安全分析作一简单介绍。

1. 模式识别法

这种方法是建立在离线仿真计算基础上的。其基本思路是：首先对电力系统在各种运行方式下出现各种预想事故后的动态过程进行离线仿真计算，求出系统在每一种运行方式下出现各种预想事故后是否稳定。很显然，每一种运行方式不是稳定的就是不稳定的，两者必居其一。这样通过大量的仿真计算就可把系统所有可能的运行方式分成稳定和不稳定两种，将由表征电力系统运行方式的各状态变量组成的状态空间分成稳定的和不稳定的两个区域。其次，把离线仿真计算的结果放到调度计算机中去。在线动态安全分析时不再进行复杂的计算，只需判断由表征电力系统当前运行状态的变量值构成的向量落在状态空间的稳定区还是不稳定区，就能判断出电力系统当前的运行状态是否稳定了。

2. 李雅普诺夫方法

用这种方式判别电力系统是否稳定，不需要求出系统状态变量随时间变化的关系，而仅需计算出系统最后一次操作时，即故障切除后的状态变量，并相应计算出此时的V函数（李雅普诺夫函数）值。将这一函数值与最邻近的不稳定平衡点的V函数值进行比较，如果前者小于后者，则系统是稳定的，相反就是不稳定的。这样可以避免大量的数值积计算，所以计算速度快，被认为是一种有前途的计算方法。但是，目前还没有建立复杂电力系统的李雅普诺夫函数的通用方法，确切地计算最邻近的不稳定平衡点还比较困难，计算偏于保守等问题还有待于进一步解决，所以这种方法还未在电力系统中得到实际应用。

三、电力系统正常运行时的安全控制

电力系统正常运行时的控制分为常规调度控制和安全控制。常规调度控制是电力系统处于正常状态时的控制，控制的目的是在保证电力系统优质、安全运行的条件下尽量使电力系统运行得更经济。安全控制是电力系统处于警戒状态时的控制。电力系统警戒状态的特点是：系统虽然处于正常状态，但它的安全水平已经下降到不能承受干扰的程度，在出现干扰时可能会出现不正常状态。进行安全控制时电力系统并没有受到干扰，而是事先采取的一种预防性控制，防止出现事故时电力系统由警戒状态转移到紧急状态。安全控制的首要任务是调度人员要认真监视不断变化着的电力系统运行状态，比如发电机出力、母线电压、系统频率、线路潮流和系统间交换功率等等，根据经验和预先编制的运行方案及早发现电力系统是否由正常状态进入了警戒状态。一旦发现电力系统进入了警戒状态就应当及时采取调度措施，防止系统滑向紧急状态，并尽量使系统回到正常状态运行。另一方面，调度计算机在线安全分析也会发现系统是否进入警戒状态，一旦发现电力系统进入了警戒状态，就会将结果在CRT显示。如果需要进行预防性控制，即安全控制，调度计算机还会在屏幕提出进行预防控制的步骤，供调度人员决策时参考。是否实施安全控制，则要由运行人员作出判断。对运行方式进行安全校核、提出了安全运行方案供调度人员参考是安全控制的重要依据之一、运行方式是根据预计的负荷曲线编制的。

运行方式安全校核是用计算机根据负荷、气象、检修等条件的变化，并假设一系列事故，对于未来某一时刻的运行方式进行核算。其内容有过负荷校核、电压异常校核、短路容量校核、稳定裕度校核、频率异常校核和继电保护整定值校核等。如果计算结果不能满足安全条件，则要修改计划中的某种运行方式，重新进行校核计算，直到满足安全条件为止。安全校核选择的时刻应包括晚间高峰负荷时刻、上午高峰负荷时刻和夜间最小负荷时刻等典型时间段。通过安全校核还要给出系统运行的若干安全界限，如系统最小旋转备用出力、最小冷备用容量（即在短时间内能够发挥作用的发电机出力）、母线电压极限、电力线路两端电压相角差的安全界限、通过线路和变压器等元件的功率界限等。

四、电力系统紧急状态的控制

电力系统紧急状态是电力系统受到大干扰后出现的异常运行状态。这时，系统频率和电压会较大地偏离额定值甚至超出允许范围，直接影响对负荷正常供电；同时还会出现某些电力设备（如线路或变压器等）的负荷超过允许极限。在这种情况下，如果能够及时而正确地采取一系列紧急控制措施，就有可能使系统恢复到警戒状态乃至正常状态；如采取的措施不及时或虽及时但不得力，就会使系统的运行状态进一步恶化，严重时可能使系统失去稳定而不得不解列成几个较小的系统，甚至造成大面积停电。电力系统紧急状态控制的目的是迅速抑制事故及异常的发展和扩大，尽量缩短故障延续时间、减少事故对电力系统非故障部分的影响，使电力系统尽量维持在一个较好的运行水平。

紧急控制一般分为两个阶段。第一阶段，事故发生后快速而有选择地切除故障，使电力系统无故障运行。这主要靠继电保护和自动装置完成。目前最快的继电保护可以在 1 个周波（约 20 ms）内切除故障。第二阶段是故障切除后的紧急控制。控制目标是防止事故扩大和保持系统稳定，使系统恢复到警戒状态或者正常状态。这时需要采取各种提高系统稳定的措施，在必要时允许切除一部分负荷，停止向部分用户供电。在上述努力均无效的情况下，系统将解列成几个小系统，并努力使每个小系统正常运行。

（一）电力系统频率的紧急控制

当系统内突然大面积切除负荷、大机组突然退出运行或者大量负荷突然投入时，由于出现电源和负荷间有功功率的严重不平衡，会引起系统频率大幅急剧上升或下降，威胁电力系统安全运行。这时，系统调度人员必须密切监视系统频率变化并及时进行调度指挥。一般说来，系统频率过高时，及时切除部分电源就可以使系统频率下降，而制止系统频率急剧下降则要困难和复杂得多。这是因为频率过低会对电力系统造成灾难性的后果，必须迅速制止频率下降；同时又要在不使频率崩溃的前提下尽量保住更多的用户用电，而不能把切除负荷作为抑制频率下降的主要手段。

（二）电力系统电压的紧急控制

当无功电源突然被切除，或无功电源不足的系统中无功负荷缓慢且持续增长到一定程度时，会导致系统电压大幅度下降，甚至出现电压崩溃现象，这时应采取紧急措施把电压控制在允许范围。控制措施包括：①立即调大发电机励磁电流，增加发电机无功出力，甚至可以在短时间内让发电机电流升高 15% 运行；②立即增加调相机的励磁电流，增加调相机的无功出力；③立即投入并联电容器，调节静止补偿器的补偿出力。④迅速调节有载调压变压器的分接头；⑤启动备用机组；⑥将电压最低点的负荷切除。

电压紧急控制是一个动态过程。一方面采取防止电压下降的措施，另一方面电压仍在不停地变化。如果所采取的措施不能制止电压继续下降，则可考虑将电压最低点的负荷切除，这也是一种不得已的办法。

（三）电力系统稳定性控制

所谓电力系统稳定问题（不论是静态稳定、暂态稳定还是动态稳定）都是指电力系统受到某种干扰后，能否重新回到原来的稳定运行状态或者安全地过渡到一个新稳定状态的问题。电力系统稳定控制的核心是控制电力系统内同步发电机转子的运动状态，使其保持同步运行。

五、电力系统恢复状态的控制

经过一场较为严重的事故，紧急状态安全控制的结果可能将电力系统解列成几个较小的系统，同时有一部分电源、负荷或线路被切除，这即系统的崩溃状态。电力系统恢复状态控制就是将已崩溃的系统重新恢复到正常状态或者警戒状态。

恢复状态控制首先要使已分开运行的各小系统的频率和电压恢复正常，消除各元件的过负荷状态。然后再将已解列的系统重新并列，重新投入被解列的发电机组并增加机组出力，重新投入被切断的输变电设备，重新恢复对用户的供电。目前上述控制大多是由人工操作完成的，国外已有部分自动恢复操作达到了实用水平，并正在进一步研究电力系统的综合自动恢复控制。随着我国电力系统调度自动化技术的普及和提高，恢复操作的自动化肯定也会得到应用和发展。

电力系统是一个十分复杂的系统，每次重大事故之后的崩溃状态不同，因此恢复状态的控制操作必须根据事故造成的具体后果进行。一般说来，恢复状态控制应包括以下几个方面：

（一）确定系统的实时状态

通过远动和通信系统了解系统解列后的状态，了解各个已解列成小系统的频率和各母线电压，了解设备完好情况和投入或者断开状态、负荷切除情况等，确定系统的实时状态，这是系统恢复控制的依据。

（二）维持现有系统的正常运行

电力系统崩溃以后，要加强监控，尽量维持仍旧运转的发电机组及输、变电设备的正常运行，调整有功出力、无功出力和负荷功率，使系统频率和电压恢复正常，消除各元件的过负荷状态，维持现有系统正常运行，尽可能保证向未被断开的用户供电。

（三）恢复因事故被断开的设备的运行

首先要恢复对发电厂辅助机械和调节设备的供电，恢复变电站的辅助电源。然后启动发电机组并将其并入电力系统，增加其出力；投入主干线路和有关变电设备；根据被断开负荷的重要程度和系统的实际可能，逐个恢复对用户的供电。

（四）重新并列被解列的系统

在被解列成的小系统恢复正常（频率和电压已达到正常值，已消除各元件的过负荷）后，将它们逐个重新并列，使系统恢复正常运行，逐步恢复对全系统供电。在恢复过程中，应尽量避免出力和负荷间的动态不平衡和线路过负荷现象的发生，应充分利用自动监视功能，监视恢复过程中各重要母线电压、线路潮流、系统频率等运行参数，以确认每一恢复步骤的正确性。

第二节　电力系统中断路器的控制

一、电力系统并列概述

（一）对并列的基本要求

电力系统中，并列分为发电机并列和系统并列两种。发电机并列是将发电机和系统连接的断路器闭合，使发电机投入电力系统运行的操作。系统并列是将连接两个系统联络线上的断路器闭合，使两个分开的系统并联运行的操作。对并列的基本要求是：

1. 冲击电流不超过允许值，且应尽可能小；
2. 并列后应能迅速进入同步运行。

所谓冲击电流是指并列断路器合闸时通过断路器主触头的电流。一般情况下冲击电流幅值较高而持续时间较短。发电机并列时冲击电流会在定子绕组中产生电动力，其值与冲击电流的平方成正比：冲击电流太大时，过大的电动力可能造成定子绕组损坏，如造成定子绕组端部开断等，过大的冲击电流还可能造成电力系统中其他设备损坏或电力系统振荡。

这里所谓“进入同步运行”是指刚并入电力系统的发电机组与系统内的发电机组以相同的电气角速度旋转，或者两个刚并列的系统内的发电机组以相同的电气角速度旋转。并不是每一次并列都是成功的。如果并列时冲击电流超过允许值或不能被拉入同步，就会对机组的安全造成危害。当机组容量与系统容量相比足够大时，还会对系统产生扰动，造成系统振荡。出现上述情况时，必须立即将刚刚并列的两部分解列。由于并列操作不当可能造成了设备损坏或系统振荡，所以并列操作是电力系统中最重要的操作之一，只有丰富经验的运行人员才允许进行手动并列操作。

（二）准同期并列

准同期并列时，先将待并列双方的电压加到并列断路器主触头两侧，然后调整两侧电压，使电压幅值、频率和相角分别相等时闭合断路器主触头，使并列双方并联在一起运行。准同期并列用于发电机并入电力系统，也用于将两个分开的电力系统并联在一起运行。

二、自动准同期并列的基本原理

（一）恒定越前时间自动准同期并列

由于机械液压调速器和模拟电液调速器以及初期的微机电液调速器控制发电机电压的频率和相角分别与系统电压的频率和相角同时相等比较困难，所以准同期并列时，调节发电机电压与系统电压的频率基本相等（注意，不能完全相等），在发电机电压与系统电压的相角差为零之前一个恒定时间向发电机断路器发出闭合信号，将发电机并入电力系统。这个越前时间等于发电机断路器的标称合闸时间。对一个确定的断路器，它的标称合闸时间是恒定不变的。所以称上述这种同期并列方式叫做恒定越前时间准同期并列。“恒定越前时间”的目的是使断路器主触头闭合时角差为零。

1. 恒定越前时间自动准同期并列的基本原理

（1）恒定越前时间自动准同期并列的基本构成

系统电压和发电机电压分别经过电压互感器和降压后送入自动准同期装置。自动准同期装置由均频控制单元、均压控制单元和合闸控制单元 3 部分组成。均频控制单元自动检测发电机电压与系统电压频率差的方向，发出增速或者减速信号送到机组调速器的“频率给定”环节，自动调节发电机电压的频率，使频差减小。均压控制单元自动检测发电机电压与系统电压的幅值差的方向，发出升压或降压信号送到发电机励磁调节器的“电压给定”环节，自动地调节发电机电压的幅值，使幅值差减小。合闸控制单元自动检测发电机电压与系统电压之间的频率差和幅值差，在频率差和幅值差均小于整定值时，在相角差为零前一个发电机断路器的合闸时间发出合闸信号送到了发电机断路器的控制回路，使断路器合闸。

（2）恒定越前时间自动准同期并列时断路器的合闸控制

恒定越前时间自动准同期并列时，发电机断路器合闸是由恒定越前时间自动准同期装置的合闸控制单元和断路器合闸控制电路共同完成的。

2. 恒定越前时间自动准同期并列的整定计算

如果自动准同期装置的越前时间整定好以后是不变的，断路器合闸时间也是不变的，那就只要整定就可以保证断路器主触头在角差为零时闭合了。实际上，自动准同期装置的越前时间、断路器合闸控制电路的动作时间与断路器合闸动作时间都不是固定不变的，每次并列时它们都有可能出现一个不大的变化。

（二）跟踪同期并列

跟踪同期并列，分为跟踪同期控制和断路器合闸控制两部分。跟踪同期并列兼有自同期并列速度快和准同期并列冲击小、拉入同步快等优点，而摒弃了它们的缺点。

1. 跟踪同期控制

跟踪同期控制是一个闭环自动控制系统。调速同期装置的输入为发电机电压和系统电压。它自动检测大小，实时控制输入原动机的动力元素（汽轮机的进汽量或水轮机的进水量）和发电机的励磁电流，使发电机电压的幅值、频率和相角分别跟踪电力系统电压的幅值、频率和相角，控制目标是使三者同时为零。

2. 断路器合闸控制

理论分析和实践都表明，选择合理的控制系统结构和控制准则，跟踪同期控制可以实现三者同时为零，并且能持续较长时间。显然，在上述三者同时为零时，无论手动还是自动并列机组，都不再需要通过“恒定越前时间”来捕捉使并列相角差为零的合闸时机，这就可使发电机在理想准同期并列条件下并入电力系统。

3. 跟踪同期并列不需要专用硬设备

跟踪同期并列不需要专用的硬设备。它的功能是建立在微机调速器的硬设备之上的，称之为“调速同期装置”。在发电机未并网之前，调速同期装置执行跟踪同期控制和并列控制程序，实现发电机电压对电力系统电压的跟踪，并且决定是否向发电机断路器发出合闸命令，完成发电机自动跟踪同期并列功能。在发电机并网之后，调速同期装置则执行调速控制程序，完成调速器功能。

4. 跟踪同期并列的并列方式

跟踪同期并列分为手动跟踪同期并列、自动跟踪同期并列和快速跟踪同期并列 3 种方式。手动跟踪同期并列时，调速同期装置只实施跟踪同期控制，控制目标是使三者同时持续为零，而断路器合闸操作则是由人工手动完成的。自动跟踪同期并列在电力系统正常时使用，快速跟踪同期并列在电力系统事故时使用。自动跟踪同期并列和快速跟踪同期并列的工作机制是一样的，只是为在电力系统事故时使发电机快速并入电力系统，快速跟踪同期并列的合闸条件控制得比自动跟踪同期并列宽一些。

5. 跟踪同期并列的现状

目前，我国生产的水轮发电机组微机调速器中已普遍设置了频率跟踪功能，且能很好地跟踪电力系统频率，也有几家公司生产的微机调速器中同时设置了频率跟踪和相角跟踪功能。但是，断路器合闸控制大多是采用由专门设置的同期装置完成。理论分析表明，跟踪同期并列更适合在汽轮发电机组上应用。因为跟踪同期并列冲击小、速度快，可以使机组在理想的同期条件下并列，可以预计跟踪同期并列终将会成为发电机与系统并列的主导同期并列方式。

三、模拟式自动准同期装置

模拟式自动准同期装置由模拟电子线路构成，有多种不同的类型，下面介绍其中一种——ZZQ5 型自动准同期装置。

（一）线性整步电压

现在电力系统中运行的模拟式自动准同期装置大都使用线性整步电压。整步电压和时间成线性关系。线性整步电压用相敏电路生成，其值只与发电机电压和系统电压的相角差有关，而与它们的幅值无关。

1. 线性整步电压的形成

不同的自动准同期装置中形成线性整步电压的电路不尽相同，但工作原理却大同小异。整步电压形成了电路，由降压变压器、整形电路、相敏电路和射极跟随器组成。

2. 线性整步电压的特点

由上述线性整步电压形成电路的工作原理，线性整步电压有如下特点：

（1）不能表征发电机电压和系统电压的幅值之差；

（2）表征发电机电压和系统电压的相角差。

（二）恒定越前时间形成的原理

ZZQ5 型自动准同期装置恒定越前时间的形成了电路。线性整步电压经过组成的比例、微分电路之后，送入由三极管组成的电平检测器与电平检测器的翻转电平的基极电位进行比较，由集电极输出恒定越前时间信号。频差检测原理根据上述检测频差的原理，在实现频差检测时首先要做一个角度发生器，产生角度。因为这个角度越前角差为零，所以也称为产生角度的电路为“恒定越前相角”电路。

（三）电压差检测原理

电压差检测的任务是检测发电机电压和系统电压的幅值之差是否超过允许值。当超过允频差检测的时间关系图许值时发出闭锁合闸的信号。电压差检测和均压控制原理图。发电机电压和系统电压分别经过变压器降低后送到4个全波整流和滤波电路，变成分别与幅值UG和成正比的直流电压，送入电平检测器。电平检测器的整定电平输入的基极，其大小由电平检测整定。

四、微机自动同期装置

（一）概述

随着电力系统的发展，单机容量越来越大。大容量机组造价高、安全系数较低、耐冲击能力较差。所以，要求大容量机组准同期并列时冲击要小。例如，国外600 MW以上的机组要求并列合闸相角差在2° ~ 4° 、电压差小于额定电压的1%。而且，自同期并列冲击大，大型机组不宜采用。但是，由于大容量机组在电力系统中占有举足轻重的地位，要求在系统事故时能够快速地并入电力系统。大机组对机组并列提出了更高的要求。另一方面，由于同期并列不当有可能造成了机组损坏，中小机组也希望能够平稳而快速地并入电力系统。冲击小且速度快，一直是机组并列所追求的目标。为了实现这一目标，随着微型计算机技术的发展，于20世纪70年代出现了微机自动同期装置。微型计算机存贮量大、运算速度快，各种功能可通过编程实现，既方便又灵活，为研制新型自动同期装置提供了良好的技术基础。而微型计算机的高可靠性和高性能价格比又为微机自动同期装置在工程中实际应用提供了良好的信誉保证。

目前，微机自动同期装置正在以很快的速度普及，特别是在水电厂中。微机自动准同期装置作为一种计算机自动控制装置，由硬件和软件两部分组成。硬件包括基于微处理器构成的主机、输入和输出通道及其接口电路和人机联系设备等。这些与一般的计算机控制装置大同小异，这里就不介绍了。微机自动同期装置的功能主要通过软件实现。各种不同形式的微机自动同期装置的不同之处往往也表现在软件上。微机自动同期装置的研究主要集中在减少并列冲击和提高并列速度两个方面。

（二）微机自动同期装置中的参数测量

目前，微机自动同期装置中电压测量有两种方式：

1. 将交流电压整流、滤波变成与交流电压幅值成正比的直流电压，然后通过A/D变换变成数字电压；

2. 对于交流电压直接采样求出电压的数值。电压测量的工作模式与微机励磁装置相同。频率和相角测量已在第六章第五节微机电调中介绍过。

五、自动低频减负荷

（一）电力系统频率的动态特性

低频减负荷装置是在电力系统因事故出现较大有功缺额时，在频率下降过程中动作的。因此，在介绍自动低频减负荷之前必须先弄清突然出现有功功率缺额时频率随时间变化的情况，即电力系统频率的动态特性。电力系统频率的动态特性主要由系统中所有转动机械，包括原动机、发电机、补偿机、电动机以及其所拖动机械等的旋转部分的机械转动惯量来决定。由于系统突然失去了大量的电源功率，为了维持原来的功率平衡关系，转动机械旋转部分中贮存的动能会随即释放出来。当这些机械转动部分释放了贮存的动能之后，速度就下降了。由于旋转机械的转动惯量及其距离故障点的电气距离不同，在系统事故时，系统中各节点（母线）电压频率的动态特性是不同的。

（二）自动低频减负荷的基本原理

设系统故障前频率为会。当系统因故障出现有功缺额时，如果缺额较小，且系统内有足够的旋转备用容量，在系统频率经过一个短时间下降之后，随着旋转备用容量作用的发挥，会重新恢复到故障前的水平，频率 f 随时间 t 变化。在这种情况下，不动作。如果有功缺额较大，而且系统中备用容量又比较少或者没有时，系统频率就会比较快地下降。在这种情况下，当系统频率 f 下降到的第一级（轮）动作频率 f1 时，装置动作，自动地切除一部分不重要的负荷，以使 f 回升到允许较长时间运行的频率值（以下简称允许频率值）。如装置切除的负荷功率正好等于故障失去的电源功率，就会恢复到额定值。电力系统自动低频减负荷装置切除负荷时，系统频率变化情况是比较复杂的，常出现这样的情况：在某一级切除负荷之后，频率不再下降了，不能继续切除负荷，而频率又恢复不到允许值。出现这种情况是系统运行所不能允许的。为此装置中设有特殊级，在出现上述情况时特殊级动作，使系统频率恢复到允许值。与特殊级相对应，将前面所介绍的各级称为基本级，特殊级也称之为后备级。

（三）自动低频减负荷装置

自动低频减负荷装置所控制的是整个电力系统的频率，而不是系统内某一台发电机组的运行参数，因此装置分散安装在电力系统的各变电站之中，由它们共同作用来阻止系统频率下降。

第八章　电力系统调度自动化

第一节　调度的主要任务与结构体系

一、电力系统调度的主要任务

电力系统调度的基本任务是控制整个电力系统的运行方式，使之无论在正常情况或事故情况下，都能符合安全、经济以及高质量供电的要求。具体任务主要有以下几点。

（一）保证供电的质量优良

电力系统首先应该尽可能地满足用户的用电要求，即其发送的有功功率与无功功率应该满足

$$\left.\begin{aligned}\sum_i P_{Gi}-\sum_j P_{Dj}=0\\ \sum_i Q_{Gi}-\sum_j Q_{Dj}=0\end{aligned}\right\}\qquad(8\text{-}1)$$

式中　P_{Gi}、Q_{Gi}、P_{Dj}、Q_{Dj}——分别为第 i 个电厂发送的有功、无功功率以及第 j 个用户或者线路消耗的有功、无功功率。

（二）保证系统运行的经济性

电力系统运行的经济性当然与电力系统的设计有很大关系，因为电厂厂址的选择、布局、燃料的种类与运输途径、输电线路的长度与电压等级等都是设计阶段的任务，而这些都是与系统运行的经济性有关的问题。对一个已经投入运行的系统，其发、供电的经济性就取决于系统的调度方案了。一般来说，大机组比小机组效率高，新机组比旧机组效率高，高压输电比低压输电经济。但调度时首先要考虑系统的全局，要保

证必要的安全水平，所以要合理安排备用容量的分布，确定主要机组的出力范围等。由于电力系统的负荷是经常变动的，发送的功率也必须随之变动。所以，电力系统的经济调度是一项实时性很强的工作，在使用了调度自动化系统以后，这项任务大部分已依靠计算机来完成了。

（三）保证较高安全水平——选用具有足够的承受事故冲击能力的运行方式

电力系统发生事故既有外因，也有内因。外因是自然环境、雷雨、风暴、鸟栖等自然“灾害”，内因则是设备的内部隐患与人员的操作运行水平欠佳。一般来说，完全由于误操作和过低的检修质量而产生的事故也是有的，但事故多半是由外因引起，通过内部的薄弱环节而暴发。世界各国的运行经验证明，事故是难免的，但是一个系统承受事故冲击的能力却与调度水平密切相关。事故发生的时间、地点都是无法事先断言的，要衡量系统承受事故冲击的能力，无论在设计工作中，还是在运行调度中都是采用预想事故的方法。即对一个正在运行的系统，必须根据规定预想几个事故，然后进行分析、计算，若事故后果严重，就应选择其他的运行方式，以减轻可能发生的后果，或使事故只对系统的局部范围产生影响，而系统的主要部分却可免遭破坏。这就提高了整个系统承受事故冲击的能力，亦即提高了系统的安全水平。由于系统的数据与信息的数量很大，负荷又经常变动，要对于系统进行预想事故的实时分析，也只在计算机应用于调度工作后才有了实现的可能。

（四）保证提供强有力的事故处理措施

事故发生后，面对受到严重损伤或遭到了破坏的电力系统，调度人员的任务是及时采取强有力的事故处理措施，调度整个系统，使对用户的供电能够尽快地恢复，把事故造成的损失减少到最小，把一些设备超限运行的危险性及早排除。对电力系统中只造成局部停电的小事故，或某些设备的过限运行，调度人员一般可以从容处理。大事故则往往造成频率下降、系统振荡甚至系统稳定破坏，系统被解列成几部分，造成大面积停电，此时要求调度人员必须采用了强有力的措施使系统尽快恢复正常运行。

二、电力系统调度的分层体系

根据我国电力系统的实际情况和电力工业体制，电网调度指挥系统分为国家级总调度（简称国调）、大区级调度（简称网调）、省级调度（简称省调）、地区级调度（简称地调）和县级调度（简称县调）五级，形成了五级调度分工协调进行指挥控制的电力系统运行体制。

（一）国家级调度

国家级调度通过计算机数据通信网与各大区电网控制中心相连，协调、确定大区电网间的联络线潮流和运行方式，监视、统计和分析全国电网运行情况。

其主要任务包括：①在线收集各大区电网和有关省网的信息，监视大区电网的重要监测点工况及全国电网运行概况，并且做统计分析和生产报表。②进行大区互连系统的潮流、稳定、短路电流及经济运行计算，通过计算机数据通信校核计算结果的正确性，并向下传达。③处理有关信息，做中期、长期安全经济运行分析。

（二）大区级调度

大区级调度按统一调度分级管理的原则，负责跨省大电网的超高压线路的安全运行并按规定的发用电计划及监控原则进行管理，提高电能质量和运行水平。

其具体任务包括：①实现电网的数据收集和监控、调度以及有实用效益的安全分析。②进行负荷预测，制订开停机计划和水火电经济调度的日分配计划，闭环或开环地指导自动发电控制。③省（市）间和有关大区电网的供受电量计划编制和分析。④进行潮流、稳定、短路电流及离线或在线的经济运行分析计算，通过计算机数据通信校核各种分析计算的正确性并上报、下传。⑤进行大区电网继电保护定值计算以及其调整试验。⑥大区电网中系统性事故的处理。⑦大区电网系统性的检修计划安排。⑧统计、报表及其他业务。

（三）省级调度

省级调度按统一调度、分级管理的原则，负责省内电网的安全运行并按照规定的发电计划及监控原则进行管理，提高了电能质量和运行水平。

其具体任务包括：①实现电网的数据收集和监控、经济调度以及有实用效益的安全分析。②进行负荷预测，制订开停机计划和水火电经济调度的日分配计划，闭环或开环地指导自动发电控制。③地区间和有关省网的供受电量计划的编制和分析。④进行潮流、稳定、短路电流及离线或在线的经济运行分析计算，通过对计算机数据通信校核各种分析计算的正确性并上报、下传。

（四）地区调度

其具体任务包括：①实现所辖地区的安全监控。②实施所辖有关站点（直接站点和集控站点）的开关远方操作、变压器分接头调节、电力电容器投切等。③所辖地区的用电负荷管理及负荷控制。

（五）县级调度

县级调度主要监控 110kV 及以下农村电网的运行，其主要任务有以下几点：①指挥系统的运行和倒闸操作。②充分发挥本系统的发供电设备能力，保证系统的安全运行和对用户连续供电。③合理安排运行方式，在保证了电能质量的前提下，使本系统在最佳方式下运行。

电力系统的分层（多级）调度虽然与行政隶属关系的结构相类似，但却是由电能生产过程的内部特点所决定的。一般来说，高压网络传送的功率大，影响着该系统的全局。如果高压网络发生了事故，有关的低压网络肯定会受到很大的影响，致使正常的供电过程遇到障碍；反过来则不一样，如果故障只发生在低压网络，高压网络则受影响较小，不致影响系统的全局。这就是分级调度较为合理的技术原因。从网络结构上看，低压网络，特别是城市供电网络，往往线路繁多，构图复杂，而高压网络则线路反而少些；但是调度电力系统却总是对高压网络运行状态的分析与控制倍加注意，对其运行数据与信息的收集与处理、运行方式的分析与监视等都做得十分严谨。

随着电网的规模不断扩大，当主干系统发生事故时，无论系统本身的状况、事故的后果以及预防事故的措施，都会变得很复杂。如万一对系统事故后的处理不当，其影响的范围将是非常广泛的。鉴于这种情况，必须从保证供电可靠性的观点来讨论目前系统调度的自动化问题。

第二节 调度自动化的系统功能与信息传输

一、调度自动化系统的功能组成

（一）电力系统调度自动化系统的功能概述

从自动控制理论的角度看，电力系统属于复杂系统，又称大系统，而且是大面积分布的复杂系统。复杂系统的控制问题之一是要寻求对全系统的最优解，所以电力系统运行的经济性是指对全系统进行统一控制后的经济运行。另外，安全水平是电力系统调度的首要问题，对一些会使整个系统受到严重危害的局部故障，必须从调度方案的角度进行预防、处理，从而确定当时的运行方式。由此可见，电力系统是必须进行统一调度的。但是，现代电力系统的一个特点是分布十分辽阔，大者达千余公里，小的也有百多公里；对象多而分散，在其周围千余公里内，布满了发电厂与变电所，输电线路形成网络。要对这样复杂而辽阔的系统进行统一调度，就不能平等地对待它的每一个装置或对象，所以图 8-1 表示的分层结构正是电力系统统一调度的具体实施。图中的每个双向箭头表示实现统一调度时的必要信息的双向交换。这些信息包括了电压、电流、有功功率等的测量读值，开关与重要保护的状态信号，调节器的整定值，开关状态改变等及其他控制信息。

测量读值与运行状态信号这类信息一般由下层往上层传送，而控制信息是由调度中心发出，控制所管辖范围内电厂及变电所内的设备。这类控制信息大都是全系统运行的安全水平与经济性所必需的。

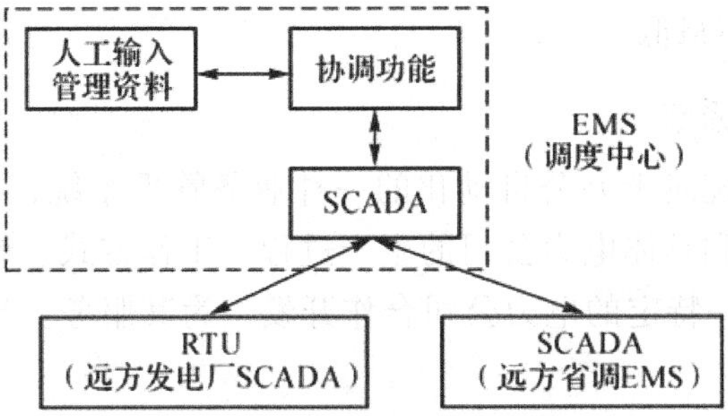

图 8-1 EMS 功能组合示意图

国家调度的调度自动化系统为 EMS，其功能组合如图 8-1 所示，其中的 SCADA 子系统完成对广阔地区所属的厂、网进行实时数据的采集、监视和控制功能，以形成调度中心对全系统运行状态的实时监控功能；同时又向执行协调功能的子系统提供数据，形成数据库，必要时还可人工输入有关资料，以利于计算与分析，形成协调功能。协调后的控制信息，再经由 SCADA 系统发送至有关网、厂，形成了对具体设备的协调控制。

（二）SCADA/EMS系统的子系统划分

1. 支撑平台子系统

支撑平台是整个系统最重要的基础，有一个好的支撑平台，才能真正地实现全系统统一平台和数据共享。支撑平台子系统包括数据库管理、网络管理、图形管理、报表管理以及系统运行管理等。

2. SCADA 子系统

具体包括数据采集、数据传输及处理、计算与控制、人机界面及告警处理等。

3. 高级应用软件（power application software，PAS）子系统

包括网络建模、网络拓扑、状态估计、在线潮流、静态安全分析、无功优化、故障分析及短期负荷预报等一系列高级应用软件。

4. 调度员仿真培训（dispatcher training simulator，DTS）系统

包括电网仿真，SCADA/EMS 系统仿真和教员控制机三部分。调度员仿真培训（DTS）与实时 SCADA/EMS 系统共处一个局域网上。DTS 本身由 2 台工作站组成，一台充当

电网仿真和教员机，另一台用来仿真 SCADA/EMS 和兼作学员机。

5. AGC/EDC 子系统

自动发电控制和在线经济调度（AGC/EDC）是对发电机出力的闭环自动控制系统，不仅能够保证系统频率合格，还能保证系统间联络线的功率符合合同规定范围，同时，还能使全系统发电成本最低。

6. 调度管理信息系统

调度管理信息系统属于办公自动化的一种业务管理系统，一般并不属于 SCADA/EMS 系统的范围。它和具体电力公司的生产过程、工作方式、管理模式有非常密切的联系，因此总是与某一特定的电力公司合作开发，为其服务。当然，其中的设计思路和实现手段应是共同的。

（三）电力系统调度自动化系统的设备构成

电网调度自动化系统的设备可以统称为硬件，这是相对各种功能程序—软件而言的。它的核心是计算机系统，其典型的系统构成如图 8-2 所示。

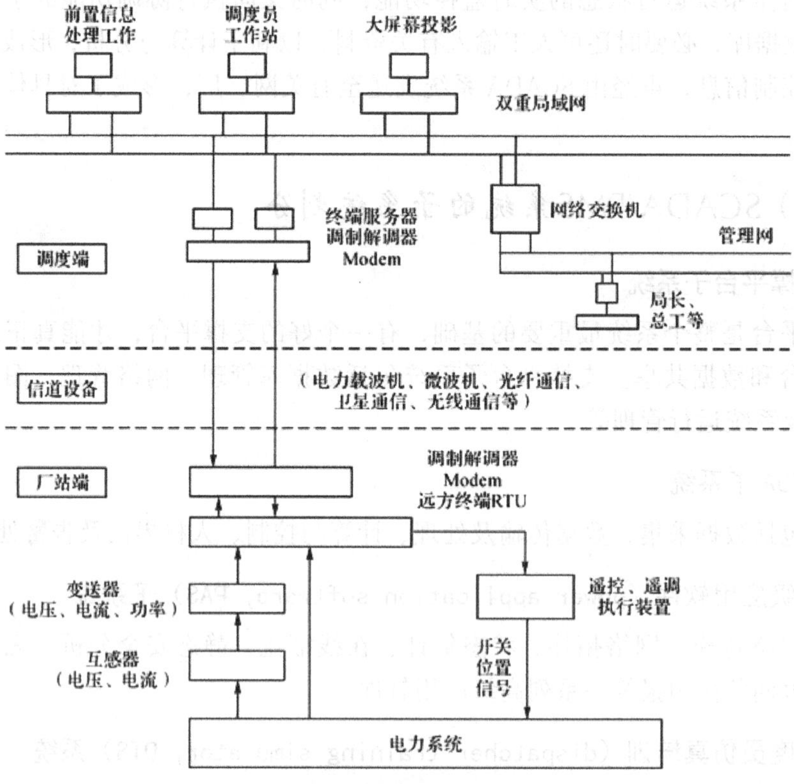

图 8-2　电网调度自动化系统构成示意

目前，典型的调度自动化系统计算机的网络配置如图 8-3 所示，图中 MIS 表示管理信息系统（management information system）。

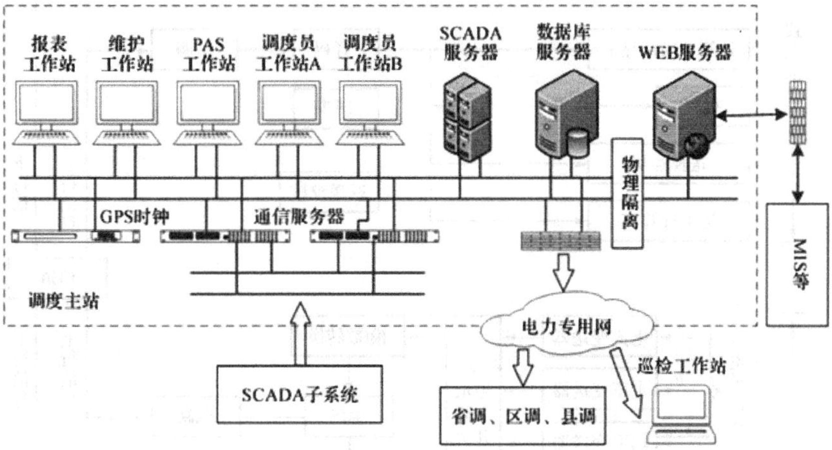

图 8-3　典型的调度自动化系统计算机网络配置

二、调度自动化信息的传输

（一）电力系统远动简介

按习惯称呼的调度中心和厂站，在远动术语中称为主站（master station）和子站（slave station）。主站也称控制站（control station），它是对于子站实现远程监控的站；子站也称受控站（controlled station），它是受主站监视的或者受主站监视且控制的站。计算机技术进入远动技术后，安装在主站和子站的远动装置分别被称为前置机（front-end processor）和远动终端装置（remote terminal unit，RTU）。图 8-4 是远动系统的功能结构框图。图中上半部分表示前置机的功能与结构，下半部分表示 RTU 的功能和结构。

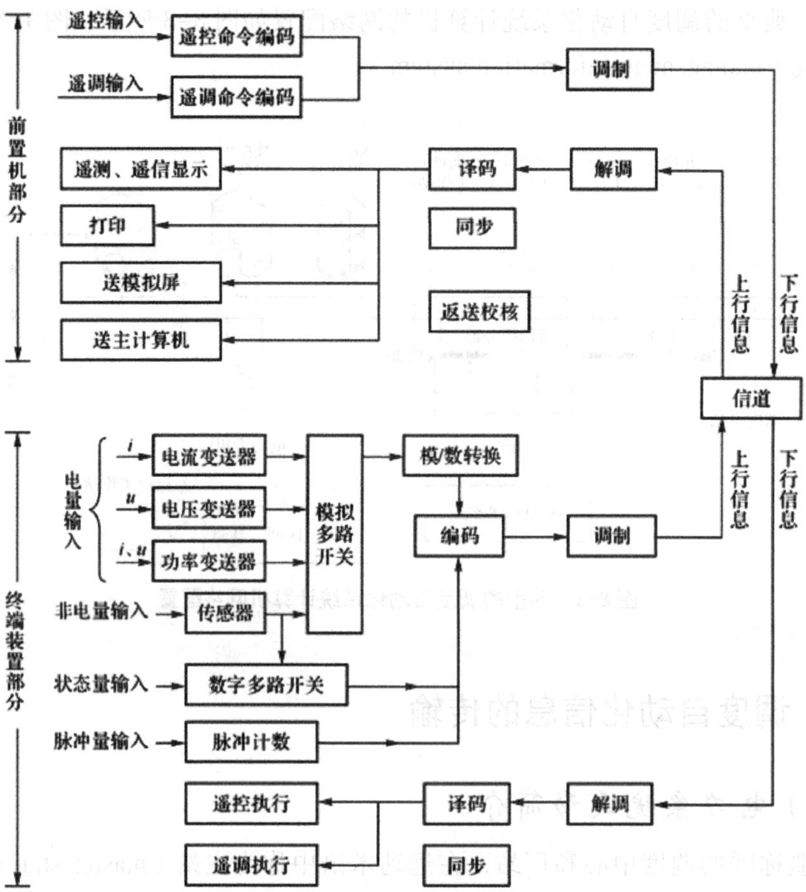

图 8-4　远动系统的功能结构框图

RTU 对各种电量变送器送来的 0 ~ 5V 直流电压分时完成 A/D 转换，得到与被测量对应的二进制数值；并由脉冲采集电路对脉冲输入进行计数，得到与脉冲量对应的计数值；还把状态量的输入状态转换成逻辑电平“0”或“1”。再将上述各种数字信息按规约编码成遥测信息字和遥信信息字，向前置机传送。RTU 还可接收前置机送来的遥控信息字和遥调信息字，经译码后还原出遥控对象号和控制状态，遥调对象号和设定值，经返送校核正确后（对遥控）输出执行。

前置机和 RTU 在接收对方信息时，必须保证和对方同步工作，因此收发信息双方都有同步措施。

远动系统中的前置机和 RTU 是 1 对 N 的配置方式，即主站的一套前置机要监视和控制 N 个子站的 N 台 RTU，因此前置机必须有通信控制功能。为减少前置机的软件开销，简化数据处理程序，RTU 应统一按照部颁远动规约设计。同时为了保证远动系统工作的可靠性，前置机应为双机配置。

远动系统是调度自动化系统的重要组成部分，它是实现了调度自动化的基础。

（二）远动信息的内容和传输模式

远动信息包括遥测信息、遥信信息、遥控信息和遥调信息。

遥测信息和遥信信息从发电厂、变电所向调度中心传送，也可以从下级调度中心向上级调度中心转发，通常称它们为上行信息。遥控信息和遥调信息从调度中心向发电厂、变电所传送，也可从上级调度中心通过下级调度中心传送，称它们为下行信息。

遥测信息传送发电厂、变电所的各种运行参数，它分为电量和非电量两类。电量包括母线电压、系统频率、流过电力设备（发电机、变压器）及输电线的有功功率、无功功率和电流。非电量包括发电机机内温度以及水电厂的水库水位等。这些量都是随时间做连续变化的模拟量。对电流、电压和功率量，通常利用互感器和变送器把要测量的交流强电信号变成 0 ~ 5V 或 0 ~ 10mA 的直流信号后送入远动装置。也可以把实测的交流信号变换成幅值较小的交流信号后，由远动装置直接对其进行交流采样。电能量的测量采用脉冲输入方式，由计数器对脉冲计数实现测量或把脉冲作为特殊的遥信信息用软件计数实现测量。对非电量，只能借助其他传感设备（如温度传感器、水位传感器），将它转换成规定范围内的直流信号或数字量后送入远动装置，后者称为外接数字量。

遥信信息包括发电厂、变电所中断路器和隔离开关的合闸或分闸状态，主要设备的保护继电器动作状态，自动装置的动作状态，以及一些运行状态信号，如厂站设备事故总信号、发电机组开或停的状态信号、远动及通信设备的运行状态信号等。遥信信息所涉及的对象只有两种状态，因此用一位二进制的“0”或“1”便可以表示出一个遥信对象的两种不同状态。遥信信息通常由运行设备的辅助接点提供。

遥控信息传送改变运行设备状态的命令，比如发电机组的启停命令、断路器的分合命令、并联电容器和电抗器的投切命令等。电力系统对遥控信息的可靠性要求很高，为了提高控制的正确性，防止误动作，在遥控命令下达后，必须进行返送校核。当返送命令校核无误之后，才能发出执行命令。

遥调信息传送改变运行设备参数的命令，如改变发电机有功出力和励磁电流的设定值，改变变压器分接头的位置等。这些信息通常由调度员人工操作发出命令，也可以自动启动发出命令，即所谓的闭环控制。例如为了保持系统频率在规定范围内，并维持联络线上的电能交换，调节发电机出力的自动发电控制（AGC）功能，就是闭环控制的例子。在下行信息中，还可以传送系统对时钟功能中的设置时钟命令、召唤时钟命令、设置时钟校正值命令，及对厂站端远动装置的复归命令、广播命令等。

（三）远动通信系统

1. 数字通信系统模型

电力系统远动通信系统采用数字通信系统，数字通信系统模型包含以下几部分，如图 8-5 所示。

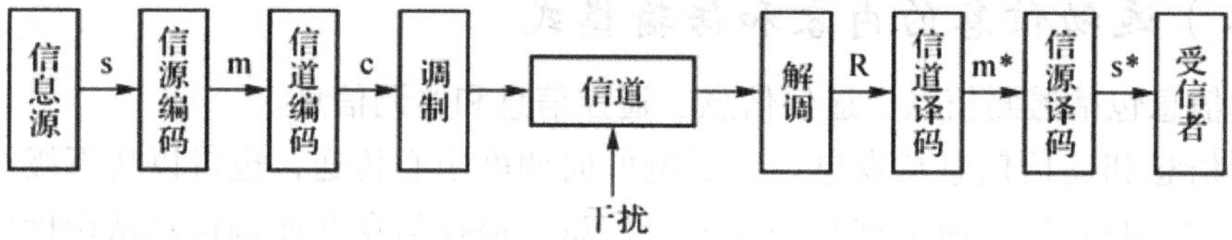

图 8-5　数字通信系统

信息源即电网中的各种信息源，如电压U、电流I、有功功率P、频率f、电能脉冲量等，经过有关器件处理后转换成易于计算机接口元件处理的电平或其他量。另外还有各种指令、开关信号等也属于信源。

信源编码是把各种信源转换成易于数字传输的数字信号，例如 A/D 转换器的输出等。然后对这些数字信号及信息源输出 s 中原有的信号进行编码，得到一串离散的数字信息。

信道编码作用是为了保护所传送的信息内容，按照一定的规则，在信息序列 m 中添加一些冗余码元，将信息序列变成较原来更长的二进制序列 c，提高了信息序列的抗干扰能力，也提高了数字信号的传输的可靠性。

调制的作用是将数字序列表示的码字 c，变换成适合于在信道中传输的信号形式，送入信道。信道编码器输出的信号都是二进制的脉冲序列，即基带数字信号。这种信号传输距离较近，在长距离传输时往往因电平干扰和衰减而发生失真。为了增加传输距离，将基带信号进行调制传送，这样即可减弱干扰信号。

信道是信号远距离传输的载体，如专用电缆、架空线、光纤电缆、微波空间等。

解调是调制的逆过程，其作用是把从信道接收到的信号还原成了数字序列。解调后的输出称为接收码字，记作 R。

信道译码是编码的逆过程，除去保护码元，获得并估计与发送侧的二进制数字序列 c 对应的接收码字 c*。再从 c* 中还原并估计出与信息序列 m 对应的 m* 信源译码器是变接收信息序列 m* 为信源输出 s 的对应估值 s*，并送给受信者予以显示或打印等。

受信者也叫信宿，是信息的接收地或者接收人员能观察的设备。如电网调度自动化系统中的模拟屏、显示器等，均为信宿。

2. 远动信息的编码

远动信息在传输前，必须按有关规约的规定，把远动信息变换成各种信息字或各种报文。这种变换工作通常称作远动信息的编码，编码工作由远动装置完成。

采用循环传输模式时，远动信息的编码要遵守循环传输规约的规定。按规约规定，由远动信息产生的任何信息字都由 48 位二进制数所构成，即所有的信息字位数相同。其中前 8 位是功能码，它有不同取值，用来区分代表不同信息内容的各种信息字，可以把它看作信息字的代号。最后 8 位是校验码，采用循环冗余检验（cyclic redundancy check，CRC）校验。

校验码的生成规则是：在信息字的前 40 位（功能码和信息码）后面添加 8 个零，再除以生成多项式 $g(x) = x^8+x^2+x+1$，将所得余式取非之后，作为 8 位校验码。校验码是信息字中用于检错和纠错的部分，它的作用是提高信息字在传输过程中抗干扰的能力。信息字用来表示信息内容，它可以是遥测信息中模拟量对应的 A/D 转换值、电能量的脉冲计数值、系统频率值对应的 BCD 码等，也可以是遥信对象的状态，还可以是遥控信息中控制对象的合 / 分状态及开关序号或是遥调信息的调整对象号及设定值，信息内容究竟属于哪一种值，可根据功能码的取值范围进行区分。

3. 数字信号的调制与解调

数字信号在电路上的表达为一系列高低电平脉冲序列（方波），称为“基带数字信号”。这种波形所包含的谐波成分很多，占用的频带很宽。而电话线等传输线路是为传送语言等模拟信号而设计的，频带较窄，直接在这种线路上传输基带数字信号，距离很短尚可，距离长了波形就会发生很大畸变，使接收端不能正确判读，从而造成通信失败。

因此，引入了调制解调器（modem）这样一种设备。先把基带数字信号用调制器（modulator）转换成携带其信息的模拟信号（某种正弦波），在长途传输线上传输的是这种模拟信号。到了接收端，再用解调器（demodulator）将其携带的数字信息解调出来，恢复成原来的基带数字信号。

正弦波是最适宜于在模拟线路上长途传输的波形，通常采用了高频正弦波作为载波信号。这时载波信号可以表示为：

$$u(t) = U_m \cos(\omega t+\varphi) \tag{8-2}$$

作为正弦波特征值的是振幅、频率和初相位。相应地，调制方法也有三种。图 8-6 为基带数字信号及对其进行调制的各种方式波形。

（1）数字调幅

数字调幅又称幅移键控（amplitude shift keying，ASK），它是用正弦波不同的振幅来代表“1”和“0”两个码元。例如可用振幅为零来代表“0”，用有一定地振幅来代表“1”，如图 8-6（b）所示。数字调幅最简单，但抗干扰性能不太好。

$$u(t) = \begin{cases} 0 & \text{数字信号 } 0 \\ u_m \cos\omega t & \text{数字信号 } 1 \end{cases} \tag{8-3}$$

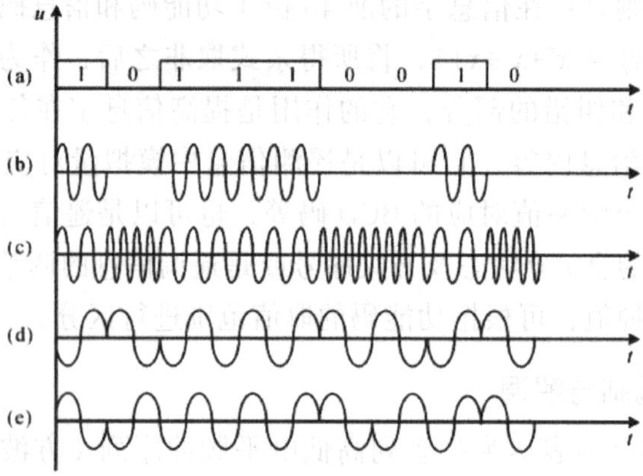

图 8-6 二进制数字调制波形

（a）数字信号，（b）二进制幅移键控，（c）二进制频移键控，

（d）二进制绝对相移键控，（e）二进制相对相移键控

（2）数字调频

数字调频又称为频移键控(frequency shift keying，FSK)，它是用不同频率来代表“1”和“0”，而其振幅和相位则相同。例如用较低频率表示“1”，用较高频率表示“0”，如图 8-6（c）所示。数字调频在电网调度自动化系统中应用较广，抗干扰性能较好。

$$u(t)=\begin{cases} U_m cos\ 2\pi f_1 t = U_m cos\omega_1 t & \text{数字信号 0} \\ U_m cos\ 2\pi f_2 t = U_m cos\omega_2 t & \text{数字信号 1} \end{cases} \tag{8-4}$$

（3）数字调相

数字调相又称为相移键控（phase shift keying，PSK），又分为二元绝对调相和二元相对调相两种方式。

图 8-6（d）波形中初相位为 0 代表“0”，而初相位为 π 则代表“1”，这种方式称为二元绝对调相。

$$u(t)=\begin{cases} U_m cos\ (\omega t+0) & \text{数字信号 0} \\ U_m cos\ (\omega t+\pi) & \text{数字信号 1} \end{cases} \tag{8-5}$$

图 8-6（e）所示波形中后一周波的相位与前一周波相同，即已调载波的相位差 $\Delta\varphi = 0$ 时，代表数字信号“1”；而后一周波相位和前一周波相位相反，即已调载波的相位差 $\Delta\varphi = \pi$ 时，则代表码元“0”。这种方式称为二元相对调相。

数字调相抗干扰性能最好，但软、硬件均比较复杂。

（4）常用远动信道

我国常用的远动信道有专用有线信道、复用电力线载波信道、微波信道、光纤信道以及无线电信道等。信道质量的好坏直接影响信号传输的可靠性。

采用专用有线信道时，由远动装置产生的远动信号，以直流电的幅值、极性或交流电的频率在架空明线或者专用电缆中传送。这种信道常用作近距离传输。

电力线载波信道是电力系统中应用较广泛的信道形式。当远动信号与载波电话复用电力线载波信道时，通常规定载波电话占用 0.3 ~ 2.3kHz（或 0.3 ~ 2.0kHz）音频段，远动信号占用 2.7 ~ 3.4kHz（或 2.4 ~ 3.4kHz）的上音频段。由远动装置产生的用二进制数字序列表示的远动信号，经调制器转换成上音频段内的数字调制信号后，进入电力载波机完成频率搬移，再经电力线传输。收端载波机将接收到的信号复原为上音频信号，再由解调器还原出用二进制数字序列表示的远动信号。由于电力线载波信道直接利用电力线作信道，覆盖各个电厂和变电所等电业部门，不另外增加线路投资，且结构坚固，所以得到广泛应用。

微波信道是用频率为 300MHz ~ 300GHz 的无线电波传输信号。由于微波是直线传播，传输距离一般为 30 ~ 50km，所以在远距离传输时，要设立中继站。微波信道的优点是频带宽，传输稳定，方向性强，保密性好，它在电力系统中的应用呈上升趋势。

光导纤维传输信号的工作频率高，光纤信道具有信道容量大，衰减小，不受外界电磁场干扰，误码率低等优点，它是性能比较好的一种信道。

无线电信道由发射机、发射天线、自由空间、接收天线和接收机组成。在无线电信道中，信号以电磁波在自由空间中传输。因为它利用自由空间传输，不需要架设通信线路，因而可以节约大量金属材料并减少维护人员的工作量，这种信道在地方电力系统中应用较多。

除上述几种信道外，卫星通信也在电力系统中得到应用。

第三节 电力系统状态估计与性能指标

一、电力系统状态估计

（一）电力系统状态估计的必要性

电力系统的运行参数（包括各节点电压的幅值、注入节点的有功和无功功率、线路的有功和无功功率等）可以由远动系统送到调度中心来。这些参数随着电力系统负荷的变化而不断地变化，称之为实时数据。SCADA 系统收集了全网的实时数据，汇成 SCADA 数据库。

电力系统状态估计是电力系统高级应用软件的一个模块（程序）。其输入的是低精度、不完整、不和谐，偶尔还有不良数据的“生数据”，而输出的则是精度高、完整、和谐和可靠的数据。由这样的数据组成的数据库，称为“可靠数据库”。电网调度自动化系统的许多高级应用软件，都以可靠数据库的数据为基础，因此，状态估计有时被誉为应用软件的“心脏”，可见这一功能的重要程度。

（二）状态估计的基本原理

1. 测量的冗余度

状态估计算法必须建立在实时测量系统有较大冗余度的基础之上。

对那些不随时间而变化的量，为了消除测量数据的误差，常用的方法就是多次重复测量。测量的次数越多，它们的平均值就越接近真值。

但在电力系统中不能采用上述方法，因为电力系统运行参数属于时变参数，消除或减少时变参数测量误差必须利用一次采样得到的一组有多余的测量值。这里的关键是“多余”，多余得越多，估计得越准，但是会造成在测点及通道上投资越多，所以要适可而止。一般要求是：

测量系统的冗余度 = 系统独立测量数 / 系统状态变量数 =（1.5 ~ 3.0）

电力系统的状态变量是指表征电力系统特征所需最小数目的变量，一般取各节点电压幅值及其相位角为状态变量。若有 N 个节点，则有 2N 个状态变量。由于可以设某一节点电压相位角为零，所以对于一个电力系统，其未知的状态变量数为 2N−1。

2. 状态估计的数学模型

状态估计的数学模型是基于反映网络结构、线路参数、状态变量和实时测量值之间相互关系的方程。测量值包括线路功率、线路电流、节点功率、节点电流和节点电压等，状态量包括了节点电压幅值和相角。

状态估计的数学模型为：

$$z=h\hat{x}+v \tag{8-6}$$

式中 z—— 为测量值列向量，维数为 m；

$\hat{x}$ —— 为状态向量，若节点数为 k，则 $\hat{x}$ 的维数为 $2k$，即每个节点有电压幅值和相角；

h—— 为所用仪表的量程比例为常数，其数目与测量值向量一致，m 维；

v—— 为测量误差，m 维。

求解状态向量 $\hat{x}$ 时，大多使用极大似然估计，即求解的状态向量 $\hat{x}$ 使测量向量 z 被观测到的可能性最大。一般使用加权最小二乘法准则来求解，并且假设测量向量服从正态分布。测量向量 z 给定以后，状态估计向量 $\hat{x}$ 是使测量值加权残差平方和达到最小的 x 值，即：

$$J(\hat{x})=\min\sum_{i=1}^{k}\boldsymbol{W}(z-z)^2=\min\sum_{i=1}^{k}\boldsymbol{W}\left(z-h_i\hat{\boldsymbol{x}}\right)^2 \tag{8-7}$$

式中 W 为 $m\times m$ 维正定对称阵，其对角元素为测量值的加权因子。

3. 状态估计的加权最小二乘法

状态估计可选用的数学算法有最小二乘法、快速分解法、正交化法与混合法等。目前在电力系统中用得较多的是加权最小二乘法。

当目标函数 J 有最小值时，对式（8-7）的目标函数求导并令其等于 0，可得

$$\frac{\partial J(\hat{x})}{\partial x}=\frac{\partial}{\partial x}(z-H\hat{x})^{\mathrm{T}}W(z-Hx)=2H^{\mathrm{T}}W(z-H\hat{x})=0 \tag{8-8}$$

即：

$$H^{\mathrm{T}}WH\hat{x}=H^{\mathrm{T}}Wz \tag{8-9}$$

式（8-9）称为正则方程。当 $H^{T}WH$ 为为非奇异（满秩）时，有

$$\hat{x}_{\mathrm{WLS}}=\left(H^{\mathrm{T}}WH\right)^{-1}H^{\mathrm{T}}Wz \tag{8-10}$$

这时的 $\hat{x}_{\mathrm{WLS}}$ 简简称加权最小二乘估计值，对应求得的状态变量值即为最佳估计值。若取 $W=I$，则 $\hat{x}_{\mathrm{WLS}}=\hat{x}_{\mathrm{LS}}$，所以最小二乘法是加权最小二乘法的一种特例。

如果再考虑到各测量设备精度的不同，可令目标函数中对应测量精度较高的测量值乘以较高的“权值”，以使其对估计的结果发挥较大的影响；反之，对应测量精度较低的测量值，则乘以较低的“权值”，使其对估计的结果影响小一些。

（三）状态估计的步骤

状态估计可分为以下四个步骤：

1. 确定先验数学模型

在假定没有结构误差、参数误差和不良数据的条件下，根据已有经验和定理，如基尔霍夫定律等，建立各测量值与状态量间的数学方程。

2. 状态估计计算

根据所选定的数学方法，计算出使“残差”最小的状态变量估计值。所谓残差，就是各量测值和计算的相应估计值之差。

3. 校验

检查是否有不良测量值混入或有结构错误信息。如果没有，此次状态估计即告完成；如果有，转入了下一步。

4. 辨识

这是确定具体的不良数据或网络结构错误信息的过程。在除去或修正已识别出来的不良数据和结构错误后，重新进行第二次状态估计计算，这样反复迭代估计，直至没有不良数据或结构错误为止。

测量值在输入前还要经过前置滤波和极限值检验。这是因为有一些很大的测量误差，只要采用一些简单的方法和很少的加工就可容易地排除。比如，对输入的节点功率可进行极限值检验和功率平衡检验，这样就可提高状态估计的速度和精度。

二、调度自动化系统的性能指标

（一）可靠性

调度自动化系统的可靠性由运动系统的可靠性和计算机系统的可靠性来保证。它包括设备的可靠性和数据传输的可靠性。

系统或设备的可靠性是指系统或设备在一定时间内和一定的条件下完成所要求功能的能力。通常以平均无故障工作时间（mean time between failure，MTBF）来衡量。平均无故障工作时间指系统或设备在规定寿命期限内，在规定条件下，相邻失效之间的持续时间的平均值，也就是平均故障间隔时间。其表示为

$$\mathrm{MTBF}=\frac{t}{N_f(t)} \tag{8-11}$$

式中 t—— 为系统的总运行时间，h；

$Nf(t)$ —— 为系统在工作时间内的故障次数。

可用性（availability）也可以说明系统或设备的可靠程度。可用性是在任何给定时刻，一个系统或者设备可以完成所要求功能的能力。通常用可用率表示

$$可用率=\frac{全月总小时数-月停用小时数}{全月总小时数}\times 100\%$$

式中 停工时间是故障及维修总共的停运时间、对调度自动化系统的各个组成部分进行运行统计时，还可以用远动装置、计算机设备月运行率，远动系统、计算机系统月运行率以及调度自动化系统月平均运行率等技术指标。各项技术指标的计算公式如下

$$月运行率=\frac{全月总小时数-月停用小时数}{全月总小时数}\times 100\%$$

式中 月停用小时数包括装置、设备或系统的故障停用时间及各类检修时间。装置、设备或系统的故障停用时间由发现故障或接到调度端通知时开始计算。

调度自动化系统的月停用小时数 = 计算机系统停用小时数 + 各远程终端系统停用小时数综合 / 远程终端系统总数，每个远程终端系统停用时间包括装置故障、各类检修、通道故障以及电源或其他原因导致该远程终端系统失效的时间。

数据传输的可靠性通常用比特差错率来衡量。比特差错率亦称误码率，它可以表示为：

$$p_e = \frac{N_e}{N} \tag{8-12}$$

式中 N_e—— 为接收端收到的错误比特数，

N—— 为总发送比特数。

因为任何一种信道编码方法其检错能力都是有限的，当传输过程中由于扰动所引起的差错位已经超过信道编码方法能够检测出的最大差错位时，接收装置会把其中一些差错情况误判为没有错误，这时将出现残留差错，通常用残留差错率 R 来表示。对于码长为 n、最小距离为 d_{min} 的编码，其残留差错率 P_R 可表示为：

$$P_{\mathrm{R}} = \sum_{i=d_{\min}}^{n} A_i p_e^i (1-p_e)^{n-i} \tag{8-13}$$

式中 A_i—— 为信息码组中重量等于 i 的码字的个数。

接收装置对检测出的错误报文将拒绝接收，通常用拒收率 Rr 来表征拒绝接收的情况，其计算式为

$$R_R = \frac{\text{检测出有差错的报文数}}{\text{发送的报文总数}} \times 100\%$$

如果接收装置频繁地出现了拒绝接收的情况，数据的有效性将大大降低，使系统的可靠性。

（二）实时性

电力系统运行的变化过程十分短暂，所以调度中心对电力系统运行信息的实时性要求很高。

远动系统的实时性指标可以用传达时间来表示。远动传送时间（telecontrol transfer time）是指从发送站的外围设备输入到远动设备的时刻起，至信号从接收站的远动设备输出到外围设备止所经历的时间。远动传送时间包括了远动发送站的信号变换、编码等时延，传输通道的信号时延以及远动接收站的信号反变换、译码和校验等时延。它不包括外围设备，比如中间继电器、信号灯和显示仪表等的响应时间。

平均传送时间（average transfer time）是指远动系统的各种输入信号在各种情况下传输时间的平均值。如果输入信号在最不利的传送时刻送入远动传输设备，此时的传送时间为最长传送时间。

调度自动化系统的实时性可以用总传送时间（overall transfer time）、总响应时间（overall response time）来说明。

总传送时间是从发送站事件发生起到接收站显示为止事件信息经历的时间。总传送时间包括了输入发送站的外围设备的时延和接收站的相应外围输出设备产生的时延。

总响应时间是从发送站的事件启动开始，至收到接收站发送响应为止之间的时间

间隔。比如遥测全系统扫描时间、开关量变位传送至主站的时间、遥测量越死区的传送时间、控制命令和遥调命令的响应时间、画面响应时间、画面刷新时间等，都是表征调度自动化系统实时性的指标。

（三）准确性

调度自动化系统中传送的各种量值要经过许多变换过程，比如遥测量需要经过变送器、A/D 转换等。在这些变换过程中必然会产生误差。另外，数据在传输时由于噪声干扰也会引起误差，从而影响数据的准确性。数据的准确性可以用总准确度、正确率、合格率等进行衡量。

遥测值的误差可以用总准确度来说明。总准确度是总误差对标称值的百分比，即偏差对满刻度的百分比。IEC TC-57 对于总准确度级别的划分有 5.0，2.0，1.0，0.5 等。

遥测月合格率的计算公式如下：

$$遥测月合格率=\frac{遥测总路数\times全月总小时数-各路遥测月不合格小时数总和}{遥测总路数\times全月总小时数}\times100\%$$

式中　遥测不合格时间的计算，为了从发现遥测不合格时算起，到校正遥测合格时为止。

事故遥信年动作正确率的计算公式如下：

$$事故遥信年动作正确率=\frac{年正确动作次数}{钲确动作次数+年拒动、误动次数}\times100\%$$

遥控月动作正确率的计算公式如下：

$$遥控月动作正确率=\frac{月正确动作次数}{月总操作次数}\times100\%$$

第四节　电力系统安全分析与安全控制

一、电力系统的运行状态与安全控制

电力系统安全控制的主要任务包括：对于各种设备运行状态的连续监视；对能够导致事故发生的参数越限等异常情况及时报警并进行相应调整控制；发生事故时进行快速检测和有效隔离，以及事故时的紧急状态控制和事故后恢复控制等。其可以分为以下几个层次：

（一）安全监视

安全监视是对电力系统的实时运行参数（频率、电压和功率潮流等）以及断路器、隔离开关等的状态进行监视。当出现参数越限和开关变位时即进行报警，由运行人员进行适当的调整与操作。安全监视是SCADA系统的主要功能。

（二）安全分析

安全分析包括静态安全分析和动态安全分析。静态安全分析只考虑假想事故后稳定运行状态的安全性，不考虑当前的运行状态向事故后稳态运行状态的动态转移。动态安全分析则是对事故动态过程的分析，着眼于系统在假想事故中有无失去稳定的危险。

（三）安全控制

安全控制是为保证电力系统安全运行所进行的调节、校正和控制。

二、静态安全分析

一个正常运行的电网常常存在许多的危险因素。要使调度运行人员预先清楚地了解到这些危险并非易事，目前可以应用的有效工具就是在线静态安全分析程序。通过静态安全分析，可以发现当前是否处于警戒状态。

（一）预想故障分析

预想故障分析是对一组可能发生的假想故障进行在线的计算分析，校核这些故障后电力系统稳定运行方式的安全性，判断出各种故障对于电力系统安全运行的危害程度。

预想故障分析可分为三部分：故障定义、故障筛选和故障分析。

1. 故障定义

通过故障定义可以建立预想故障的集合。一个运行中的电力系统，假想其中任意一个主要元件损坏或任意一台开关跳闸都是一次故障。预想故障集合主要包括以下各种开断故障：①单一线路开断；②两条以上线路同时开断；③变电所回路开断；④发电机回路开断；⑤负荷出线开断；⑥上述各种情况的组合。

2. 故障筛选

预想故障数量可能比较多，应当把这些故障按其对电网的危害程度进行筛选和排队，然后再由计算机按此队列逐个进行快速仿真潮流计算。

首先需要选定一个系统性能指标（如果全网各支路运行值与其额定值之比的加权平方和）作为衡量故障严重程度的尺度。当在某种预想故障条件下系统性能指标超过了预先设定的门槛值时，该故障即应保留，否则即可舍弃。计算出来的系统指标数值可作为排队依据。这样处理后就得到了一张以最严重的故障开头的为数不多的预想故障顺序表。

3. 故障分析（快速潮流计算）

故障分析是对预想故障集合里的故障进行快速仿真潮流计算，以确定故障后的系统潮流分布以及其危害程度。仿真计算时依据的网络模型，除了假定的开断元件外，其他部分则与当前运行系统完全相同。各节点的注入功率采用经过状态估计处理的当前值（也可用由负荷预测程序提供的 15 ~ 30min 后的预测值）。每次计算的结果用预先确定的安全约束条件进行校核，如果某一故障使约束条件不能满足，则向运行人员发出报警（即宣布进入警戒状态）并显示出分析结果，也可以提供一些可行的校正措施，例如重新分配各发电机组出力、对于负荷进行适当控制等，供调度人员选择实施，消除安全隐患。

（二）快速潮流计算方法

仿真计算所采用的算法有直流潮流法、P-Q 分解法和等值网络法等。相关算法请查阅电力系统分析等课程的相关内容。

安全分析的重点是系统中较为薄弱的负荷中心。而远离负荷中心的局部网络在安全分析中所起的作用较小，因此在安全分析中可以把系统分为两部分：待研究系统和外部系统。待研究系统就是指感兴趣的区域，也就是要求详细计算模拟的电网部分。而外部系统则指不需要详细计算的部分。安全分析时要保留“待研究系统”的网络结构，而将“外部系统”化简为少量的节点和支路。实践经验表明，外部系统的节点数和线路数远多于待研究系统，所以等值网络法可以大大降低了安全分析中导纳矩阵的阶数和状态变量的维数，从而使计算过程大为简化。

三、动态安全分析

稳定性事故是涉及电力系统全局的重大事故。正常运行中的电力系统是否会因为一个突然发生的事故而导致失去稳定，这个问题是十分重要的。校核假想事故后电力系统是否能保持稳定运行的离线稳定计算，一般采用数值积分法，逐时段地求解描述电力系统运行状态的微分方程组，得到动态过程中各状态变量随时间变化的规律，并以此来判别电力系统的稳定性。这种方法计算工作量很大，无法满足实施预防性控制的实时性要求。因此要寻找一种快速的稳定性判别方法。目前为止，还没有很成熟的算法。下面简单介绍一下已取得一定研究成果的模式识别法以及扩展等面积法。

（一）模式识别法

模式识别法是建立在对电力系统各种运行方式的假想事故离线模拟计算的基础上

的，需要事先对各种不同运行方式和故障种类进行稳定计算。然后选取少数几个表征电力系统运行的状态变量（一般是节点电压和相角），构成稳定判别式。稳定分析时，将在线实测的运行参数代入稳定判别式，根据判别式的结果来判断系统是否稳定。

用图 8-7 所示简单电力系统加以说明：图中 θ_1 和 θ_2 是两个表征电力系统的状态变量，针对于不同的运行方式和假想事故，分别在 θ_1-θ_2 平面上标出了许多稳定情况（用○点表示）和不稳定情况（用△点表示）。如果○点和△点分布各自集中在某一区域，在它们之间有一条明确的分界线，该分界线的方程就是稳定判别式，可根据实时计算的 θ_1 和 θ_2 在 θ_1-θ_2 平面中所处的区域，快速地判别是否稳定。

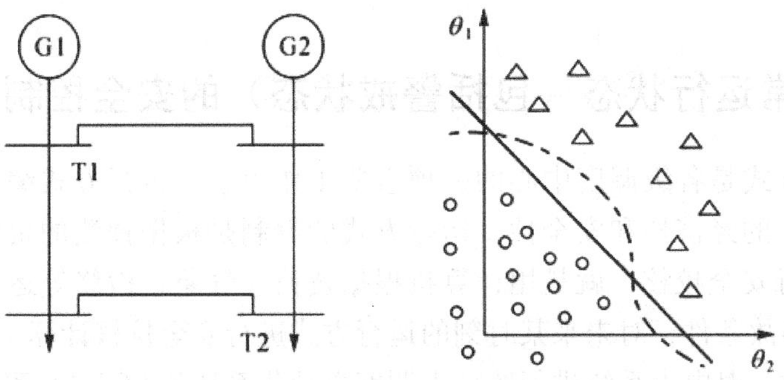

(a) 原理图　　(b) θ_1-θ_2 平面坐标图

图 8-7　简单电力系统及其特征量平面图

在图 8-7（b）中，分界线如为直线则判别式非常简单，直线的左侧是稳定的，右侧是不稳定的。若分界线为一条曲线则要复杂一些。实际上，表征电力系统的特征量是多维的，稳定域与不稳定域之间的分界面（不再是分界线）是一个超平面。

上述模式识别法是一个快速的判别电力系统安全性的方法，只要将特征量代入判别式就可以得出结果。所以这个判别式本身必须可靠。误差率很大的判别式没有实用价值。判别式的建立，不是靠理论推导，而是通过大量“样本”统计分析、计算后归纳整理出来的。如何使这样归纳整理出来的判别式尽量逼近客观存在的分界面，在研究生课程统计学习理论中有详细的理论分析。

（二）扩展等面积法

扩展等面积法（extended equd-area criteron，EEAC）是一种暂态稳定快速定量计算方法，已开发出商品软件，并且已应用于国内外电力系统的多项工程实践中。

该方法分为静态 EEAC、动态 EEAC 和集成 EEAC 三个部分（步骤），构成一个有机集成体。利用了 EEAC 理论，发现了许多与常规控制理念不相符合的“负控制效应”现象。例如，切除失稳的部分机组、动态制动、单相开断、自动重合闸、快关汽门、切负荷、快速励磁等经典控制手段，在一定条件下，却会使系统更加趋于不稳定。

静态 EEAC 采用“在线预算，实时匹配”的控制策略。整个系统分为在线预决策子系统和实时匹配控制子系统两大部分。前者根据电网当前的运行工况，定期刷新后者的决策表，后者根据该表实施控制。实时匹配控制子系统安装在电力系统中有关的发电厂和变电所，监测系统的运行状态，判断本厂、所出线、主变压器、母线的故障状态。它在系统发生故障时，根据判断出的故障类型，迅速从存放在装置内的决策表中查找控制措施，并通过执行装置进行切机、快关、切负荷以及解列等稳定控制。在线预决策子系统根据电力系统当前运行工况，搜索最优稳定控制策略。这类方案的精髓是一个快速、强壮的在线定量分析方法和相应的灵敏度分析方法。对这些方法的速度要求，比对离线分析方案的要求高得多，但比对实时计算的要求低很多，完全在 EEAC 的技术能力之内。

四、正常运行状态（包括警戒状态）的安全控制

编制运行方式是各级调度中心的一项重要工作内容。运行方式编制得是否合理直接影响系统运行的经济性和安全性。运行方式的编制是根据预测的负荷曲线做出的。对运行方式进行安全校核，就是用计算机根据负荷、气象、检修等运行条件的变化，并假定一系列事故条件，对未来某时刻的运行方式进行安全校核计算。

正常运行时，对电力系统进行监控由调度自动化系统的 SCADA 系统完成。SCADA 系统监控不断变化着的电力系统运行状态，如发电机出力、母线电压、线路潮流、系统频率和系统间交换功率等，当参数越限时发出警报使调度人员能迅速判明情况，及时采取必要的调控措施来消除越限现象。另外，自动发电控制 AGO 和自动电压控制，也是正常运行时安全监控的重要方面。

对可能发生的假想事故进行分析，由电网调度自动化系统中的安全分析模块完成。电网调度自动化系统可以定时地（例如 5min）或按调度人员随时要求启动该模块，也可以在电网结构有变化（即运行方式改变）或某些参数越限时自动启动安全分析程序，并将分析结果显示出来。根据安全分析的结果，若某种假想事故后果严重，即说明系统已进入警戒状态，可以预先采取某些防范措施对当前的运行状态进行某些调整，使在该假想事故之下也不产生严重后果。这就是进行预防性安全控制。

预防性安全控制是针对可能发生的假想事故会导致不安全状态所采取的调整控制措施。这种事故是否发生是不确定的。如果预防性控制需要较大地改变现有运行方式，对系统运行的经济性很不利（如改变机组的启停方式等），则需要由调度人员根据具体情况做出决断。也可以不采取任何行动，但应当加强监视，做好各种应对预案。

综上所述可见，有了 SCADA/EMS 系统的各种监控和分析功能，电力系统运行的安全性大大提高了。

五、紧急状态时的安全控制

紧急状态时的安全控制的目的是迅速抑制事故及电力系统异常状态的发展和扩大，尽量缩小故障延续时间及其对电力系统其他非故障部分的影响。在紧急状态中的电力系统可能出现各种“险情”，例如频率大幅度下降，电压大幅度下降，线路和变压器严重过负荷，系统发生振荡和失去稳定等。如不能迅速采取有效措施消除这些险情，系统将会崩溃瓦解，出现大面积停电的严重后果，造成巨大的经济损失。紧急状态的安全控制可分为三大阶段。第一阶段的控制目标是事故发生后快速而有选择地切除故障，这主要由继电保护装置与自动装置完成，目前最快可在一个周波内切除故障。第二阶段的控制目标是防止事故扩大和保持系统稳定，这需要采取了各种提高系统稳定性的措施。第三阶段是在上述努力均无效的情况下，将电力系统在适当地点解列。

继电保护与自动装置是电力系统紧急状态控制的重要组成部分，这些装置的作用如图 8-8 所示。图 8-8 中左边线内序号的意义为：①电力系统发生扰动；②继电保护动作；③自动重合闸动作；④提高电力系统稳定的其他自动装置动作；⑤电力系统失步和解列。

电力系统的紧急状态控制是全局控制问题，不但需要系统调度人员正确调度、指挥，以及电厂、变电站运行人员认真监视和操作，而且需要自动装置的正确动作来配合。

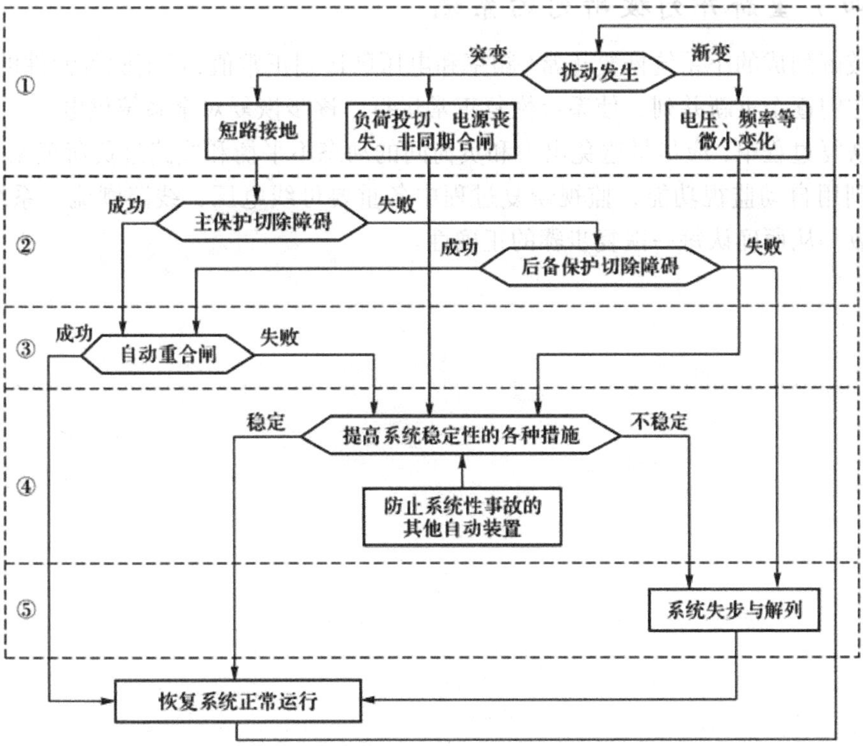

图 8-8　电力系统紧急状态自动装置作用的综合示意

六、恢复状态时的安全控制

（一）确定系统的实时状态

通过远动和通信系统了解系统解列后的状态，了解各个已解列成小系统的频率和各母线电压，了解设备完好情况和投入或者断开状态、负荷切除情况等，确定系统的实时状态。这是系统恢复控制的依据。

（二）维持现有系统的正常运行

电力系统崩溃后，要加强监控，尽量维持仍旧运转的发电机组及输、变电设备的正常运行，调整有功出力、无功出力和负荷功率，使系统频率与电压恢复正常，消除各元件的过负荷状态，维持现有系统正常运行，尽可能保证向未被断开的用户供电。

（三）恢复因事故被断开的设备的运行

首先要恢复对发电厂辅助机械和调节设备的供电，恢复变电站的辅助电源。然后启动发电机组并将其并入电力系统，增加其出力；投入主干线路和有关变电设备；根据被断开负荷的重要程度和系统的实际可能，逐个恢复了停电用户的供电。

（四）重新并列被解列的系统

在被解列成的小系统恢复正常（频率和电压已达到正常值，已消除各元件的过负荷）后，将它们逐个重新并列，使系统恢复正常运行，逐步恢复对全系统供电。

在恢复过程中，应尽量避免出力和负荷间的动态不平衡和线路过负荷现象的发生，应充分利用自动监视功能，监视恢复过程中各重要母线电压、线路潮流、系统频率等运行参数，从而确认每一恢复步骤的正确性。

第九章　电力系统的经济运行

第一节　电力系统有功功率的经济分配

一、同类型电厂间有功功率的经济分配

（一）耗量特性

反映发电机组或发电厂单位时间内能量输入和输出关系的曲线，称为该发电机组或者发电厂的耗量特性，如图 9-1（a）所示。其中，横坐标为电功率 P_G，单位为 MW；对于汽轮发电机组或火电厂的耗量特性，其纵坐标为每小时消耗的标准煤（燃料）F，单位为 t/h；对于水轮发电机组或者水电厂的耗量特性曲线，其纵坐标为每秒消耗的水量 W，单位为 m^3/s，为了便于分析，假定耗量特性连续可导（实际的特性并不都是如此）。

耗量特性曲线上某点的纵坐标和横坐标之比，即单位时间发电机组能量输入与输出之比，称为比耗量量 $\mu = F/P_G$，单位为 t/MWh 或 g/kWh。比耗量是电力系统经济运行的主要指标之一。比耗量的倒数 $\eta = P_G/F$ 表示发电机组或发电厂的效率。耗量特性曲线上某点切线的斜率称为该点的耗量微增率 $\lambda = dF/dP_G$ 或 $\lambda = dW/dP_G$，它表示在该点运行时输入增量和输出增量之比。以输出电功率为横坐标的效率曲线和微增率曲线如图 9-1（b）所示。

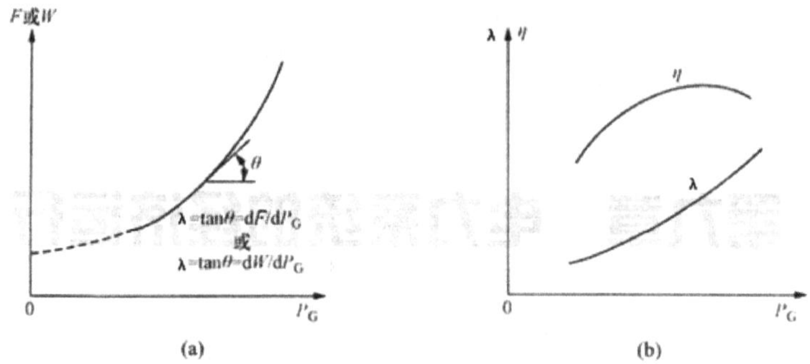

图 9-1 耗量特性、效率和耗量微增率曲线

（a）耗量特性曲线；（b）效率曲线和微增率曲线

（二）等耗量微增率准则

现以并联运行的两台发电机组间的负荷分配为例，说明等微增率准则的基本概念。已知两台机组的耗量特性 $F_1(P_{G1})$、$F_2(P_{G2})$ 与总的负荷功率 P_L，假定各台机组燃料消耗量和输出功率都不受限制，要求确定负荷功率在两台机组间的分配，使总的燃料消耗为最小，并且忽略网络损耗。如以“s.t.”（subject to）表示“满足条件为”，则上述的两台发电机组间的负荷经济分配问题可以表示为优化问题的一般形式

$$\left.\begin{array}{ll}\min & F=F_1(P_{G1})+F_2(P_{G2}) \\ \text{s.t.} & P_{G1}+P_{G2}-P_L=0\end{array}\right\}$$

这是多元函数求条件极值的问题，可用拉格朗日乘数法求解。要在满足等式约束 $P_{G1}+P_{G2}-P_L=0$ 的条件下，使目标函数数 $L=F_1(P_{G1})+F_2(P_{G2})$ 达到了最小，可首先建立一个新的、不受约束的目标函数 —— 格朗日函数

$$F=F_1(P_{G1})+F_2(P_{G2})-\lambda(P_{G1}+P_{G2}-P_L) \tag{9-1}$$

式中 λ—— 拉格朗日乘数。

然后，可以求式（9-2）的最小值。因为拉格朗日函数有 3 个变量，所以它的最小值时 $\frac{\partial L}{\partial P_{G1}}=0$、$\frac{\partial L}{\partial P_{G2}}=0$和$\frac{\partial L}{\partial \lambda}=0$，也就是

$$\left.\begin{array}{l}\frac{dF_1(P_{G1})}{dP_{G1}}-\lambda=0 \\ \frac{dF_2(P_{G2})}{dP_{G2}}-\lambda=0 \\ P_{G1}+P_{G2}-P_L=0\end{array}\right\} \tag{9-2}$$

由于$\frac{dF_1(P_{G1})}{dP_{G1}}$、$\frac{dF_2(P_{G2})}{dP_{G2}}$分别为发电机组 1、2 各自承担有功负荷 P_{G1}、P_{G2} 时的耗 λ_1、λ_2 由式（9-2）中第一、二式可得

$$\lambda_1 = \lambda_2 = \lambda \tag{9-3}$$

这就是等耗量微增率准则。式（9-2）中的第三式就是给定的等约束条件—功率平衡条件。

等耗量微增率的物理意义可以解释为：假定两台机组在耗量微增率不等的状态下运行，且$\frac{dF_1}{dP_{G1}} > \frac{dF_2}{dP_{G2}}$：然后，可以在两台机组的总输出功率不变的条件下调整负荷分配，让 1 号机组减少了输出 ΔP_L，2 号机组增加输出 ΔP_L；于是，1 号机组将减少燃料消耗$\frac{dF_1}{dP_{G1}}\Delta P_1$，2 号机组将增加燃料消耗群$\frac{dF_2}{dP_{G2}}\Delta P_L$，而总的燃料消耗将可节约

$$\Delta F = \frac{dF_1}{dP_{G1}}\Delta P_L - \frac{dF_2}{dP_{G2}}\Delta P_L = \left(\frac{dF_1}{dP_{G1}} - \frac{dF_2}{dP_{G2}}\right)\Delta P_L > 0$$

这样的负荷调整可以一直进行到两台机组的耗量微增率相等为止。

不难理解，等耗量微增率准则也可推广应用于多台（n 台）机组或者发电厂之间的负荷分配。此时，n 台机组或发电厂间的负荷经济分配问题可以表示为

$$\left.\begin{aligned} &\min F = \sum_{i=1}^{n} F_i\left(P_{Gi}\right) \\ &\text{s.t.} \quad \sum_{i=1}^{n} P_{Gi} - P_L = 0 \end{aligned}\right\}$$

式（9-1）和式（9-2）应分别改写为

$$\left.\begin{aligned} &L = \sum_{i=1}^{n} F_i\left(P_{Gi}\right) - \lambda\left(\sum_{i=1}^{n} P_{Gi} - P_L\right) \\ &\frac{dF_i\left(P_{Gi}\right)}{dP_{Gi}} - \lambda = 0, i = 1,2,\cdots,n \\ &\sum_{i=1}^{n} P_{Gi} - P_L = 0 \end{aligned}\right\}$$

同样可得到等耗量微增率准则

$$\lambda_1 = \lambda_2 = \lambda \cdots \lambda_n = \lambda \tag{9-4}$$

如果燃料耗量 F_i (t/h) 换成燃料费用成本 F_i（元 /h），则式（9-4）便称为“等电能成本微增率准则。显然，名称的改变不会影响其应用过程。

需要说明的是，该准则也适用水轮发电机组或水电厂之间的有功功率负荷经济分配。以上的讨论都没有涉及不等式约束条件。负荷经济分配中的不等式约束条件也与潮流计算的一样，任一发电机组或者发电厂的有功功率和无功功率都不应超出其上、下限，各节点的电压也必须维持在一定的变化范围内。其中，发电机组或发电厂的有

功功率不等式约束条件为

$$P_{\mathrm{Gi\,min}}”\ P_{\mathrm{Gi}}”\ P_{\mathrm{Gi\,min}} \qquad (9\text{-}5)$$

在计算发电厂间有功功率负荷经济分配时，这些不等式约束条件可以暂不考虑。待算出结果后，再按式（9-5）进行检验。对有功功率越限的发电机组或发电厂，可按其限值（上限或下限）分配负荷。然后，再对其余的发电机组或发电厂分配剩下的负荷功率。对于无功功率和电压的约束条件，可留在有功负荷已基本确定以后的潮流计算中再行处理。

（三）计及网损的发电厂有功功率经济分配

电力网络中的有功功率损耗是进行发电厂间有功负荷分配时不容忽视的一个因素。假定电网有功功率损耗为 ΔP_{Σ}，则等式约束条件将变为

$$\sum_{\mathrm{i}=1}^{n} P_{\mathrm{Gi}} - P_{\mathrm{L}} - \Delta P_{\Sigma} = 0$$

拉格朗日函数可写成

$$L = \sum_{\mathrm{i}=1}^{n} F_{\mathrm{i}}\left(P_{\mathrm{Gi}}\right) - \lambda\left(\sum_{\mathrm{i}=1}^{n} P_{\mathrm{Gi}} - P_{\mathrm{L}} - \Delta P_{\Sigma}\right)$$

函数 L 取极值的必要条件为

$$\frac{\partial L}{\partial P_{\mathrm{Gi}}} = \frac{\mathrm{d}F_{\mathrm{i}}\left(P_{\mathrm{Gi}}\right)}{\mathrm{d}P_{\mathrm{Gi}}} - \lambda\left(1 - \frac{\partial \Delta P_{\Sigma}}{\partial P_{\mathrm{Gi}}}\right) = 0, i = 1,2,\cdots,n$$

或

$$\frac{\mathrm{d}F_{\mathrm{i}}\left(P_{\mathrm{Gi}}\right)}{\mathrm{d}P_{\mathrm{Gi}}} \times \frac{1}{1 - \partial \Delta P_{\Sigma} / \partial P_{\mathrm{Gi}}} = \frac{\mathrm{d}F_{\mathrm{i}}\left(P_{\mathrm{Gi}}\right)}{\mathrm{d}P_{\mathrm{Gi}}} \alpha_{\mathrm{i}} = \lambda, i = 1,2,\cdots,n \qquad (9\text{-}6)$$

式中 $\partial \Delta P_{\Sigma}/\partial P_{Gi}$ —— 网损微增率，表示电网有功损耗对第 i 个发电厂有功出力的微增率；

α_i—— 网损修正系数，$\alpha_{\mathrm{i}} = \dfrac{1}{1 - \partial \Delta P_{\Sigma} / \partial P_{\mathrm{Gi}}}$。

式（9-6）就是经过网损修正后的等耗量微增率准则，也称之为 n 个发电厂负荷经济分配的协调方程式。

由于各个发电厂在电力系统中所处的位置不同，各电厂的网损微增率是不一样的。当 $\partial \Delta P_{\Sigma}/\partial P_{Gi} > 0$ 时，说明了发电厂 i 出力增加会引起网损的增加，这时网损修正系数 $\alpha_i > 1$，在满足等微增率条件下，发电厂 i 本身的燃料消耗微增率宜取较小的数值；若 $\partial \Delta P_{\Sigma}/\partial P_{Gi} < 0$，则表示发电厂 i 出力增加会导致网损的减少，这时 $\alpha_i < 1$，发电厂 i 的耗量微增率宜取较大的数值。

二、水、火电厂间有功功率的经济分配

（一）一个水电厂和一个火电厂间负荷的经济分配

假定系统中只有一个水电厂和一个火电厂。水电厂运行时，在指定的较短运行周期（一日、一周或一个月）内总发电用水量 K_W 一般为给定值。水、火电厂间最优运行的目标是：在整个运行周期 τ 内满足用户的电力需求，合理地分配水、火电厂的负荷，使总燃料耗量为最小。

用 P_T,$F(P_T)$ 分别表示火电厂的有功功率出力和耗量特性，用 P_H,$W(P_H)$ 分分别表示水电厂有功功率出力和耗量特性。为简单起见，暂不考虑网损，并且不计水头的变化。在此情况下，水、火电厂间负荷的经济分配问题可以表示为

$$\left.\begin{aligned}\min F_\Sigma = \int_0^\tau F\left[P_\mathrm{T}(t)\right]\mathrm{d}t \\ \mathrm{s.t.} P_\mathrm{H}(t)+P_\mathrm{T}(t)-P_\mathrm{L}(t)=0 \\ \int_0^\tau W\left[P_\mathrm{H}(t)\right]\mathrm{d}t-K_\mathrm{W}=0\end{aligned}\right\}$$

上式可表述为：在满足功率和用水量两个等式约束条件

$$P_\mathrm{H}(t)+P_\mathrm{T}(t)-P_\mathrm{L}(t)=0 \tag{9-7}$$

$$\int_0^\tau W\left[P_\mathrm{H}(t)\right]\mathrm{d}t-K_\mathrm{W}=0 \tag{9-8}$$

的情况下，使目标函数

$$F_\Sigma = \int_0^t F\left[P_\mathrm{T}(t)\right]\mathrm{d}t \tag{9-9}$$

达到最小。这是求泛函极值的问题，通常可用变分法解决。在一定的简化条件下，也可以用拉格朗日乘数法进行处理。

把指定的运行周期 τ 划分为 s 个更短的时段

$$\tau=\sum_{k=1}^{s}\Delta t_k$$

在任一时段 Δt_k 内，假定负荷功率、水电厂和火电厂的功率不变，并分别记为 P_{Lk}、P_{Hk} 和 P_{Tk}。这样，上述等式约束条件式（9–7）与式（9–8）将变为

$$P_\mathrm{Hk}+P_\mathrm{Tk}-P_\mathrm{Lk}=0, k=1,2,\cdots,s \tag{9-10}$$

$$\sum_{\mathrm{k=1}}^{s}W\left(P_\mathrm{Hk}\right)\Delta t_\mathrm{k}-K_\mathrm{w}=\sum_{\mathrm{k=1}}^{s}W_\mathrm{k}\Delta t_\mathrm{k}-K_\mathrm{W}=0 \tag{9-11}$$

总共有 s+1 个等式约束条件。目标函数为

$$F_{\Sigma}=\sum_{k=1}^{s}F\left(P_{Tk}\right)\Delta t_k=\sum_{k=1}^{s}F_k\Delta t_k$$

应用拉格朗日乘数法，为式（9–10）设置乘数 $\lambda_k=(k=1,2,\cdots,s)$，为式（9–11）设置乘数 γ，构成了拉格朗日函数

$$L=\sum_{k=1}^{s}F_k\Delta t_k-\sum_{k=1}^{s}\lambda_k\left(P_{Hk}+P_{Tk}-P_{Lk}\right)\Delta t_k+\gamma\left(\sum_{k=1}^{s}W_k\Delta t_k-K_W\right)$$

上式的右端一共包含有 (3s+1) 个变量，即 γ、λ_k、P_{Hk} 和 P_{Tk} $(k=1,2,\cdots,s)$。将拉格朗日函数分别对这 (3s+1) 个变量取偏导数，并令其为零，便得下列 (3s+1) 个方程

$$\left.\begin{aligned}&\frac{\partial L}{\partial P_{Hk}}=\gamma\frac{dW_k}{dP_{Hk}}\Delta t_k-\lambda_k\Delta t_k=0\\&\frac{\partial L}{\partial P_{Tk}}=\frac{dF_k}{dP_{Tk}}\Delta t_k-\lambda_k\Delta t_k=0\\&\frac{\partial L}{\partial \lambda_k}=-\left(P_{Hk}+P_{Tk}-P_{Lk}\right)\Delta t_k=0\\&\frac{\partial L}{\partial \gamma}=\sum_{k=1}^{s}W_k\Delta t_k-K_W=0\end{aligned}\right\}$$

式（9–12）的后两个方程即是等式约束条件式（9–10）和式（9–11），而前两个方程则可合写成

$$\frac{dW_k}{dP_{Hk}}=\gamma\frac{dW_k}{dP_{Hk}}=\lambda_k,k=1,2,\cdots,s$$

如果时间段取得足够短，则认为任何瞬间都必须满足

$$\frac{dF}{dP_T}=\gamma\frac{dW}{dP_H}=\lambda \tag{9-13}$$

式（9–13）表明，只要将水电厂的水耗量微增率乘以一个待定的拉格朗日乘数 γ，则在水、火电厂间负荷的经济分配也符合等耗量微增率准则。式（9–13）也称之为水、火电厂间功率经济分配的协调方程式。

下面说明乘数 γ 的物理意义。当火电厂增加到功率 ΔP_L 时，消耗燃料（煤）的增量为

$$\Delta F=\frac{dF}{dP_T}\Delta P_L$$

当水电厂增加功率 ΔP_L 时，消耗水的增量为

$$\Delta W=\frac{\mathrm{d}W}{\mathrm{d}P_{\mathrm{H}}}\Delta P_{\mathrm{L}}$$

将两式相除并计及式（9-13）可得

$$\gamma=\frac{\Delta F}{\Delta W}$$

如果 ΔF 的单位是 t/h，ΔW 的单位为 m^3/h，贝帅的单位就为 t（煤）/m^3（水）。这就是说，按发出相同数量的电功率进行比较，$1m^3$ 的水相当于 γ_t 煤。所以，γ 又称为水煤换算系数。

把水电厂的耗水量乘以 γ，相当于把水换成了煤，水电厂就变成了等值的火电厂。然后直接套用火电厂间负荷分配的等耗量微增率准则，就可得到式（9-13）。

另一方面，若系统的负荷不变，让水电厂增发功率 ΔP_L 则忽略网损时，火电厂就可以少发功率 ΔP_L，这意味着用耗水量 ΔW 来换取煤耗的节约 ΔF 当在指定的运行周期内总耗水量给定，并且整个运行周期内 γ 值都相同时，煤耗的节约为最大。这也是等耗量微增率准则的一种应用。

按耗量等微增率准则在水、火电厂之间进行负荷分配时，需要适当选择 γ 的数值。一般情况下，γ 值的大小与该水电厂在指定的运行周期内给定的用水量有关。在丰水期给定的用水量较多，水电厂可以多带负荷，γ 应该取较小的值，因而根据式（9-13），水耗微增率就较大；因为水耗微增率特性曲线是上升曲线，较大的 $\frac{\mathrm{d}W}{\mathrm{d}P_{\mathrm{H}}}$ 对应较大的发电量和用水量。反之，在枯水期给定的用水量较少，水电厂应少带负荷，此时 γ 应取较大的值，使水耗微增率较小，从而对应较小的发电量和用水量。γ 值的选取应使给定的水量在指定的运行期间正好全部用完。

对于上述的简单情况，γ 值可由迭代计算求得，计算步骤大致如下：

1. 设定初值 $\gamma^{(0)}$ 也这就相当把水电厂折算成了等值的火电厂。
2. 置迭代次数 k = 0。
3. 按式（9-13）计算全部时段的负荷经济分配。
4. 计算和这最优分配方案对应的总耗水量 $K_w^{(k)}$。
5. 校验总耗水量 $K_w^{(k)}$ 是否和给定的 K_w 等，即判断是否满足下列收敛判据

$$\left|K_{\mathrm{w}}^{(\mathrm{k})}-K_{\mathrm{w}}\right|<\varepsilon$$

若满足则计算结束；否则，进行下一步计算。

6. 若 $K_w^{(k)}>K_w$，则说明 $\gamma^{(k)}$ 值取得过小，应取 $\gamma^{(k+1)}>\gamma^{(k)}$；若 $K_w^{(k)}<K_w$，则说明 $\gamma^{(k)}$ 值取得偏大，应取 $\gamma^{(k+1)}<\gamma^{(k)}$。然后迭代计数 加 1，返回第 3 步，继续计算。

（二）计及网损时若干个水、火电厂间有功功率的经济分配

设系统中有 m 个水电厂和 n 个火电厂，在指定的运行期间 τ 内系统的负荷 P_L (t) 已

知，第 j 个水电厂的发电总用水量也已给定为 K_{Wj}。对此，计及有功网络损耗 $\Delta P_{\Sigma}(t)$ 时，水及火电厂间有功功率经济分配的目标是：在满足约束条件

$$\sum_{j=1}^{m} P_{\mathrm{Hj}}(t)+\sum_{\mathrm{i}=1}^{n} P_{\mathrm{Tj}}(t)-P_{\mathrm{L}}(t)-\Delta P_{\Sigma}(t)=0 \tag{9-14}$$

和

$$\int_{0}^{t} W_{\mathrm{j}}\left(P_{\mathrm{Hj}}\right) \mathrm{d} t-K_{\mathrm{W_j}}=0, j=1,2, \cdots, m \tag{9-15}$$

的情况下，使目标函数为最小。

$$F_{\Sigma}=\sum_{\mathrm{j}=1}^{n} \int_{0}^{\tau} F_{\mathrm{i}}\left(P_{\mathrm{TI}}\right) \mathrm{d} t \tag{9-16}$$

仿照上一小节的处理方法，把运行周期划分为 s 个小段，每一个时间小段内假定各电厂的功率与负荷都不变，则式（9–14）~式（9–16）可分别改写成

$$\sum_{\mathrm{j}=1}^{m} P_{\mathrm{Hj\cdot k}}+\sum_{\mathrm{i}=1}^{n} P_{\mathrm{Ti-k}}-P_{\mathrm{LL}}-\Delta P_{\Sigma \mathrm{k}}=0, k=1,2, \cdots, s \tag{9-17}$$

$$\sum_{\mathrm{k}=1}^{s} W_{\mathrm{j\cdot k}}\left(P_{\mathrm{Hj\cdot k}}\right) \Delta t_{\mathrm{k}}-K_{\mathrm{Wj}}=0, j=1,2, \cdots, m \tag{9-18}$$

$$F_{\Sigma}=\sum_{\mathrm{i}=1}^{n} \sum_{\mathrm{k}=1}^{s} F_{\mathrm{i\cdot k}}\left(P_{\mathrm{Ti.k?}}\right) \Delta t_{\mathrm{k}}$$

分别为式（5 ~ 17）和式（5 ~ 18）设置拉格朗日乘数 $\lambda_k=(k=1,2,\cdots,s)$ 和 $\gamma_j\,(j=1,2,\cdots,m)$ 构造拉格朗日函数

$$L=\sum_{\mathrm{i}=1}^{n} \sum_{\mathrm{k}=1}^{s} F_{\mathrm{i\cdot k}}\left(P_{\mathrm{T\cdot k}}\right) \Delta t_{\mathrm{k}}-\sum_{\mathrm{k}=1}^{s} \lambda_{\mathrm{k}}\left(\sum_{\mathrm{j}=1}^{m} P_{\mathrm{Hj\cdot k}}+\sum_{\mathrm{i}=1}^{n} P_{\mathrm{Ti\cdot k}}-P_{\mathrm{Lk}}-\Delta P_{\Sigma \mathrm{k}}\right) \Delta t_{\mathrm{k}}+$$
$$\sum_{\mathrm{j}=1}^{m} \gamma_{\mathrm{j}}\left[\sum_{\mathrm{k}=1}^{s} W_{\mathrm{j\cdot k}}\left(P_{\mathrm{Hj\cdot k}}\right) \Delta t_{\mathrm{k}}-K_{\mathrm{W_j}}\right]$$

将函数 L 对 $P_{Hj\cdot k}$、$P_{Ti\cdot k}$、λ_k 和 γ_j 分别取偏导数，并且令其等于零，便得

$$\left.\begin{aligned}&\frac{\partial L}{\partial P_{\mathrm{Hj\cdot k}}}=\gamma_{\mathrm{j}}\frac{\mathrm{d}W_{\mathrm{j\cdot k}}\left(P_{\mathrm{Hj\cdot k}}\right)}{\mathrm{d}P_{\mathrm{Hj\cdot k}}}\Delta t_{\mathrm{k}}-\lambda_{\mathrm{k}}\left(1-\frac{\partial\Delta P_{\Sigma\mathrm{k}}}{\partial P_{\mathrm{Hj\cdot k}}}\right)\Delta t_{\mathrm{k}}=0\\&\frac{\partial L}{\partial P_{\mathrm{Tj\cdot k}}}=\frac{\mathrm{d}F_{\mathrm{i\cdot k}}\left(P_{\mathrm{Ti\cdot k}}\right)}{\mathrm{d}P_{\mathrm{Tj\cdot k}}}\Delta t_{\mathrm{k}}-\lambda_{\mathrm{k}}\left(1-\frac{\partial\Delta P_{\Sigma\mathrm{k}}}{\partial P_{\mathrm{Ti\cdot k}}}\right)\Delta t_{\mathrm{k}}=0\\&\frac{\partial L}{\partial\lambda_{\mathrm{k}}}=-\left(\sum_{\mathrm{j=1}}^{m}P_{\mathrm{Hj\cdot k}}+\sum_{\mathrm{i=1}}^{n}P_{\mathrm{Ti\cdot k}}-P_{\mathrm{Lk}}-\Delta P_{\Sigma\mathrm{k}}P_{\mathrm{Ti\cdot k}}\right)\Delta t_{\mathrm{k}}=0\\&\frac{\partial L}{\partial\gamma_{\mathrm{j}}}=\sum_{\mathrm{k=1}}^{s}W_{\mathrm{j\cdot k}}\left(P_{\mathrm{Hj\cdot k}}\right)\Delta t_{\mathrm{k}}-K_{\mathrm{W_j}}=0\end{aligned}\right\}\qquad(9\text{-}19)$$

式中 $i=1,2,\cdots,n;j=1,2,\cdots,m;k=1,2,\cdots,s$。

式（9-19）共包含了有 $(m+n+1)s+m$ 个方程，从而可以解出所有的 $P_{Hj\cdot k}$、$P_{Ti\cdot k}$、λ_k 和 γ_j 后两个方程即是等式约束条件式（9-17）和式（9-18），而前两个方程则可以合写成

$$\frac{\mathrm{d}F_{\mathrm{i\cdot k}}\left(P_{\mathrm{Ti\cdot k}}\right)}{\mathrm{d}P_{\mathrm{Ti\cdot k}}}\times\frac{1}{1-\partial\Delta P_{\Sigma\mathrm{k}}/\partial P_{\mathrm{Ti\cdot k}}}=\gamma_{\mathrm{j}}\frac{\mathrm{d}W_{\mathrm{j\cdot k}}\left(P_{\mathrm{Hjk}}\right)}{\mathrm{d}P_{\mathrm{Hj\cdot k}}}\times\frac{1}{1-\partial\Delta P_{\Sigma\mathrm{k}}/\partial P_{\mathrm{Hj\cdot k}}}=\lambda_{\mathrm{k}}$$

上式对任一时段均成立，故可写成

$$\frac{\mathrm{d}F_{\mathrm{i}}}{\mathrm{d}P_{\mathrm{Ti}}}\times\frac{1}{1-\partial\Delta P_{\Sigma}/\partial P_{\mathrm{Ti}}}=\gamma_{\mathrm{j}}\frac{\mathrm{d}W_{\mathrm{j}}}{\mathrm{d}P_{\mathrm{Hj}}}\times\frac{1}{1-\partial\Delta P_{\Sigma}/\partial P_{\mathrm{Hj}}}=\lambda_{\mathrm{k}}\qquad(9\text{-}20)$$

这就是计及网损时，多个水、火电厂有功功率经济分配的条件，也称为协调方程式。与式（9-13）比较，式（9-20）仅添加了网损修正系数，再没有什么其他差别，只是把等耗量微增率准则推广应用到了更多个发电厂的情况。

第二节 电力系统无功功率的最优分布

一、无功功率电源的最优分布

优化无功功率电源分布的目的在于降低电网中的有功功率损耗。所以，目标函数为电网有功功率总损耗 ΔP_{Σ}。在除平衡节点外其他各节点的注入有功功率 P_i 已给定的前提下，可以认为这个网络总损耗 ΔP_{Σ} 仅仅与各节点的注入无功功率 Q_i，有关。在给定各节点的无功功率 Q_{Li} 后，ΔP_{Σ} 便仅与各节点的无功功率电源功率 Q_{GCI} 有关。这里

的 Q_{GCI} 既可理解为发电机发出的感性无功功率，也可理解为无功功率补偿设备供应的感性无功功率。于是，分析无功功率电源最优分布时的目标函数可写作

$$\min \Delta P_{\Sigma} = \Delta P_{\Sigma}\left(Q_{\mathrm{GC}}, Q_{\mathrm{GC2}}, \cdots, Q_{\mathrm{GCn}}\right) \tag{9-21}$$

等式约束条件显然就是无功功率平衡关系式

$$\sum_{j=1}^{n} Q_{\mathrm{GCi}} - \sum_{\mathrm{j}=1}^{n} Q_{\mathrm{Li}} - \Delta Q_{\Sigma} = 0 \tag{9-22}$$

式中 ΔQ_{Σ}——电网的无功功率总损耗。

由于分析无功功率电源最优分布时，除了平衡节点外其他各节点的注入有功功率已给定，这里的不等式约束条件只涉及无功功率电源的出力与各节点电压，与潮流计算时的约束条件相同。

列出目标函数和约束条件后，就可以运用拉格朗日乘数法求最优分布的条件。为此，现根据已列出的目标函数和等约束条件建立新的、不受约束的目标函数，即拉格朗日函数

$$L = \Delta P_{\Sigma} - \lambda\left(\sum_{j=1}^{n} Q_{\mathrm{GCi}} - \sum_{\mathrm{j}=1}^{n} Q_{\mathrm{Li}} - \Delta Q_{\Sigma}\right)$$

并求其最小值。

因为拉格朗日函数中有（n+1）个变量，即 n 个 Q_{CCi} 和一个拉格朗日乘数 λ，求取其最小值时应有（n+1）个条件，它们是

$$\left.\begin{aligned} &\frac{\partial L}{\partial Q_{\mathrm{GCi}}} = \frac{\partial \Delta P_{\Sigma}}{\partial Q_{\mathrm{GCi}}} \Delta P_{\Sigma} - \lambda\left(1 - \frac{\partial \Delta Q_{\Sigma}}{\partial Q_{\mathrm{GCi}}}\right) = 0, i = 1,2,\cdots,n \\ &\frac{\partial L}{\partial \lambda} = \sum_{\mathrm{j}=1}^{n} Q_{\mathrm{GCi}} - \sum_{\mathrm{j}=1}^{n} Q_{\mathrm{Li}} - \Delta Q_{\Sigma} = 0 \end{aligned}\right\}$$

显然，上式的第二式是无功功率平衡关系式。上式的第一式可改写为

$$\frac{\partial \Delta P_{\Sigma}}{\partial Q_{\mathrm{GC1}}} \times \frac{1}{1 - \partial \Delta P_{\Sigma} / \partial Q_{\mathrm{GC1}}} = \frac{\partial \Delta P_{\Sigma}}{\partial Q_{\mathrm{GC2}}} \times \frac{1}{1 - \partial \Delta P_{\Sigma} / \partial Q_{\mathrm{GC2}}} = \cdots = \frac{\partial \Delta P_{\Sigma}}{\partial Q_{\mathrm{GCn}}} \times \frac{1}{1 - \partial \Delta P_{\Sigma} / \partial Q_{\mathrm{GCn}}} = \lambda \tag{9-23}$$

式（9-23）就是确定无功功率电源最优分布的等网损微增率准则。该式与有功功率经济分配时的协调方程式（9-6）相对应，式中的网损微增率 $\partial \Delta P_{\Sigma}/\partial Q_{GCi}$，与有功功率经济分配时的耗量微增率 dFi/dP_{Gi} 相对应；式中的乘数 $\frac{1}{1-\partial \Delta P_{\Sigma}/\partial Q_{\mathrm{GCi}}}$ 则和协调方程式中的有功功率网损修正系数 $\frac{1}{1-\partial \Delta P_{\Sigma}/\partial Q_{\mathrm{GCi}}}$ 相对应，因而是无功功率网损修正系数。

但须指出，以上的分析没有考虑不等式约束条件。实际计算时，当某一变量，例如 Q_{GCi} 不满足其不等式约束条件 Q_{GCimin} 剟 Q_{GCi}，Q_{GCimax} 逾越它的上限 Q_{GCimax} 或下限 Q_{GCimax} 时，可取 Q_{GCi} = Q_{GCimax} 或 Q_{GCi} = Q_{GCimin}，再重新计算。

二、无功功率负荷的最优补偿

（一）最优网损微增率准则

所谓无功功率负荷的最优补偿，在电力系统规划阶段主要是确定最优补偿容量、最佳补偿位置、最优补偿顺序和补偿方式等问题；而在运行控制及调度阶段主要是根据负荷变化确定已装设的补偿设备在时间、空间各点上的投入量，即发出无功功率的多少。这些问题的数学分析比较困难，以致于不能不作若干简化。在系统规划阶段，由于部分数据基于预测，有些资料还不够精确，因此不必片面追求数学分析的严格性。

在电力系统中某节点，设置无功功率补偿设备的必要条件是由于设置补偿设备而节约的费用大于为设置补偿设备而耗费的费用。以数学表示式表示为

$$C_c\left(Q_{ci}\right)-C_c\left(Q_{Ci}\right)>0$$

式中 C_e（Q_{Ci}）—— 由于设置了补偿设备 Q_{Ci} 而节约的费用；

C_c（Q_{Ci}）—— 设置补偿设备 Q_{Ci} 而需耗费的费用。

因此，确定节点 i 最优补偿容量的目标函数就是

$$\max C=C_e\left(Q_{C_c}\right)-C_c\left(Q_{Ci}\right) \tag{9-24}$$

由于设置了补偿设备而节约的费用 C_e 就是因补偿设备每年可以减小的电能损耗费用，其值为

$$C_c\left(Q_{Ci}\right)=\beta\left(\Delta P_{\Sigma 0}-\Delta P_{\Sigma}\right)\tau_{\max} \tag{9-25}$$

式中 β—— 为单位电能的价格，元 /kW · h；

$\Delta P_{\Sigma 0}, \Delta P_{\Sigma}$—— 设置补偿设备前、后全网最大负荷下的有功功率损耗，kw；

τ_{max}—— 网最大负荷损耗小时数，h。

为设置补偿设备 Q_{Ci} 而需耗费的费用包括了两部分，一部分为补偿设备的折旧维修费，另一部分为补偿设备投资的回收费，两部分都与补偿设备的投资成正比

$$C_c\left(Q_{ci}\right)=(\alpha+\chi)K_cQ_{ci} \tag{9-26}$$

式中 a—— 旧维修率；

x—— 资回收率；

K_C—— 单位容量补偿设备投资，元 /kvar。

将式（9-25）和式（9-26）代入式（9-24），可得

$$C=\beta\left(\Delta P_{\Sigma 0}-\Delta P_{\Sigma}\right)\tau_{\max}-(\alpha+\chi)K_cQ_{ci}$$

令上式对 Q_{Ci} 的偏导数等于零，可解得

$$\frac{\partial \Delta P_{\Sigma}}{\partial \Delta P_{\Sigma 0}}=\frac{(\alpha+\chi)K_c}{\beta\tau_{\max}} \tag{9-27}$$

式（9-27）就是确定节点 i 最优补偿容量的条件。由于等号左侧是节点 i 的网损微增率，等号右侧相应地就称最优网损微增率，其单位为 $kW/kvar$，且常为负值，表示每增加单位容量无功补偿设备所能减少的有功损耗，最优网损微增率也称无功功率经济当量。

由式（9-27）可列出如下的最优网损微增率准则

$$\frac{\partial \Delta P_{\Sigma}}{\partial Q_{ci}}\leq\frac{(\alpha+\chi)K_c}{\beta\tau_{\max}}=\gamma_{eq} \tag{9-28}$$

式中 γ_{ep}——最优网损微增率。

最优网损微增率准则表明：只应在网损微增率具有负值，且小于 γ_{ep} 的节点设置无功功率补偿设备。设置的容量则以补偿后该点的网损微增率仍为负值，且仍不大于 γ_{ep} 为限。而设置补偿节点的先后，则以网损微增率从小到大为序，首先从 $\partial\Delta P_{\Sigma}/\partial Q_{ci}$ 最小的节点开始。

（二）无功功率负荷的最优补偿

无功功率在电网中的流动不仅造成有功损耗，也在线路中增加了电压损耗，甚至可能导致线路末端电压不合格，因此无功补偿兼具降损和调压的效果。但是一般以降损为主，调压为辅。无功补偿的基本原则是减少无功功率在电网中长距离（这里指电气距离）传输。所以，离电源越远、电压等级越低、无功负荷越大的地方，补偿效益越好。

运用最优网损微增率准则确定系统中无功负荷的最优补偿时，大致步骤如下：

以充分利用已有无功电源为前提，计算的第一个方案是已有无功电源在最大负荷时的最优分布方案，采用的是等网损微增率准则。

以该方案为基础考虑新增补偿点和补偿容量时，根据该方案的潮流计算结果，选出系统中所有的无功功率分点，并且计算它们的网损微增率。因为网损微增率最小的节点总是系统中某一个无功功率分点。而且，无功功率分点往往也是系统中最低电压点。

根据这一计算结果，又可选出网损微增率最小的无功功率分点，例如节点 i。在该节点设置一定量的无功补偿设备，重做潮流分布计算，并且求取在新情况下的无功功率分点的网损微增率。

由于在节点，i 设置补偿设备后，该节点的网损微增率将增大，新情况下网损微增率最小的无功功率分点将转移，比如，转移至节点 j。据此，再在节点 j 设置一定容量的无功补偿设备，重复对节点 i 的所有计算。

每隔几次如上的运算，应穿插一次无功电源最优分布计算，即调整一次已有无功电源的配置方式。因经过几次增加或改变无功补偿配置之后，无功电源的分布已不可能仍为最优。

当所有节点的网损微增率都约略等于 γ_{eq} 时，还应检验一次节点电压是否能满足要求。如发现某些节点电压过低，可适当增大 γ_{eq}，即适当减小它的绝对值，重做如上计算。显然，这实质上是为了兼顾电压质量的要求而增大补偿容量，因而求得的已不再是经济上最优的补偿方案。

如需确定无功补偿设备的调整范围，还应作一次最小负荷时无功电源最优分布的计算。某节点按最大负荷应设置的补偿设备容量与按最小负荷应投入的补偿设备容量之间的差额，就是这个节点的补偿设备应有的调整范围。

上述计算步骤中引入了试探法，计算量较大，可参考相关文献对算法做进一步改进。

第三节　电力网络的经济运行

一、提高用户的功率因数

提高用户的功率因数，减少线路输送的无功功率，实现无功功率就地平衡，不仅改善电压质量，对于提高电网运行的经济性也有重大作用。设线路向一个集中负荷供电，线路电阻为 R，线路某一端有功功率、功率因数和电压分别为为 P、$cos\varphi$ 和 U，则线路的有功功率损耗为

$$\Delta P_{\mathrm{L}}=\frac{P^2}{U^2\cos^2\varphi}R$$

如果将功率因数由原来的 $cos\varphi_1$ 提高到 $cos\varphi_2$，则线路中的功率损耗可以降低

$$\delta_{\mathrm{L}}=\left[1-\left(\frac{\cos\varphi_1}{\cos\varphi_2}\right)^2\right]\times 100\% \tag{9-29}$$

当功率因数由 0.7 提高到 0.9 时，线路中的功率损耗可减少 39.5%o

装设并联无功补偿设备是提高用户功率因数的重要措施。对一个具体的用户，负荷离电源点越远，补偿前的功率因数越低，安装补偿设备的降损效果也就越好。对于电网来说，配置无功补偿容量需要综合考虑实现无功功率的分（电压）层与分（供电）区平衡、提高电压质量和低电网有功功率损耗这三个方面的要求，通过优化计算确定补偿设备的安装地点和容量分配。

为了减少对无功功率的需求，用户应尽可能避免用电设备在低功率因数下运行。许多工业企业大量使用异步电动机，异步电动机所需要的无功功率的计算式为

$$Q = Q_0 + (Q_N - Q_0)\left(\frac{P}{P_N}\right)^2 \qquad (9\text{–}30)$$

式中 Q_0—— 异步电动机空载运行时所需的无功功率：

P_N，Q_N—— 电动机额定负载下运行时的有功功率与无功功率；

P—— 电动机的实际机械负载。

式（9–30）中的第一项是电动机的励磁功率，它与负载情况无关，其数值约占 Q_N 的 60% ~ 70%。第二项是绕组漏抗中的损耗，与负载率 P/P_N 的平方成正比。负载率降低时，电动机所需的无功功率只有一小部分按负载率的平方而减小，而大部分则维持不变。因此负载率越小，功率因数越低。额定功率因数为 0.85 的电动机，如果 $Q_0 = 0.65Q_N$，当负载率为 0.5 时，功率因数将下降到 0.74。

为了提高功率因数，用户所选用的电动机容量应尽量接近它所带动的机械负载，在技术条件许可的情况下，采用了同多电动机代替异步机，还可以让已装设的同步电动机运行在过励磁状态等。

二、优化电网的功率分布

在由非均一线路组成的环网中，功率的自然分布不同于经济功率分布。电网的不均一程度越大，两者的差别也就越大。为了降低网络的功率损耗，可以在环网中引入环路电势进行潮流控制，使功率分布尽量接近于经济分布。对于环形网络也可以考虑选择适当的地点开环运行。中压配电网一般采取闭式网接线，按开式网运行。为了限制线路故障的影响范围和线路检修时避免大范围停电，在配电网的适当地点安装有分段开关和联络开关。在不同的运行方式下，对这些开关的通断状态进行优化组合，合理安排用户的供电路径，可以达到降低网损、消除过载和提高电压质量的目的。

三、确定电网的合理运行电压水平

变压器铁芯中的有功功率损耗在额定电压附近大致与电压平方成正比，当电网电压水平提高时，如果变压器的分接头也作相应的调整，则铁损将接近于不变。而线路的导线和变压器绕组中的功率损耗则和电压平方成反比。

必须指出，在电压水平提高后，由负荷的电压静态特性可知，负荷所取用的功率会略有增加。在额定电压附近，电压提高 1%，负荷的有功功率和无功功率将分别增大 1% 和 2% 左右，这将稍微增加网络中与通过功率有关的损耗。

一般来说，对于变压器的铁损在网络总损耗所占比重小于 50% 的电网，适当提高

运行电压都可以降低网损，电压在35kV及以上的电网基本上属于这种情况。但是，对于变压器铁损所占比重大于50%的电网，情况则正好相反。大量统计资料表明，在10kV的农村配电网中，变压器铁损在配电网总损失中所占比重超过50%。这是因为小容量变压器空载电流百分值比较大，而农村电力用户的负载率又比较低，变压器有许多时间处于轻载状态。对于这类电网，为降低功率损耗和能量损耗，宜适当降低运行电压。

无论对于哪一类电网，为了经济目的而提高或降低运行电压水平时，都应将其限制在电压偏移的允许范围内。当然，更不能影响电网的安全运行。

四、安排变压器的经济运行

在一个变电站内装有 n（n...2）台容量和型号都相同的变压器时，根据负荷的变化适当改变投入运行的变压器台数，可减少功率损耗。当总负荷功率为S时，并联运行的k台变压器的总损耗为

$$\sum^{k}\Delta P_{\mathrm{T}}=kP_0+kP_k\left(\frac{S}{kS_{\mathrm{N}}}\right)^2$$

式中 P_0 和 P_{k}—— 单台变压器的空载损耗和短路损耗；

S_{N}—— 单台变压器的额定容量。

由上式可见，铁芯损耗与台数成正比，绕组损耗则与台数成反比。当变压器轻载运行时，绕组损耗所占比重相对较小，铁芯损耗的比重相对较大，在某一负荷下，减少变压器台数，就能降低总的功率损耗。为求得这一临界负荷值，先写出总负荷功率为 S 时，k-1台并联运行的变压器的总损耗

$$\sum^{k-1}\Delta P_{\mathrm{T}}=(k-1)P_0+(k-1)P_{\mathrm{k}}\left(\frac{S}{kS_{\mathrm{N}}-S_{\mathrm{N}}}\right)^2$$

使 $\sum^{k-1}\Delta P_{\mathrm{T}}=\sum^{k}\Delta P_{\mathrm{T}}$ 的的负荷功率即是临界功率，其表达式为

$$S_{\mathrm{cr}}=S_{\mathrm{N}}\sqrt{k(k-1)\frac{P_0}{P_{\mathrm{k}}}} \qquad (9\text{-}31)$$

当负荷功率 $S>S_{cr}$ 时时，宜投入 k 台变压器并联运行；当 $S<S_{cr}$ 时，并联运行的变压器可减为 k-1台。

应该指出，对于季节性变化的负荷，使变压器投入的台数符合损耗最小的原则是有经济意义的，也是切实可行的。但是对一昼夜内多次大幅度变化的负荷，为了避免断路器因过多的操作而增加检修次数，变压器则不宜完全按照上述方式运行。当变电站仅有两台变压器而需要切除一台时，应有相应的措施以保证供电的可靠性。

此外，在农村配电网中，农忙季节的配电变压器常常严重过载运行，而其余季节主要是照明用电，变压器负载率低，出现“大马拉小车”的现象。这类情形下可以采用有载调容配电变压器，通过对变压器容量大小的自动调整，实现降损节能。

五、对电力网络进行规划和技术改造

随着用电量与负荷功率的增长，需要适时地对电网进行滚动规划与改造，例如增设电源点、提升线路电压等级、增大导线截面等，这些措施都有明显的降损效果。

在电网改造或扩建时，将110kV或220kV的高电压直接引入负荷中心，简化网络结构，减少变电层次（如将电压制式由110/35/10kV改造为110/10kV），不仅能大量地降低网损，而且是扩大供电能力、提高供电可靠性和改善电压质量的有效措施。

此外，调整用户的负荷曲线，减小高峰负荷和低谷负荷的差值，提高最小负荷率，也可降低能量损耗。

第四节　电力系统最优潮流

经典的电力系统有功功率经济运行问题是如何安排各发电机组的有功功率出力，使全系统的发电总燃料耗量（或总成本）最小，这属于系统有功功率优化调度的范畴。随着电力系统规模的扩大、运行水平的提高和计算条件的改善，电力系统优化运行的分析不再仅限于发电机组之间有功功率负荷的经济分配，而是要求全面掌握电力系统运行的功率分布及各母线电压，从而保证能安全、经济、优质和环保地向社会供电。这就促使把有功功率优化调度和潮流计算结合起来进行分析，形成了在现代电力系统分析占有重要地位的电力系统优化潮流（Optimal Power Flow，OPF）。

在最优潮流计算中，可以全面考虑有功功率及无功功率的调节，准确计入线路过负荷等安全约束问题，最终完整地给出优化的系统潮流信息。最优潮流可以采用不同的目标函数和约束条件，以解决不同性质和要求的问题。比如，当取目标函数为全系统的燃料消耗量时，最优潮流的解将可以同时是有功功率和无功功率的最优分配；当取目标函数为全系统的有功功率损耗，并且约束条件包含各个节点的电压要求时，则可以用来解决无功功率最优分配和电压控制问题。

对于水、火发电机组并列运行的水电机组，可以采用水煤换算系数将其折合成等值的火电机组。所以，在下面的阐述中，不再区分火电系统和水火电混合系统，而是以火电系统的数学模型进行电力系统最优潮流的分析。

在下面的数学模型中，假设系统中有 n 个节点，其中前 g 个节点为发电机节点，

第 g 个节点为平衡节点，考虑功率限制的支路数为 l。

一、最优潮流的变量

最优潮流涉及的变量一般可分为控制变量和状态变量两类。

控制变量是待优化选定的变量，由一组可由调度操作人员直接调整、控制的变量组成。如果用 u 表示控制变量的向量，则 u 的各分量包括：除了平衡节点外，其他节点的注入有功功率；PQ 节点的注入无功功率：平衡节点和 PV 节点的电压幅值。

此外，根据实际情况，还可将有载调压变压器的变比、事故时可启动的发电机并联电容器的投切或可切除的负荷等变量也包括在控制变量 u 中。

状态变量由需经潮流计算才能得到的那些变量组成。若用 x 表示状态变量的向量，则 x 的各分量包括：除平衡节点外，各节点电压相位；PQ 节点的电压幅值；平衡节点的注入有功功率；平衡节点和 PY 节点的注入无功功率。

有时，还可以把某些线路输送的有功、无功功率等其他一些所关心的变量也列入状态变量 x 中。

二、最优潮流的目标函数

最优潮流的目标函数可以是和运行状态有关的任何变量。这里所介绍的最优潮流，以全系统的燃料消耗量最小为目标，即

$$\min F=\sum_{i=1}^{g}F_i\left(P_{Gi}\right) \tag{9-32}$$

应注意，对第 g 个节点，因为它是平衡节点，所以其有功功率出力 P_{Gg} 与其他发电厂的有功功率出力不同，该功率是潮流计算中的状态变量，P_{Gg} 是电网各节点电压幅值和相位的函数，即

$P_{Gg}=f\left(U_k,\delta_k\right),k=1,2,\cdots,n$ 于是，式（9-32）可改写为

$$\min F=\sum_{i=1}^{g-1}F_i\left(P_{Gi}\right)+F_G\left[f\left(U_k,\delta_k\right)\right],k=1,2,\cdots,n \tag{9-33}$$

显然，目标函数不仅与控制变量有关，而且还与状态变量 X 以及其他控制变量有关，可以用向量形式将式（9-33）简记为

$$\min F=\sum_{i=1}^{g-1}F_i\left(P_{Gi}\right)+F_G\left[f\left(U_k,\delta_k\right)\right],k=1,2,\cdots,n \tag{9-34}$$

三、最优潮流的约束条件

寻求全系统发电总耗量 F 最小，应在满足系统运行的技术条件约束下进行。最优潮流的约束条件包括了等式约束和不等式约束两类。

（一）等式约束

对于各节点的给定负荷应满足节点的功率平衡方程。在潮流计算中需要联立求解的节点有功、无功平衡方程式是最优潮流计算的等式约束条件。当它们用控制变量 u、状态变量 x 表示时，可将这组约束以向量形式简记为

$$g(x,u)=0 \tag{9-35}$$

（二）不等式约束

不约束条件包括节点电压允许偏移的要求、发电机组的有功功率出力和无功功率出力的限制及支路功率的限制等。

各节点电压不应过高或过低，过高会危及设备绝缘，过低会影响系统及用户的正常运行甚至会导致电压崩溃。为此，对节点电压有式的上、下限约束。

电力线路和变压器支路的传输功率受导体发热以及并联运行稳定性的限制，它们在运行时传输功率应满足最大传输功率限制

$$S_{ij}^2 = P_{ij}^2 + Q_{ij}^2 \le S_{\mathrm{ij\,max}}^2 \tag{9-36}$$

其中的 P_{ij} 和 Q_{ij} 分别取实部和虚部而得。式（9-36）的个数等于所有需要考虑功率限制的支路数 l。

$$\left.\begin{aligned} P_{Gi}-P_{Gi\max} \le 0 \\ P_{Gi\min}-P_{Gi} \le 0 \end{aligned}\right\},i=1,2,\cdots,g \tag{9-37}$$

因此，这类不等式约束方程可以用向量形式简记为

$$h(x,u) \le 0 \tag{9-38}$$

四、最优潮流的数学模型

上述的电力系统最优潮流问题可写成用向量表示的一般形式

$$\left.\begin{aligned} \min F = F(x,u) \\ \text{s.t.}\quad g(x,u)=0 \\ h(x,u) \le 0 \end{aligned}\right\} \tag{9-39}$$

式（9-39）所描述的优化问题是一个典型的非线性规划问题，其中的变量是连续变量。但如果考虑有载调压变压器的分接头位置或者并联电容器的投切，则变量中还包含只取离散值的离散变量。在有关文献中，对于最优潮流问题提出过不少求解的方法，包括非线性规划算法、二次规划法、线性规划法、混合规划法，及一些基于人工智能的算法等，具体求解方法可参考其他资料。

第十章 电气控制与PLC控制技术

第一节 可编程序控制器概述

可编程控制器（Programmable Logic Controller，PLC），是一种数字运算操作的电子系统。专为在工业环境应用而设计的。它采用可编程序的存储器，其内部存储执行逻辑运算、顺序控制、定时、计数和算术运算等操作指令，并且通过数字的、模拟的输入和输出，控制各种类型的机械或生产过程。可编程序控制器及其有关设备，都是按易于和工业控制系统形成一体、易于扩充其功能的原则设计的。

一、可编程控制器组成部分、分类及特点

（一）可编程序控制器组成部分

PLC 可编程控制器由硬件系统和软件系统两个部分组成，其中硬件系统可分为中央处理器和储存器两个部分，软件系统则为 PLC 软件程序和 PLC 变成了语言两个部分。

1. 软件系统

（1）PLC 软件

PLC 可编程控制器的软件系统由 PLC 软件和编程语言组成，PLC 软件运行主要依靠系统程序和编程语言。一般情况下，控制器的系统程序在出厂前就已经被锁定在了 ROM 系统程序的储存设备中。

（2）PLC 编程语言

PLC 编程语言主要用辅助 PLC 软件的运作和使用，它的运作原理是利用编程元件继电器代替实际原件继电器进行运作，将编程逻辑转化为软件形式存在于系统当中，

从而帮助 PLC 软件运作和使用。

2. 硬件结构

（1）中央处理器

中央处理器在 PLC 可编程控制器中的作用相当于人体的大脑，用于控制系统运行的逻辑，执行运算和控制。它也是由两个部分组成，分别是运算系统和控制系统，运算系统执行数据运算和分析，控制系统则根据了运算结果和编程逻辑执行对生产线的控制、优化和监督。

（2）储存器

储存器主要执行数据储存、程序变动储存、逻辑变量以及工作信息等，储存系统也用于储存系统软件，这一储存器叫作程序储存器。PLC 可编程控制器中的储存硬件在出厂前就已经设定好了系统程序，而且整个控制器的系统软件也已经被储存在了储存器中。

（3）输入街出

输入街出执行数据输入和输入，它是系统与现场的 I / O 装置或别的设备进行连接的重要硬件装置，是实现信息输入和指令输出的重要环节。PLC 将工业生产和流水线运作的各类数据传送到主机当中，而后由主机中程序执行运算和操作，再将运算结果传送到输入模块，最后再由输入模块将中央处理器发出的执行命令转化为控制工业此案长的强电信号，控制电磁阀、电机及接触器执行输出指令。

（二）可编程序控制器分类

PLC 产品种类繁多，其规格和性能也各不相同。对 PLC 的分类，通常根据其结构形式的不同、功能的差异和 I / O 点数的多少等进行大致分类。

1. 按结构形式分类

根据 PLC 的结构形式，可将 PLC 分为整体式与模块式两类。

（1）整体式 PLC

整体式 PLC 是将 CPU、存储器、I / O 部件等组成部分集中于一体，安装在印刷电路板上，并连同电源一起装在一个机壳内，形成了一个整体，通常称为主机或基本单元。整体式结构的 PLC 具有结构紧凑、体积小、重量轻、价格低的优点。一般小型或超小型 PLC 多采用这种结构。整体式 PLC 由不同 I / O 点数的基本单元（又称主机）和扩展单元组成。基本单元内有 CPU、I / O 接口、与 I / O 扩展单元相连的扩展口，以及与编程器或 EPROM 写入器相连的接口等。扩展单元内除了 I / O 和电源等，没有其他的外设。基本单元和扩展单元之间一般用扁平电缆连接。整体式 PLC 一般还可配备特殊功能单元，如模拟量单元、位置控制单元等，使其功能得以扩展。

（2）模块式 PLC

模块式 PLC 是把各个组成部分做成独立的模块，如 CPU 模块、输入模块、输出模块、电源模块等。各模块作成插件式，并且将组装在一个具有标准尺寸并带有若干插槽的机架内。模块式 PLC 由框架或基板和各种模块组成。模块装在框架或基板的插座上。这种模块式 PLC 的特点是配置灵活，装配和维修方便，易于扩展。大、中型 PLC 一般采用模块式结构。

还有一些 PLC 将整体式和模块式的特点结合起来，构成所谓叠装式 PLC。叠装式 PLC 其 CPU、电源、I / O 接口等也是各自独立的模块，但它们之间是靠电缆进行连接，并且各模块可以一层层地叠装。这样，不但可以灵活配置系统，还可做得体积小巧。

2. 按功能分类

根据 PLC 所具有的不同功能，可将 PLC 分为低档、中档、高档三类。

（1）低档 PLC

具有逻辑运算、定时、计数、移位以及自诊断、监控等基本功能，还具有实现少量模拟量输入 / 输出、算术运算、数据传送和比较、通信的功能。主要用在逻辑控制、顺序控制或者少量模拟量控制的单机控制系统中。

（2）中档 PLC

不仅具有低档 PLC 的功能外，还具有模拟量输入 / 输出、算术运算、数据传送和比较、数制转换、远程 I / O、子程序、通信联网等强大的功能。有些还可增设中断控制、PID 控制等功能，比较适用于复杂控制系统中。

（3）高档 PLC

不仅具有中档机的功能外，还增加了带符号算术运算、矩阵运算、位逻辑运算、平方根运算及其他特殊功能函数的运算、制表以及表格传送等功能。高档 PLC 机具有更强的通信联网功能，可用于大规模过程控制或构成分布式网络控制系统，实现工厂自动化控制。

3. 按 I / O 点数分类

可编程控制器用对外部设备的控制，外部信号的输入 PLC 的运算结果的输出都要通过 PLC 输入输出端子来进行接线，输入、输出端子的数目之和被称作 PLC 的输入、输出点数，简称 I / O 点数。根据 PLC 的 I / O 点数的多少，可将 PLC 分为小型、中型和大型三类。

（1）小型 PLC

I / O 点数 < 256 点；单 CPU、8 位或 16 位处理器、用户存储器容量 4K 字以下。如 GE-I 型（美国通用电气（GE）公司），TI100（美国得州仪器公司），F、F1、F2（日本三菱电气公司）等。

（2）中型 PLC

I / O 点数 256 ~ 2048 点；双 CPU，用户存储器容量 2 ~ 8K。比如 S10-300（德国西门子公司），SR-400（中外合资无锡华光电子工业有限公司），SU-5、SU-6（德国西门子公司）等。

（3）大型 PLC

I / O 点数 > 2048 点；多 CPU，16 位、32 位处理器，用户存储器容量 8 ~ 16K。如 S10-400（德国西门子公司）、GE-IV（GE 公司）、C-2000（立石公司）、K3（三菱公司）等。

（三）可编程序控制器特点

1. 通用性强，使用方便

由于 PLC 产品的系列化和模块化，PLC 配备有品种齐全的各种硬件装置供用户选用。当控制对象的硬件配置确定以后，就可通过修改用户程序，方便快速地适应工艺条件的变化。

2. 功能性强，适应面广

现代 PLC 不仅具有逻辑运算、计时、计数、顺序控制等功能，而且还具有 A / D 和 D / A 转换、数值运算、数据处理等功能。因此，它既可以对开关量进行控制，也可对模拟量进行控制，既可控制 1 台生产机械、1 条生产线，也可控制 1 个生产过程。PLC 还具有通信联络功能，可与上位计算机构成分布式控制系统，实现遥控功能。

3. 可靠性高，抗干扰能力强

绝大多数用户都将可靠性作为选择控制装置的首要条件。针对 PLC 是专为在工业环境下应用而设计的，故采取了一系列硬件和软件抗干扰措施。硬件方面，隔离是抗干扰的主要措施之一。PLC 的输入、输出电路一般用光电耦合器来传递信号，使外部电路与 CPU 之间无电路联系，有效地抑制了外部干扰源对 PLC 的影响，同时，还可以防止外部高电压窜入 CPU 模块。滤波是抗干扰的另一主要措施，在 PLC 的电源电路和 I / O 模块中，设置了多种滤波电路，对于高频干扰信号有良好的抑制作用。软件方面，设置故障检测与诊断程序。采用了以上抗干扰措施后，一般 PLC 平均无故障时间高达 4 万 ~ 5 万 h。

4. 编程方法简单，容易掌握

PLC 配备有易于接受和掌握的梯形图语言。该语言编程元件的符号和表达方式与继电器控制电路原理图相当接近。

5. 控制系统的设计、安装、调试和维修方便

PLC 用软件功能取代了继电器控制系统中大量的中间继电器、时间继电器、计数器等部件，控制柜的设计、安装接线工作量大为减少。PLC 的用户程序大都可以在实验室模拟调试，调试好后再将 PLC 控制系统安装到生产现场，进行了联机统调。在维修方面，PLC 的故障率很低，且有完善的诊断和实现功能，一旦 PLC 外部的输入装置和执行机构发生故障，就可根据 PLC 上发光二极管或编程器上提供的信息，迅速查明原因。若是 PLC 本身问题，则可更换模块，迅速排除故障，维修极为方便。

6. 体积小、质量小、功耗低

由于 PLC 是将微电子技术应用于工业控制设备的新型产品，因而结构紧凑，坚固，体积小，质量小，功耗低，而且具有很好的抗震性和适应环境温度、湿度变化的能力。因此，PLC 很容易装入机械设备内部，是实现机电一体化较理想的控制设备。

二、可编程控制器工作原理

可编程控制器通电后，需要对硬件及其使用资源做一些初始化的工作，为了使可编程控制器的输出即时地响应各种输入信号，初始化后系统反复不停地分阶段处理各种不同的任务，这种周而复始的工作方式称为扫描工作方式。根据 PLC 的运行方式和主要构成特点来讲，PLC 实际上是一种计算机软件，并且是用于控制程序的计算机系统，它的主要优势在于比普通的计算机系统拥有更为强大的工程过程借口，这种程序更加适合于工业环境。PLC 的运作方式属于重复运作，主要通过循序扫描以及循环工作来实现，在主机程序的控制下，PLC 可重复对目标进行信

（一）系统初始化

PLC 上电后，要进行对 CPU 及各种资源的初始化处理，包括清除 I / O 映像区、变量存储器区、复位所有定时器，检查 I / O 模块的连接等。

（二）读取输入

在可编程序控制器的存储器中，设置了一片区域来存放输入信号和输出信号的状态，它们分别称之为输入映像寄存器和输出映像寄存器。在读取输入阶段，可编程序控制器把所有外部数字量输入电路的 ON / OFF（1 / 0）状态读入输入映像寄存器。外接的输入电路闭合时，对应的输入映像寄存器为 1 状态，梯形图中对应输入点的常开触点接通，常闭触点断开。外接的输入电路断开时，对应的输入映像寄存器为 0 状态，梯形图中对应输入点的常开触点断开，常闭触点接通。

（三）执行用户程序

可编程序控制器的用户程序由若干条指令组成，指令在存储器中按顺序排列。在用户程序执行阶段，在没有跳转指令时，CPU 从第一条指令开始，逐条顺序地执行用户程序，直至遇到结束（END）指令。遇到结束指令时，CPU 检查系统的智能模块是否需要服务。

在执行指令时，从 I / O 映像寄存器或别的位元件的映像寄存器读出其 I / O 状态，并且根据指令的要求执行相应的逻辑运算，运算的结果写入相应的映像寄存器中。因此，各映像寄存器（只读的输入映像寄存器除外）的内容随着程序的执行而变化。

在程序执行阶段，即使外部输入信号的状态发生了变化，输入映像寄存器的状态也不会随之而变，输入信号变化了的状态只能在下一个扫描周期的读取输入阶段被读入。执行程序时，对输入 / 输出的存取通常是通过映像寄存器，而不是实际的 I / O 点，这样做有以下好处：程序执行阶段的输入值是固定的，程序执行完后再用输出映像寄存器的值更新输出点，使系统的运行稳定；用户程序读写 I / O 映像寄存器比读写 I / O 点快得多，这样可以提高程序的执行速度；I / O 点必须按位来存取，而映像寄存器可按位、字节来存取，灵活性好。

（四）通信处理

在智能模块及通信信息处理阶段，CPU 模块检查智能模块是否需要服务，如需要，读取智能模块的信息并存放在缓冲区中，供下一扫描周期使用。在通信信息处理阶段，CPU 处理通信口接收到的信息，在适当的时候将信息传送给通信请求方。

（五）CPU 自诊断测试

自诊断测试包括定期检查 EPROM、用户程序存储器、I / O 模块状态以及 I / O 扩展总线的一致性，将监控定时器复位，及完成一些别的内部工作。

（六）修改输出

CPU 执行完用户程序后，将输出映像寄存器的 I / O 状态传送到输出模块并锁存起来。梯形图中某一输出位的线圈“通电”时，对应的输出映像寄存器为 1 状态。信号经输出模块隔离与功率放大后，继电器型输出模块中对应的硬件继电器的线圈通电，其常开触点闭合，使外部负载通电工作。若梯形图中输出点的线圈“断电”，对应的输出映像寄存器中存放的二进制数为 0，将它送到物理输出模块，对应的硬件继电器的线圈断电，其常开触点断开，外部负载断电，停止工作。

（七）中断程序处理

如果 PLC 提供中断服务，而用户在程序中使用了中断，中断事件发生时立即执行中断程序，中断程序可能在扫描周期的任意时刻上被执行。

（八）立即I／O处理

在程序执行过程中使用立即I／O指令可以直接存取I／O点。用立即I／O指令读输入点的值时，相应的输入映像寄存器的值未被更新。用立即I／O指令来改写输出点时，相应的输出映像寄存器的值被更新。

三、可编程控制器应用领域

在发达的工业国家，PLC已经广泛应用于钢铁、石油、化工、电力、建材、机械制造、汽车、轻纺、交通运输、环保以及文化娱乐等各行各业。随着PLC性能价格比的不断提高，一些过去使用专用计算机的场合，也转向使用PLC。PLC的应用范围在不断扩大，可归纳为如下几个方面。

（一）开关量的逻辑控制

这是PLC最基本最广泛的应用领域。PLC取代继电器控制系统，实现逻辑控制。比如：机床电气控制，冲床、铸造机械、运输带、包装机械的控制，注塑机的控制，化工系统中各种泵和电磁阀的控制，冶金企业的高炉上料系统、轧机、连铸机、飞剪的控制，电镀生产线、啤酒灌装生产线、汽车配装线、电视机和收音机的生产线控制等。

（二）运动控制

PLC可用于对直线运动或圆周运动的控制。早期直接用开关量I／O模块连接位置传感器与执行机构，现在一般使用专用的运动控制模块。这类模块一般带有微处理器，用来控制运动物体的位置、速度和加速度，它可以控制直线运动或者旋转运动、单轴或多轴运动。它们使运动控制与可编程控制器的顺序控制功能有机地结合在一起，被广泛地应用在机床、装配机械等场合。

世界上各主要PLC厂家生产的PLC几乎都有运动控制功能。如日本三菱公司的FX系列PLC的FX2N-1PG是脉冲输出模块，可作1轴块从位置传感器得到当前的位置值，并与给定值相比较，比较的结果用来控制步进电动机的驱动装置。一台FX2N可接8块FX2N-1PG。

（三）闭环过程控制

在工业生产中，一般用闭环控制方法来控制温度、压力、流量以及速度这一类连续变化的模拟量，无论是使用模拟调节器的模拟控制系统还是使用计算机（包括PLC）的控制系统，PID（Proportional Integral Differential，即比例—积分—微分调节）都因其良好的控制效果，得到了广泛的应用。PLC通过模拟量I／O模块实现模拟量与数字量之间的 A / D，D / A 转换，并对模拟量进行闭环 PID 控制，可用 PID 子程序来实现，也可使用专用的 PID 模块。PLC 的模拟量控制功能已经广泛应用于塑料挤压成型机、加热炉、热处理炉锅炉等设备，还广泛地应用于轻工、化工、机械、冶金、电力和建材等行业。

利用可编程控制器（PLC）实现对模拟量的 PID 闭环控制，具有性价比高、用户使用方便、可靠性高、抗干扰能力强等特点。用 PLC 对于模拟量进行数字 PID 控制时，可采用三种方法：使用 PID 过程控制模块；使用 PLC 内部的 PID 功能指令；或者用户自己编制 PID 控制程序。前两种方法要么价格昂贵，在大型控制系统中才使用；要么算法固定，不够灵活。因此，如果有的 PLC 没有 PI 功能指令，或者虽然可以使用 PID 指令，但是希望采用其他的 PID 控制算法，则可采用第三种方法，即自编 PID 控制程序。

PLC 在模拟量的数字 PID 控制中的控制特征是：由 PLC 自动采样，同时将采样的信号转换为适于运算的数字量，存放在指定的数据寄存器中，由数据处理指令调用、计算处理后，由 PLC 自动送出。其 PID 控制规律可由梯形图程序来实现，因而有很强的灵活性和适应性，一些原在模拟 PID 控制器中无法实现的问题在引入了 PLC 的数字 PID 控制后就可以得到解决。

（四）数据处理

现代的 PLC 具有数学运算、数据传递、转换、排序和查表、位操作等功能，可以完成数据的采集、分析和处理。这些数据可以与储存在存储器中的参考值比较，也可以用通信功能传送到别的智能装置，或者将其打印制表。数据处理一般用在大、中型控制系统，如柔性制造系统、过程控制系统等。

（五）机器人控制

机器人作为工业过程自动生产线中的重要设备，已成为未来工业生产自动化的三大支柱之一。现在许多机器人制造公司，选用 PLC 作为机器人控制器来控制各种机械动作。随着 PLC 体积进一步缩小，功能进一步增强，PLC 在机器人控制中的应用必将更加普遍。

（六）通信联网

PLC 的通信包括 PLC 之间的通信、PLC 与上位计算机与其他智能设备之间的通信。PLC 和计算机具有接口，用双绞线、同轴电缆或光缆将其联成网络，以实现信息的交换，并可构成“集中管理，分散控制”的分布式控制系统。

四、可编程控制器发展趋势

（一）传统可编程序控制器发展趋势

1. 技术发展迅速，产品更新换代快

随着微子技术、计算机技术和通信技术的不断发展，PLC 的结构和功能不断改进，生产厂家不断推出功能更强的 PLC 新产品，平均 3 ~ 5 年更新换代 1 次。PLC 的发展有两个重要趋势：

（1）向体积更小、速度更快、功能更强、价格更低的微型化发展，以适应复杂单机、数控机床和工业机器人等领域的控制要求，实现了机电一体化；

（2）向大型化、复杂化、多功能、分散型、多层分布式工厂全自动网络化方向发展。例如：美国 GE 公司推出的 Gen-ettwo 工厂全自动化网络系统，不仅具有逻辑运算、计时、计数等功能，还具有数值运算、模拟量控制、监控、计算机接口、数据传递等功能，而且还能进行中断控制、智能控制、过程控制、远程控制等。该系统配置了 GE / BASIC 语言，向上能与上位计算机进行数据通信，向下不仅能直接控制 CNC 数控机床、机器人，还可通过下级 PLC 去控制执行机构。在操作台上如果配备该公司的 Factory Master 数据采集和分析系统、Viewaster 彩色图像系统，则管理、控制整个工厂十分方便。

2. 开发各种智能模块，增强过程控制功能

智能 I / O 模块是以微处理器为基础的功能部件。它们的 CPU 与 PLC 的主 CPU 并行工作，占用主机 CPU 的时间很少，有利提高 PLC 的扫描速度。智能模块主要有模拟量 I / O、PID 回路控制、通信控制、机械运动控制等，高速计数、中断输入、BASIC 和 C 语言组件等。智能 I / O 的应用，使过程控制功能增强。某些 PLC 的过程控制还具有自适应、参数自整定功能，使调试时间减少，控制精度提高。

3. 与个人计算机相结合

目前，个人计算机主要用作 PLC 的编程器、操作站或者人 / 机接口终端，其发展是使 PLC 具备计算机的功能。大型 PLC 采用功能很强的微处理器和大容量存储器，将逻辑控制、模拟量控制、数学运算和通信功能紧密结合在一起。这样，PLC 与个人计算机、工业控制计算机及集散控制系统在功能和应用方面相互渗透，使控制系统的性能价格比不断提高。

4. PLC 与 PLC 之间的交换信息

通信联网功能不断增强 PLC 的通信联网功能使 PLC 与 PLC 之间，PLC 与计算机之间交换信息，形成一个统一的整体，实现分散集中控制。

5. 新的编程语言的发展

发展新的编程语言，增加容错功能改善和发展新的编程语言、高性能的外部设备和图形监控技术构成的人／机对话技术，除梯形图、流程图、专用语言指令外，还增加了 BASIC 语言的编程功能和容错功能。如双机热备、自动切换 I／O、双机表决（当输入状态与 PLC 逻辑状态比较出错时，自动断开该输出）、I／O 三重表决（对 I／O 状态进行软硬件表决，取两台相同的）等，从而满足极高可靠性要求。

6. 对硬件与编程工具不断升级

不断规范化、标准化 PLC 厂家在对硬件与编程工具不断升级的同时，日益向制造自动化协议（MAP）靠拢，并使 PLC 的基本部件（如输入输出模块、接线端子、通信协议、编程语言和编程工具等）的技术规范化、标准化，使不同产品互相兼容、易于组网，以真正方便用户，实现工厂生产的自动化。

（二）新型可编程序控制器发展趋势

目前，人们正致力于寻求开放型的硬件或软件平台，新一代 PLC 以下主要有两种发展趋势。

1. 向大型网络化、综合化方向发展

实现信息管理和工业生产相结合的综合自动化是 PLC 技术发展的趋势。现代工业自动化已不再局限于某些生产过程的自动化，采用了 32 位微处理器的多 CPU 并行工作和大容量存储器的超大型 PLC 可实现超万点的 I／O 控制，大中型 PLC 具有如下功能：函数运算、浮点运算、数据处理、文字处理、队列、阵运算、PLD 运算、超前补偿、滞后补偿、多段斜坡曲线生成、处方、配方、批处理、故障搜索、自诊断等。强化通信能力和网络化功能是大型 PLC 发展的一个重要方面。主要表现在：向下将多个 PLC 与远程 I／O 站点相连，向上和工控机或管理计算机相连构成整个工厂的自动化控制系统。

2. 向速度快、功能强的小型化方向发展

当前小型化 PLC 在工业控制领域具有不可替代的地位，随着应用范围的扩大，体积小、速度快、功能强、价格低的 PLC 广泛应用到工控领域的各个层面。小型 PLC 将由整体化结构向模块化结构发展，系统配置的灵活性得以增强。小型化发展具体表现在：结构上的更新、物理尺寸的缩小、运算速度的提高、网络功能的加强、价格成本的降低。小型 PLC 的功能得到进一步强化，可直接安装在机器内部，适用于回路或设备的单机控制，不仅能够完成开关量的 I／O 控制，还可实现高速计数、高速脉冲输出、PWM 波输出、中断控制 PLD 控制、网络通信等功能，更利于机电一体化的形成。

现代 PLC 在模块功能、运算速度、结构规模以及网络通信等方面都有了跨越式发展，它与计算机、通信、网络、半导体集成、控制、显示等技术的发展密切相关。PLC

已经融入了工 PC 和 DCS 的特点。面对激烈的技术市场竞争，PLC 面临其他控制新技术和新设备所带来的冲击，PLC 必须不断融入新技术、新方法，结合自身的特点，推陈出新，功能更加完善。PLC 技术的不断进步，加之在网络通信技术方面出现了新的突破，新一代 PLC 将能够更好地满足各种工业自动化控制的需要，其技术发展趋势有如下特点：

（1）网络化

PLC 相互之间以及 PLC 与计算机之间的通信是 PLC 的网络通信所包含的内容。人们在不断制订与完善通用的通信标准，以加强 PLC 的联网通信能力。PLC 典型的网络拓扑结构为设备控制、过程控制和信息管理 3 个层次，工业自动化使用最多、应用范围最广泛的自动化控制网络便是 PLC 及其网络。

人们把现场总线引入设备控制层后，工业生产过程现场的检测仪表、变频器等现场设备可直接与 PLC 相连；过程控制层配置工具软件，人机界面功能更加友好、方便；具有工艺流程、动态画面、趋势图生成等显示功能和各类报表制作等多种功能，还可使 PLC 实现跨地区的监控、编程、诊断、管理，实现工厂的整体自动化控制；信息管理层使控制与信息管理融为一体。在制造业自动化通信协议规约的推动下，PLC 网络中的以太网通信将会越来越重要。

（2）模块多样化和智能化

各厂家拥有多样的系列化 PLC 产品，形成了应用灵活，使用简便、通用性和兼容性更强的用户的系统配置。智能的输入 / 输出模块不依赖主机，通常也具有中央处理单元、存储器、输入 / 输出单元及与外部设备的接口，内部总线将它们连接起来。智能输入 / 输出模块在自身系统程序的管理下，进行现场信号的检测、处理和控制，并通过外部设备接口与 PLC 主机的输入 / 输出扩展接口连接，从而实现与主机的通信。智能输入 / 输出模块既可以处理快速变化的现场信号，还可使 PLC 主机能够执行更多的应用程序。

适应各种特殊功能需要的各种智能模块，比如智能 PID 模块、高速计数模块、温度检测模块、位置检测模块、运动控制模块、远程 I / O 模块、通信和人机接口模块等，其 CPI 与 PLC 的 CPU 并行工作，占用主机的 CPU 时间很少，可以提高 PLC 的扫描速度和完成特殊的控制要求。智能模块的出现，扩展了 PLC 功能，扩大了 PLC 应用范围，从而使得系统的设计更加灵活方便。

（3）高性能和高可靠性

如果 PLC 具有更大的存储容量、更高的运行速度和实时通信能力，必然可以提高 PLC 的处理能力、增强控制功能和范围。高速度包括运算速度、交换数据、编程设备服务及外部设备响应等方面的高速化，运行速度和存储容量是 PLC 非常重要的性能指标。

自诊断技术、冗余技术、容错技术在 PLC 中得到广泛应用，在 PLC 控制系统发生的故障中，外部故障发生率远远大于内部故障的发生率。PLC 内部故障通过 PLC 本身的软、硬件能够实现检测与处理，检测外部故障的专用智能模块将进一步提高控制系统的可靠性，具有容错和冗余性能的 PLC 技术将得以发展。

（4）编程朝着多样化、高级化方向发展

硬件结构的不断发展和功能的不断提高，PLC 编程语言，除了梯形图、语句表外，还出现了面向顺序控制的步进编程语言、面向过程控制的流程图语言以及与微机兼容的高级语言等，将满足适应各种控制要求。此外，功能更强、通用的组态软件将不断改善开发环境，提高开发效率。PLC 技术进步的发展趋势也将是多种编程语言的并存、互补与发展。

（5）集成化

所谓软件集成，就是将 PLC 的编程、操作界面、程序调试、故障诊断和处理、通信等集于一体。监控软件集成，系统将实现直接从生产中获得大量实时数据，并将数据加以分析后传送到管理层；此外，它还能将过程优化数据和生产过程的参数迅速地反馈到控制层。现在，系统的软、硬件只需通过模块化、系列化组合，便可在集成化的控制平台上“私人定制”的客户需要的控制系统，包括 PLC 控制系统、伺服控制系统、DCS 系统以及 SCADA 系统等，系统维护更加方便。将来，PLC 技术将会集成更多的系统功能，逐渐降低用户的使用难度，缩短开发周期以及降低开发成本，以满足工业用户的需求。在一个集成自动化系统中，设备间能够最大限度地实现资源的利用和共享。

（6）开放性与兼容性

信息相互交流的即时性、流通性对于工业控制系统而言，要求越来越高，系统整体性能更重要，人们更加注重 PLC 和周边设备的配合，用户对开放性要求强烈。系统不开放和不兼容会令用户难以充分利用自动化技术，给系统集成、系统升级和信息管理带来困难和附加成本。PLC 的品质既要看其内在技术是否先进，还需考察其符合国际标准化的程度和水平。标准化既可保证产品质量，也将保证各厂家产品之间的兼容性、开放性。编程软件统一、系统集成接口统一、网络和通信协议统一是 PLC 的开放性主要体现。目前，总线技术和以太网技术的协议是公开的，它为支持各种协议的 PLC 开放，提供了良好的条件。国际标准化组织提出的开放系统互联参考模型 0 钮，通信协议的标准化使各制造厂商的产品相互通信，促进 PLC 在开放功能上有较大发展。PLC 的开放性涉及通信协议、可靠性、技术保密性以及厂家商业利益等众多问题，PLC 的完全开放还有很长的路要走。PLC 的开放性会使其更好地与其他控制系统集成，这是 PLC 未来的主要发展方向之一。

系统开放可使第三方软件在符合开放系统互联标准的 PLC 上得到移植；采用标准化的软件可大大缩短系统开发时间，提高了系统的可靠性。软件的发展也表现在通信软件的应用上，近年推出的 PLC 都具有开放系统互联和通信的功能。标准编程方法将会使软件更容易操作和学习，软件开发工具和支持软件也相应地得到更广泛的应用。维护软件功能的增强，降低了维护人员的技能要求，减少了培训费用。面向对象的控件和 OCP 技术等高新技术被广泛应用于软件产品中。PLC 已经开始采用标准化的软件系统，高级语言编程也正逐步形成，为进一步的软件开放打下了基础。

（7）集成安全技术应用

集成安全基本原理是能够感知非正常工作状态并采取动作。安全集成系统与 PLC 标准控制系统共存，它们共享一个数据网络，安全集成系统的逻辑在 PLC 和智能驱动器硬件上运行。安全控制系统包括安全输入设备，比如急停按钮、安全门限位开关或连锁开关、安全光栅或光幕、双手控制按钮；安全控制电气元件，例如安全继电器、安全 PLC、安全总线；安全输出控制，例如主回路中的接触器、继电器、阀等。

PLC 控制系统的安全性也越来越得到重视，安全 PLC 控制系统就是专门为条件苛刻的任务或安全应用而设计的。安全 PLC 控制系统在其失效时不会对人员或过程安全带来危险。安全技术集成到伺服驱动系统中，便可以提供最短反应时间，设定的安全相关数据在两个独立微处理器的通道中被传输和处理。如发现某个通道中有监视参数存在误差时，驱动系统就会进入安全模式。PLC 控制系统的安全技术要求系统具有自诊断能力，可以监测硬件状态、程序执行状态和操作系统状态，保护安全 PLC 不受来自外界的干扰。

在 PLC 安全技术方面，各厂商在不断研发和推出安全 PLC 产品，例如在标准 I／O 组中加上内嵌安全功能的 I／O 模块，通过编程组态来实现安全控制，从而构成了全集成的安全系统。这种基于 Ethernet Power Link 的安全系统是一种集成的模块化的安全技术，成为可靠、高效的生产过程的安全保障。

由于安全集成系统与控制系统共享一条数据总线或者一些硬件，系统的数据传输和处理速度可以大幅度提高，同时还节省了大量布线、安装、试运行及维护成本。罗克韦尔推出了模块式和分布式的安全 PLC，西门子的安全 PLC 业已应用于汽车制造系统中。可以预见，安全 PLC 技术将会广泛应用于汽车、机床、机械、船舶、石化、电厂等领域。

第二节　软 PLC 技术

软 PLC 技术是目前国际工业自动化领域逐渐兴起的一项基于 PC 的新型控制技术。与传统硬 PLC 相比，软 PLC 具有更强的数据处理能力和强大的网络通信能力并具有开放的体系结构。目前，传统硬 PLC 控制系统已广泛应用机械制造工程机械、农林机械、矿山、冶金、石油化工、交通运输、海洋作业、军事器械以及航空航天和原子能等技术领域。但是，随着近些年计算机技术、通信和网络技术、微处理器技术、人机界面技术等迅速发展，工业自动化领域对开放式控制器和开放式控制系统的需求更加迫切，硬件和软件体系结构封闭的传统硬 PLC 遇到了严峻的挑战。

一、软PLC技术简介

随着计算机技术和通信技术的发展，采用高性能微处理器作为其控制核心，基于平台的技术得到迅速的发展和广泛的应用，基于的技术既具有传统在功能、可靠性、速度、故障查找方面的特点，又具有高速运算、丰富的编程语言以及方便的网络连接等优势。

基于 PC 的 PLC 技术是以 PC 的硬件技术、网络通信技术为基础，采用标准的 PC 开发语言进行开发，同时通过其内置的驱动引擎提供标准的 PLC 软件接口，使用符合 IEC61131-3 标准的工业开发界面及逻辑块图等软逻辑开发技术进行开发。通过 PC-Based PLC 的驱动引擎接口，一种 PC-Based PLC 可以使用多种软件开发，一种开发软件也可用于多种 PC-Based PLC 硬件。工程设计人员可以利用不同厂商的 PC-Based PLC 组成功能强大的混合控制系统，然后统一使用一种标准的开发界面，用熟悉的编程语言编制程序，以充分享受标准平台带来的益处，实现不同硬件之间软件的无缝移植，与其他PLC或计算机网络的通信方式可以采用通用的通信协议和低成本的以太网接口。

目前，利用 PC-Based PLC 设计的控制系统已成为最受欢迎的工业控制方案，PLC 与计算机已相互渗透和结合，不仅是 PLC 与 PLC 的兼容，而且是 PLC 与计算机的兼容使之可以充分利用 PC 现有的软件资源。而且 IEC61131-3 作为统一的工业控制编程标准已逐步网络化，不仅能与控制功能和信息管理功能融为一体，并且能与工业控制计算机、集散控制系统等进一步的渗透和结合，实现大规模系统的综合性自动控制。

二、软PLC工作原理

软 PLC 是一种基于 PC 的新型工业控制软件，它不但具有硬 PLC 在功能、可靠性、速度、故障查找等方面的优点，而且有效地利用了 PC 的各种技术，具有高速处理数据和强大的网络通信能力。

利用了软逻辑技术，可以自由配置 PLC 的软、硬件，使用用户熟悉的编程语言编写程序，可以将标准的工业 PC 转换成全功能的 PLC 型过程控制器。软 PLC 技术综合了计算机和 PLC 的开关量控制、模拟量控制、数学运算、数值处理、网络通信、PID 调节等功能，通过一个多任务控制内核，提供强大的指令集、快速而准确的扫描周期、可靠的操作和可连接各种 I / O 系统及网络的开放式结构。它遵循 IEC61131-3 标准，支持五种编程语言①结构化文本，②指令表语言，③梯形图语言，④功能块图语言，⑤顺序功能图语言，SFC；以及它们之间的相互转化。

三、软PLC系统组成

（一）系统硬件

软 PLC 系统良好的开放性能，其硬件平台较多，既有传统的 PLC 硬件，也有当前较流行的嵌入式芯片，对在网络环境下的 PC 或者 DCS 系统更是软 PLC 系统的优良硬件平台。

（二）开发系统

符合 IEC61131-3 标准开发系统提供一个标准 PLC 编辑器，并将五种语言编译成目标代码经过连接后下载到硬件系统中，同时应具有对应用程序的调试和与第三方程序通信的功能，开发系统主要具有以下功能：

（1）开放的控制算法接口，支持用户自定义的控制算法模块；

（2）仿真运行实时在线监控，可方便地进行编译和修改程序；

（3）支持数据结构，支持多种控制算法，如 PID 控制、模糊控制等；

（4）编程语言标准化，它遵循 IEC61131-3 标准，支持多种语言编程，并且各种编程语言之间可以相互转换；

（5）拥有强大的网络通信功能，支持基于 TCP / IP 网络，可以通过网络浏览器来对现场进行监控和操作。

（三）运行系统

软 PLC 的运行系统，是针对不同的硬件平台开发出的 IEC61131-3 的虚拟机，完成对目标代码的解释和执行。对不同的硬件平台，运行系统还必须支持与开发系统的通信和相应的 I / O 模块的通信。这一部分是软 PLC 的核心，完成输入处理、程序执行、输出处理等工作。通常由 I / O 接口、通信接口、系统管理器、错误管理器、调试内核和编译器组成：

1. I / O 接口

与 I / O 系统通信，包括本地 I / O 系统和远程 I / O 系统，远程 I / O 主要通过现场总线 InterBus、ProfiBus、CAN 等实现；

2. 通信接口

使运行系统可以与编程系统软件按照各种协议进行通信；

3. 系统管理器

处理不同任务、协调程序的执行，从 I / O 映像读写变量；

4. 错误管理器

检测和处理错误。

四、软PLC技术的发展

传统PLC有些弱点使它的发展受到限制：①PLC的软、硬体系结构封闭、不开放，专用总线、通信网络协议、各模块不通用；②编程语言虽多，但其组态、寻址、语言结构都不一致；③各品牌的PLC通用性和兼容性差；④各品牌产品的编程方法差别很大，技术专有性较强，用户使用某种品牌PLC时，不但要重新了解其硬件结构，还必须重新学习编程方法以及其他规定。

随着工业控制系统规模的不断扩大，控制结构日趋分散化和复杂化，需要PLC具有更多的用户接口、更强大的网络通信能力、更好的灵活性。近年来，随着IEC61131-3标准的推广，使得PLC呈现出PC化和软件化趋势。相对于传统PLC，软PLC技术以其开放性、灵活性和低成本占有很大优势。

软PLC按照IEC61131-3标准，打破以往各个PLC厂家互不兼容的局限性，可充分利用工业控制计算机（IPC）或嵌入式计算机（EPC）的硬、软件资源，用软件来实现传统PLC的功能，使系统从封闭走向开放。软PLC技术提供了PLC的相同功能，却具备了PC的各种优点。

软PLC具有高速数据处理能力和强大网络功能，可以简化自动化系统的体系结构，把控制、数据采集、通信、人机界面及特定应用，集成到一个统一开放系统平台上，采用开放的总线网络协议标准，满足了未来控制系统开放性和柔性的要求。

基于PC的软PLC系统简化了系统的网络结构和设备设计，简化了复杂的通信接口，提高了系统的通信效率，降低了硬件投资，易于调试和维护。通过OPC技术能够方便地与第三方控制产品建立通信，便于与其他控制产品集成。

目前，软PLC技术还处于发展初期，成熟完善的产品不多。软PLC技术也存在一些问题，主要是以PC为基础的控制引擎的实时性问题及设备的可靠性问题。随着技术的发展，相信软PLC会逐渐走向成熟。

第三节　PLC控制系统的安装与调试

一、PLC使用的工作环境要求

任何设备的正常运行都需要一定的外部环境，PLC对于使用环境有特定的要求。

PLC 在安装调试过程中应注意以下几点：

（一）温度

PLC 对现场环境温度有一定要求。一般水平安装方式要求环境温度 0 ~ 60℃，垂直安装方式要求环境温度为 0 ~ 40℃，空气的相对湿度应小于 85%（无凝露）。为了保证合适的温度、湿度，在 PLC 设计及安装时，必须考虑如下事项：

1. 电气控制柜的设计

柜体应该有足够的散热空间。柜体设计应该考虑空气对流的散热孔，对发热厉害的电气元件，应该考虑设计散热风扇。

2. 安装注意事项

PLC 安装时，不能放在发热量大的元器件附近，要避免阳光直射以及防水防潮；同时，要避免环境温度变化过大，以免内部形成凝露。

（二）振动

PLC 应远离强烈的振动源，防止 10 ~ 55Hz 的振动频率频繁或连续振动。火电厂大型电气设备中，比如送风机一次风机、引风机、电动给水泵、磨煤机等，工作时产生较大的振动，因此 PLC 应远离以上设备。当使用环境不可避免振动时，必须采取减振措施，如采用减振胶等。

（三）空气

避免有腐蚀和易燃的气体，例如氯化氢、硫化氢等。对于空气中有较多粉尘或腐蚀性气体的环境，可将 PLC 安装在封闭性较好的控制室或者控制柜中，并安装空气净化装置。

（四）电源

PLC 供电电源为 50Hz、220（1 ± 10%）V 的交流电。对于电源线来的干扰，PLC 本身具有足够的抵制能力。对于可靠性要求很高的场合或电源干扰特别严重的环境，可以安装一台带屏蔽层的变比为 1 ： 1 的隔离变压器，从而减少设备与地之间的干扰。

二、PLC自动控制系统调试

调试工作是检查 PLC 控制系统能否满足控制要求的关键工作，是对系统性能的一次客观、综合的评价。系统投用前必须经过全系统功能的严格调试，直到满足要求并经有关用户代表、监理和设计等签字确认后才能交付使用。调试人员应受过系统的专门培训，对控制系统的构成、硬件和软件的使用和操作都比较熟悉。调试人员在调试时发现的问题，都应及时联系有关设计人员，在设计人员同意后方可进行修改，修改需做详细的记录，修改后的软件要进行备份。并对调试修改部分做好文档的整理和归档。调试内容主要包括输入输出功能、控制逻辑功能、通信功能以及处理器性能测试等。

（一）调试方法

PLC 实现的自动控制系统，其控制功能基本都是通过设计软件来实现。这种软件是利用 PLC 厂商提供的指令系统，根据机械设备的工艺流程来设计的。这些指令基本都不能直接操作计算机的硬件。程序设计者不能直接操作计算机的硬件，减少了软件设计的难度，使得系统的设计周期缩短，同时又带来了控制系统其他方面的问题。在实际调试过程中，有时出现这样的情况：一个软件系统从理论上推敲能完全符合机械设备的工艺要求，而在运行过程中无论如何也不能投入正常运转。在系统调试过程中，如果出现软件设计达不到机械设备的工艺要求，除了考虑软件设计的方法外，还可从以下几个方面寻求解决的途径。

1. 输入输出回路调试

（1）模拟量输入（AI）回路调试

要仔细核对 I / O 模块的地址分配；检查回路供电方式（内供电或外供电）是否与现场仪表相一致；用信号发生器在现场端对每个通道加入信号，通常取 0、50% 和 100% 三点进行检查。对有报警、连锁值的 AI 回路，还要在报警连锁值（如高报、低报和连锁点以及精度）进行检查，确认有关报警以及连锁状态的正确性。

（2）模拟量输出（AO）回路调试

可根据回路控制的要求，用手动输出（即直接在控制系统中设定）的办法检查执行机构（如阀门开度等），通常也取 0、50% 和 100% 三点进行检查；同时通过闭环控制，检查输出是否满足有关要求。对有报警、连锁值的 AO 回路，还要在报警连锁值（如高报、低报和连锁点以及精度）进行检查，确认有关报警、连锁状态的正确性。

（3）开关量输入（DI）回路调试

在相应的现场端短接或断开，检查开关量输入模块对应通道地址的发光二极管的变化，同时检查通道的通、断变化。

（4）开关量输出（DO）回路调试

可通过 PLC 系统提供的强制功能对输出点进行检查。通过强制，检查开关量输出模块对应通道地址的发光二极管的变化，同时检查通道的通及断变化。

2. 回路调试注意事项

（1）对开关量输入输出回路，要注意保持状态的一致性原则，通常采用正逻辑原则，即当输入输出带电时，为“ON”状态，数据值为“1”；反之，当输入输出失电时，为“OFF”状态，数据值为“0”。这样，便于理解和维护。

（2）对负载大的开关量输入输出模块应通过继电器与现场隔离，即现场接点尽量不要直接与输入输出模块连接。

（3）使用PLC提供的强制功能时，要注意在测试完毕后，应还原状态；在同一时间内，不应对过多的点进行强制操作，避免损坏模块。

3. 控制逻辑功能调试

控制逻辑功能调试，须会同设计、工艺代表和项目管理人员共同完成。要应用处理器的测试功能设定输入条件，根据处理器逻辑检查输出状态的变化是否正确，以确认系统的控制逻辑功能。对所有的连锁回路，应模拟连锁的工艺条件，仔细检查连锁动作的正确性，并做好调试记录和会签确认。

检查工作是对设计控制程序软件进行验收的过程，是调试过程中最复杂、技术要求最高、难度最大的一项工作。特别在有专利技术应用、专用软件等情况下，更加要仔细检查其控制的正确性，应留有一定的操作裕度，同时保证工艺操作的正常运作以及系统的安全性、可靠性和灵活性。

4. 处理器性能测试

处理器性能测试要按照系统说明书的要求进行，确保系统具有说明书描述的功能且稳定可靠，包括系统通信、备用电池和其他特殊模块的检查。对有冗余配置的系统必须进行冗余测试。即对冗余设计的部分进行全面的检查，包括了电源冗余、处理器冗余、I／O冗余和通信冗余等。

（1）电源冗余

切断其中一路电源，系统应能继续正常运行，系统无扰动；被断电的电源加电后能恢复正常。

（2）处理器冗余

切断主处理器电源或切换主处理器的运行开关，热备处理器应能自动成为主处理器，系统运行正常，输出无扰动；被断电的处理器加电后能恢复正常并且处于备用状态。

（3）I／O冗余

选择互为冗余、地址对应的输入和输出点，输入模块施加相同的输入信号，输出模块连接状态指示仪表。分别通断（或者热插拔，如果允许）冗余输入模块和输出模块，检查其状态是否能保持不变。

（4）通信冗余

可通过切断其中一个通信模块的电源或断开一条网络，检查系统能否正常通信和运行；复位后，相应的模块状态应自动恢复正常。

冗余测试，要根据设计要求，对一切有冗余设计的模块都进行冗余检查。此外，对系统功能的检查包括系统自检、文件查找、文件编译和下装、维护信息、备份等功能。对较为复杂的 PLC 系统，系统功能检查还包括逻辑图组态、回路组态和特殊 I / O 功能等内容。

（二）调试内容

1. 扫描周期和响应时间

用 PC 设计一个控制系统时，一个最重要的参数就是时间。PC 执行程序中的所有指令要用多少时间（扫描时间）？有一个输入信号经过 PC 多长时间后才能有一个输出信号（响应时间）？掌握这些参数，对于设计和调试控制系统无疑非常重要。

当PC开始运行之后，它串行地执行存储器中的程序。可以把扫描时间分为4个部分：①共同部分，例如清除时间监视器和检查程序存储器；②数据输入、输出；③执行指令；④执行外围设备指令。

时间监视器是 PC 内部用来测量扫描时间的一个定时器。所谓扫描时间，是执行上面 4 个部分总共花费的时间。扫描时间的多少取决于系统的购置、I / O 的点数、程序中使用的指令及外围设备的连接。当一个系统的硬件设计定型后，扫描时间主要取决：于软件指令的长短。

从 PC 收到一个输入信号到向输出端输出一个控制信号所需的时间，叫响应时间。响应时间是可变的，例如在一个扫描周期结束时，收到一个输入信号，下一个扫描周期一开始，这个输入信号就起作用了。这时，这个输入信号的响应时间最短，它是输入延迟时间、扫描周期时间、输出延迟时间三者的和。如在扫描周期开始收到了一个输入信号，在扫描周期内该输入信号不会起作用，只能等到下一个扫描周期才能起作用。这时，这个输入信号的响应时间最长，它是输入延迟时间、两个扫描周期的时间、输出延迟时间三者的和。

从上面的响应时间估算公式可以看出，输入信号的响应时间由扫描周期决定。扫描周期一方面取决于系统的硬件配置，另一方面由控制软件中使用的指令和指令的条数决定。在砌块成型机自动控制系统调试过程中发生这样的情况：自动推板过程（把砌块从成型台上送到输送机上的过程）的启动，要靠成型工艺过程的完成信号来启动，输送砖坯的过程完成同时也是送板得过程完成，通知控制系统可完成下一个成型过程。

单从程序的执行顺序上考察，控制时序的安排是正确的。可是，在调试的过程中发现，系统实际的控制时序是，当第一个成型过程完成后，并不进行自动推板过程，而是直接开始下一个成型过程。遇到这种情况，设计者和用户的第一反应一般都是怀疑程序设计错误。经反复检查程序，并且未发现错误，这时才考虑到可能是指令的响应时间产生了问题。砌块成型机的控制系统是一个庞大的系统，其软件控制指令达五六百条。分析上面的梯形图，成型过程的启动信号置位，成型过程开始记忆，控制开始下一个成型过程。而下一个成型过程启动信号，由上一个成型过程的结束信号和有板信号产生。这时，就将产生这样的情况，在某个扫描周期内扫描到 HR002 信号，在执行置位推板记忆时，该信号没有响应，启动了成型过程。系统实际运行的情况是，时而工作过程正常，时而是当上一个成型过程结束时不进行推板过程，直接进行下一个成型过程，这可能是因为输入信号的响应时间过长引起的。在这种情况下，由于硬件配置不能改变，指令条数也不可改变。处理过程中，设法在软件上做调整，使成型过程结束信号早点发出，问题得到了解决。

2. 软件复位

在 PLC 程序设计中使用最平常的一种是称为保持继电器的内部继电器。PLC 的保持继电器从 HR000 到 HR915，共 10×16 个。另一种是定时器或计数器从 TIM00 到 TIM47（CNT00 到 CNT47）共 48 个（不同型号的 PLC 保持继电器，定时器的点数不同）。其中，保持继电器实现的是记忆的功能，记忆着机械系统的运转状况、控制系统运转的正常时序。在时序的控制上，为实现控制的安全性、及时性、准确性，通常采用当一个机械动作完成时，其控制信号（由保持继电器产生）用来终止上一个机械动作的同时，启动下一个机械动作的控制方法。考虑到非法停机时保持继电器和时间继电器不能正常被复位的情况，在开机前，如不强制使保持继电器复位，将会产生机械设备的误动作。系统设计时，通常采用的方法是设置硬件复位按钮，需要的时候，能够使保持继电器、定时器、计数器、高速计数器强制复位。在控制系统的调试中发现，如果使用保持继电器、定时器、计数器、高速计数器次数过多，硬件复位的功能很多时候会不起作用，也就是说，硬件复位的方法有时不能准确、及时地使 PLC 的内部继电器、定时器、计数器复位，从而导致控制系统不能正常运转。为确保系统的正常运转，在调试过程中，人为地设置软件复位信号作为内部信号，可确保保持继电器有效复位，使系统在任何情况下均正常运转。

3. 硬件电路

PLC 的组成的控制系统硬件电路当一个两线式传感器，例如光电开关、接近开关或限位开关等，作为输入信号装置被接到 PLC 的输入端时，漏电流可能会导致输入信号为 ON。在系统调试中，如果偶尔产生误动作，有可能是漏电流产生的错误信号引起的。为防止这种情况发生，在设计硬件电路时，可在输入端接一个并联电阻。其中，不同型号的 PLC 漏电流值可查阅厂商提供的产品手册。在硬件电路上做这样的处理，可有效地避免由于漏电流产生的误动作。

三、PLC控制系统程序调试

PLC 控制系统程序调试一般包括 I / O 端子测试和系统调试两部分内容，良好调试步骤有利于加速总装调试过程。

（一）I / O端子测试

用手动开关暂时代替现场输入信号，以手动方式逐一对 PLC 输入端子进行检查、验证，PLC 输入端子示灯点亮，表示正常；反之，应检查接线是 I / O 点坏。

我们可以编写一个小程序，输出电源良好情况下，检查所有 PLC 输出端子指示灯是否全亮。PLC 输入端子指示灯点亮，表示正常；相反，应检查接线是 I / O 点坏。

（二）系统调试

系统调试应首先按控制要求将电源、外部电路与输入输出端连接好，然后装载程序于 PLC 中，运行 PLC 进行调试。将 PLC 与现场设备连接。正式调试前全面检查整个 PLC 控制系统，包括电源、接线、设备连接线、I / O 连线等。保证整个硬件连接在正确无误情况下即可送电。

把 PLC 控制单元工作方式设置为“RUN”开始运行。反复调试消除可能出现各种问题。调试过程中也可以根据实际需求对硬件做适当修改以配合软件调试。应保持足够长的运行时间使问题充分暴露并加以纠正。调试中多数是控制程序问题，一般分以下几步进行：对每一个现场信号和控制量做单独测试；检查硬件 / 修改程序；对现场信号和控制量做综合测试；带设备调试；调试结束。

四、PLC控制系统安装调试步骤

合理安排系统安装与调试程序，是确保高效优质的完成安装与调试任务的关键。经过现场检验并进一步地修改后的步骤如下。

（一）前期技术准备

系统安装调试前的技术工作准备的是否充分对安装与调试的顺利与否起着至关重要的作用。前期技术准备工作包括以下几个内容：

（1）熟悉 PC 随机技术资料、原文资料，深入理解其性能、功能及各种操作要求，制订操作规程。

（2）深入了解设计资料，对于系统工艺流程，特别是工艺对各生产设备的控制要求要吃透，做到这两点，才能按照子系统绘制工艺流程连锁图、系统功能图、系统运行逻辑框图，这将有助于对系统运行逻辑的深刻理解，是前期技术准备的重要环节。

（3）熟悉掌握各工艺设备的性能、设计与安装情况，特别是各设备的控制与动力接线图，将图纸与实物相对照，以便于及时发现错误并且快速纠正。

（4）在吃透设计方案与 PC 技术资料的基础上，列出 PC 输入输出点号表（包括内部线圈一览表，I / O 所在位置，对应设备及各 I / O 点功能）。

（5）研读设计提供的程序，将逻辑复杂的部分输入、输串点绘制成时序图，在绘制时序图时会发现一些设计中的逻辑错误，这样方便及时调整并改正。

（6）对分子系统编制调试方案，然后在集体讨论的基础上将子系统调试方案综合起来，成为全系统调试方案。

（二）PLC商检

商检应由甲乙双方共同进行，应确认设备及备品、备件技术资料、附件等的型号、数量、规格，其性能是否完好待实验了现场调试时验证。商检结果，双方应签署交换清单。

（三）实验室调试

（1）PLC 的实验室安装与开通制作金属支架，将各工作站的输入输出模块固定其上，按安装提要将各站与主机、编程器、打印机等相连接起来，并检查接线是否正确，在确定供电电源等级与 PLC 电压选择相符合后，按开机程序送电，装入系统配置带，确认系统配置，装入编程器装载带、编程带等，按照操作规则将系统开通，此时即可进行各项试验的操作。

（2）键入工作程序：在编程器上输入工作程序。

（3）模拟Ｉ／Ｏ输入、输出，检查修改程序。本步骤的目的在于验证输入的工作程序是否正确，该程序的逻辑所表达的工艺设备的连锁关系是否与设计的工艺控制要求相符合，程序在运行过程中是否畅通。若不相符或不能运行完成全过程，说明程序有错误误，应及时进行修改。在这一过程中，对于程序的理解将会进一步加深，为现场调试做好充足的准备，同时也可以发现程序不合理和不完善的部分，以便于进一步优化与完善。

调试方法有两种：

（1）模拟方法：按设计做一块调试版，以钮子开关模拟输入节点，以小型继电器模拟生产工艺设备的继电器与接触器，其辅助接点模拟设备运行时的返回信号节点。其优点是具有模拟的真实性，可以反映出开关速度差异很大的现场机械触点和 PLC 内的电子触点相互连接时，是否会发生逻辑误动作，其缺点是需要增加调试费用和部分调试工作量。

（2）强置方法：利用 PLC 强置功能，对程序中涉及现场的机械触点（开关），以强置的方法使其“通”“断”，迫使程序运行。其优点是调试工作量小，简便，无须另外增加费用。缺点是逻辑验证不全面，人工强置模拟现场节点“通”“断”，会造成程序运行不能连续，只能分段进行。

根据我们现场调试的经验，对部分重要的现场节点采取模拟方式，其余的采用强置方式，取二者之长互补。

逻辑验证阶段要强调逐日填写调试工作日志，内容包括了调试人员、时间、调试内容、修改记录、故障及处理、交接验收签字，以建立调试工作责任制，留下调试的第一手资料。对于设计程序的修改部分，应在设计图上注明，及时征求设计者的意见，力求准确体现设计要求。

（四）PLC的现场安装与检查

实验室调试完成后，待条件成熟，将设备移至现场安装。安装时应符合要求，插件插入牢靠，并用螺栓紧固；通信电缆要统一型号，不能混用，必要时要用仪器检查线路信号衰减量，其衰减值不超过技术资料提出的指标；测量主机、I / O 柜、连接电缆等的对地绝缘电阻；测量系统专用接地的接地电阻；检查供电电源；等，并做好记录，待确认所有各项均符合要求后，才可通电开机。

（五）现场工艺设备接线、I / O接点及信号的检查与调整

对现场各工艺设备的控制回路、主回路接线的正确性进行检查并确认，在手动方式下进行单体试车；对进行 PLC 系统的全部输入点（包括转换开关、按钮、继电器与接触器触点，限位开关、仪表的位式调节开关等）及其与 PLC 输入模块的连线进行检查并反复操作，确认其正确性；对接收 PLC 输出的全部继电器、接触器线圈及其他执行元件及它们与输出模块的连线进行检查，确认其正确性；测量并记录其回路电阻，对地绝缘电阻，必要时应按输出节点的电源电压等级，向输出回路供电，以确保输出回路未短路；否则，当输出点向输出回路送电时，会因短路而烧坏模块。

一般来说，大中型 PLC 如果装上模拟输入输出模块，还可以接收和输出模拟量。在这种情况下，要对向 PLC 输送模拟输入信号的一次检测或变送元件，以及接收 PLC 模拟输出信号的调节或执行装置进行检查，确认其正确性。必要时，还应向检测与变送装置送入模拟输入量，以检验其安装的正确性以及输出的模拟量是否正确并是否符合 PLC 所要求的标准；向接收 PLC 模拟输出信号调节或执行元件，送入与 PLC 模拟量相同的模拟信号，检查调节可执行装置能否正常工作。装上模拟输入与输出模块的 PLC，可以对生产过程中的工艺参数（模拟量）进行监测，按设计方案预定的模型进行运算与调节，实行生产工艺流程的过程控制。

本步骤至关重要，检查和调整过程复杂且麻烦，必须认真对待。因为只要所有外部工艺设备完好，所有送入 PLC 的外部节点正确、可靠、稳定，所有线路连接无误，加上程序逻辑验证无误，则进入联动调试时，就能一举成功，收到事半功倍的效果。

（六）统模拟联动空投试验

本步骤的试验目的是将经过实验室调试的 PLC 机及逻辑程序，放到实际工艺流程中，通过现场工艺设备的输入、输出节点及连接线路进行系统运行的逻辑验证。

试验时，将 PLC 控制的工艺设备（主要指电力拖动设备）主回路断开二相（仅保留作为继电控制电源的一相，使其在送电时不会转动。按设计要求对子系统的不同运转方式及其他控制功能，逐项进行系统模拟实验，先确认各转换开关、工作方式选择开关，其他预置开关的正确位置，然后通过了 PLC 起动系统，按连锁顺序观察并记录 PLC 各输出节点所对应的继电器、接触器的吸合与断开情况，以及其顺序、时间间隔

信号指示等是否与设计的工艺流程逻辑控制要求相符，观察并记录其他装置的工作情况。对模拟联动空投试验中不能动作的执行机构，料位开关、限位开关、仪表的开关量与模拟量输入、输出节点，与其他子系统的连锁等，视具体情况采用手动辅助、外部输入、机内强置等手段加以模拟，从而协助 PLC 指挥整个系统按设计的逻辑控制要求运行。

（七）PLC控制的单体试车

本步骤试验的目的是确认 PCL 输出回路能否驱动继电器、接触器的正常接通，而使设备运转，并检查运转后的设备，其返回信号是否能正确送入 PLC 输入回路，限位开关能否正常动作。

其方法是，在 PLC 控制下，机内强置对应某一工艺设备（电动机、执行机构等）的输出节点，使其继电器、接触器动作，设备运转。这时应观察并记录设备运输情况，检查设备运转返回信号及限位开关、执行机构的动作是否正确无误。

试验时应特别注意，被强置的设备应悬挂运转危险指示牌，设专人值守。待机旁值守人员发出起动指令后，PLC 操作人员才能强置设备起动。应当特别重视的是，在整个调试过程中，没有充分的准备，绝不允许采用强置方法起动设备，以确保安全。

（八）PLC控制下的系统无负荷联动试运转

本步骤的试验目的是确认经过了单体无负荷试运行的工艺设备与经过系统模拟试运行证明逻辑无误的 PLC 连接后，能否按工艺要求正确运行，信号系统是否正确，检验各外部节点的可靠性、稳定性。试验前，要编制系统无负荷联动试车方案，讨论确认后严格按方案执行。试验时，先分子系统联动，子系统的连锁用人工辅助（节点短接或强置），然后进行全系统联动，试验内容应包括设计要求的各种起停和运转方式、事故状态和非常状态下的停车、各种信号等。总之，应尽可能地充分设想，使之更符合现场实际情况。事故状态可用强置方法模拟，事故点的设置要根据工艺要求确定。

在联动负荷试车前，一定要再对全系统进行一次全面检查，并对操作人员进行培训，确保系统联动负荷试车一次成功。

五、PLC控制系统安装调试中的问题

（一）信号衰减问题的讨论

（1）从 PLC 主机至 I / O 站的信号最大衰减值为 35dB。所以，电缆敷设前应仔细规划，画出电缆敷设图，尽量缩短电缆长度（长度每增加 1km，信号衰减 0.8dB）；尽量少用分支器（每个分支器信号衰减 14dB）和电缆接头（每个电缆接头信号衰减 1dB）。

（2）通信电缆最好采用单总线方式敷设，即由统一的通信干线通过分支器接 I / O 站，而不是呈星状放射状敷设。PLC 主机左右两边的 I / O 站数及传输距离应尽可能一致，这样能保证一个较好的网络阻抗匹配。

（3）分支器应尽可能靠近 I / O 站，以减少干扰。

（4）通信电缆末端应接 75Ω 电阻的 BNC 电缆终端器，与各 I / O 柜相连接，将电缆由 I / O 柜拆下时，带 75Ω 电阻的终端头应连在电缆网络的一头，从而保持良好的匹配。

（5）通信电缆与高压电缆间距至少应保证 40cm / kV；必须与高压电缆交叉时，必须垂直交叉。

（6）通信电缆应避免与交流电源线平行敷设，从而减少交流电源对通信的干扰。同理，通信电缆应尽量避开大电机、电焊机、大电感器等设备。

（7）通信电缆敷设要避开高温及易受化学腐蚀的地区。

（8）电缆敷设时要按 0.05% / ℃留有余地，以满足热胀冷缩的要求。

（9）所有电缆接头，分支器等均应连接紧密，用螺钉紧固。

（10）剥削电缆外皮时，切忌损坏屏蔽层，切断金属箔与绝缘体时，一定要用专用工具剥线，切忌刻伤损坏中心导线。

（二）系统接地问题的讨论

（1）主机及各分支站以上的部分，应用 10mm 的编织铜线汇接在一起经单独引下线接至独立的接地网，一定要与低压接地网分开，以避免干扰。系统接地电阻应小于 4Ω。PLC 主机及各屏、柜与基础底座间要垫 3mm 厚橡胶使之绝缘，螺栓也要经过绝缘处理。

（2）I / O 站设备本体的接地应用单独的引下线引至共用接地网。

（3）通信电缆屏蔽层应在 PLC 主机侧 I / O 处理模块处一起汇集接到系统的专用接地网，在 I / O 站一侧则不应接地。电缆接头的接地也应通过电缆屏蔽层接至专用接地网。要特别提醒的是决不允许电缆屏蔽层有二点接地形成闭合回路，否则易产生干扰。

（4）电源应采用隔离方式，即电源中性线接地，这样尚不平衡电流出现时将经电源中性线直接进入系统中性点，而不会经保护接地形成回路，造成了对 PLC 运行的干扰。

（5）I / O 模块的接地接至电源中性线上。

（三）调试中应注意的问题

第一，系统联机前要进行组态，即确定系统管理的 I / O 点数，输入寄存器、保持寄存器数、通信端口数及其参数、I / O 站的匹配及其调度方法、用户占用的逻辑区大小，等。组态一经确认，系统便按照一定的约束规则运行。重新组态时，按原组态的约定生成的程序将不能在新的组态下运行，否则会引起系统紊乱，这是要特别引起重视的。因此，第一次组态时须十分慎重，I / O站、I / O点数，寄存器数、通信端口数、用户存储空间等均要留有余地，以考虑近期的发展。但是，I / O站、I / O点数、寄存器数、端口数等的设置，都要占用一定的内存，同时延长扫描时间，降低运行速度；故此，余量又不能留得太多，特别要引起注意的是运行中的系统不能重新组态。

第二，对于大中型PLC机来说，由于CPU对程序的扫描是分段进行的，每段程序分段扫描完毕，即更新一次I / O点的状态，因而大大提高了系统的实时性。但是，若程序分段不当，也可能引起实时性降低或运行速度减慢的问题。分段不同将显著影响程序运行的时间，个别程序段特长的情况尤其如此。一般地说，理想的程序分段是各段程序有大致相当的长度。

第四节 PLC的通信及网络

一、PLC通信概述

（一）PLC通信介质

通信介质就是在通信系统中位于发送端与接收端之间的物理通路。通信介质一般可分为导向性与非导向性介质两种。导向性介质有双绞线、同轴电缆和光纤等，这种介质将引导信号的传播方向；非导向性介质一般通过空气传播信号，它不为信号引导传播方向，如短波、微波和红外线通信等。

1. 双绞线

双绞线是计算机网络中最常用的一种传输介质，一般包含4个双绞线对，两根线连接在一起是为了防止其电磁感应在邻近线对中产生干扰信号。双绞线分为屏蔽双绞线STP和非屏蔽双绞线UTP，非屏蔽双绞线有线缆外皮作为屏蔽层，适用于网络流量不大的场合中。屏蔽式双绞线具有一个金属甲套，对电磁干扰EMI（Electromagnetic Interference）具有较非常弱的抵抗能力，比较适用于网络流量较大的高速网络协议应用。

双绞线由两根具有绝缘保护层的22号、26号绝缘铜导线相互缠绕而成。把两根绝缘的铜导线按一定密度互相绞在一起，这种方法可以降低信号的干扰。每一组导线在传输中辐射的电波会相互抵消，以此降低了电波对外界的干扰。把一对或多对双绞线放在一个绝缘套管中便成了双绞线电缆。在双绞线电缆内，不同线对有不同的扭绞长度，一般地说，扭绞长度在1 ~ 14cm内并按逆时针方向扭绞，相邻线对的扭绞长度在12.7cm以上。与其他传输介质相比，双绞线在传输距离、信道宽度和数据传输速度等方面均受到一定限制，但价格较为低廉。

在双绞线上传输的信号可以分为共模信号和差模信号，在双绞线上传输的语音信号和数据信号都属于差模信号的形式，而外界的干扰，比如线对间的串扰、线缆周围的脉冲噪声或者附近广播的无线电电磁干扰等属于共模信号。在双绞线接收端，变压器及差分放大器会将共模信号消除掉，而双绞线的差分电压会被当作有用信号进行处理。

作为最常用的传输介质，双绞线具有以下特点：

（1）能够有效抑制串扰噪声

和早期用来传输电报信号的金属线路相比，双绞线的共模抑制机制，在各个线对之间采用不同的绞合度可以有效消除外界噪声的影响并抑制其他线对的串音干扰，双绞线低成本地提高了电缆的传输质量。

（2）双绞线易于部署

线缆表面材质为聚乙烯等塑料，具有良好的阻燃性和较轻的重量，而且内部的铜质电缆的弯曲度很好，可以在不影响通信性能的基础上做到较大幅度的弯曲。双绞线这种轻便的特征，使其便于部署。

（3）传输速率高且利用率高

目前广泛部署的五类线传输速度达到 100Mbps，且还有相当潜力可以挖掘。在基于电话线的 DSL 技术中，电话线上可以同时进行语音信号和宽带数字信号的传输，互不影响，大大提高了线缆的利用率。

（4）价格低廉

目前双绞线线缆已经具有相当成熟的制作工艺，无论是同光纤线缆还是同轴电缆相比，双绞线都可以说是价格低廉且购买容易。因双绞线的这种价格优势，它能够做到在不过多影响通信性能的前提下有效地降低综合布线工程的成本，这也是它被广泛应用的一个重要原因。

2. 同轴电缆

同轴电缆是局域网中最常见的传输介质之一。它是由相互绝缘的同轴心导体构成的电缆：内导体为铜线，外导体为铜管或铜网。圆筒式的外导体套在内导体外面，两个导体间用绝缘材料互相隔离，外层导体和中心铂芯线的圆心在同一个轴心上，同轴电缆因此而得名。同轴电缆之所以设计成这样，是为将电磁场封闭在内外导体之间，减少辐射损耗，防止外界电磁波干扰信号的传输。常用于传送多路电话和电视。同轴电缆的组成。同轴电缆主要由四部分组成，包括有铜导线、塑料绝缘层、编织饲屏蔽层、外套。同轴电缆以一根硬的铜线为中心，中心铜线又用一层柔韧的塑料绝缘体包裹。测抖绝缘体外面又有一片铜编织物或分届箔片包裹着，这层纺织物或金属箔片相当于同轫电缆的第二根导线、最外面的是电缆的外套。同轫电缆用的接头叫作间制电缆接插头。

目前得到广泛应用的同轴电缆主要有50Ω 电缆和75Ω 电缆两类。50Ω 电缆用于基带数字信号传输，又称基带同轴电缆。电缆中只有一个信道，数据信号采用曼彻斯特编码方式，数据传输速率可达10Mbps，这种电缆主要用于局域以太网。75Ω 电缆是CATV系统使用的标准，它既可用传输宽带模拟信号，也可用于传输数字信号。对于模拟信号而言，其工作频率可达400MHz。若在这种电缆上使用频分复用技术，则可以使其同时具有大量的信道，每个信道都能传输模拟信号。

同轴电缆曾经广泛应用于局域网，它的主要优点如下与双绞线相比。它在长距离数据传输时所需要的中继器更少。它比非屏蔽双绞线较贵，但比光缆便宜。然而同轴电缆要求外导体层妥善接地，这加大了安装难度。正因如此，虽然它有独特的优点，现在也不再被广泛应用于以太网。

3. 光纤

光纤是一种传输光信号的传输媒介。光纤的结构：处于光纤最内层的纤芯是一种横截面积很小、质地脆、易断裂的光导纤维，制造这种纤维的材料既可以是玻璃也可以是塑料。纤芯的外层裹有一个包层，它由折射率比纤芯小的材料制成。正是由于在纤芯与包层之间存在折射率的差异，光信号才得以通过全反射在纤芯中不断向前传播。在光纤的最外层则是起保护作用的外套，通常都是将多根光纤扎成束并裹以保护层制成多芯光缆。

从不同的角度考虑，光纤有多种分类方式。根据制作材料的不同，光纤可分为石英光纤、塑料光纤、玻璃光纤等；根据传输模式不同，光纤可分为多模光纤和单模光纤；根据纤芯折射率的分布不同，光纤可分为突变型光纤和渐变型光纤；根据工作波长的不同，光纤可分为短波长光纤、长波长光纤和超长波长光纤。

单模光纤的带宽最宽，多模渐变光纤次之，多模突变光纤的带宽最窄；单模光纤适于大容量远距离通信，多模渐变光纤适于中等容量中等距离的通信，而多模突变光纤只适于小容量的短距离通信。

在实际光纤传输系统中，还应配置和光纤配套的光源发生器件和光检测器件。目前最常见的光源发生器件是发光二极管（LED）和注入激光二极管（ILD）。光检测器件是在接收端能够将光信号转化成电信号的器件，目前使用的光检测器件有光电二极管（PIN）和雪崩光电二极管（APD），光电二极管的价格较便宜，然而雪崩光电二极管却具有较高的灵敏度。

和一般的导向性通信介质相比，光纤具有以下优点：

（1）光纤支持很宽的带宽，其范围大约在1014 ~ 1015Hz之间，这个范围覆盖了红外线和可见光的频谱。

（2）具有很快的传输速率，当前限制其所能实现的传输速率的因素来自信号生成技术。

（3）光纤抗电磁干扰能力强，由于光纤中传输的是不受外界电磁干扰的光束，而光束本身又不向外辐射，因此它适用于长距离的信息传输及安全性要求较高的场合。

（4）光纤衰减较小，中继器的间距较大。采用光纤传输信号时，在较长距离内可以不设置信号放大设备，从而减少了整个系统中继器的数目。

当然光纤也存在一些缺点，比如系统成本较高、不易安装与维护、质地脆易断裂等。

（二）PLC数据通信方式

1. 并行通信与串行通信

数据通信主要有并行通信和串行通信两种方式：

并行通信是以字节或字为单位的数据传输方式，除 8 根或 16 根数据线、一根公共线外，还需要数据通信联络用的控制线。并行通信的传送速度非常快，但是由于传输线的根数多，导致成本高，一般用于近距离的数据传送。并行通信一般位于 PLC 的内部，如 PLC 内部元件之间、PLC 主机与扩展模块之间或近距离智能模块之间的数据通信。

串行通信是以二进制的位（bit）为单位的数据传输方式，每次只能够传送一位，除了地线外，在一个数据传输方向上只需要一根数据线，这根线既作为数据线又作为通信联络控制线，数据和联络信号在这根线上按位进行传送。串行通信需要的信号线很少，最少的只需要两三根线，比较适用距离较远的场合。计算机和 PLC 都备有通用的串行通信接口，通常在工业控制中一般使用串行通信。串行通信多用于 PLC 与计算机之间、多台 PLC 之间的数据通信。

在串行通信中，传输速率常用比特率（每秒传送的二进制位数）来表示，其单位是比特 / 秒（bit / s）或 bps。传输速率是评价通信速度的重要指标。常用的标准传输速率有 300bps、600bps、1200bps、2400bps、4800bps、9600bps 和 19 200bps 等。不同的串行通信的传输速率差别极大，有的只有数百 bps，有的可达 100Mbps。

2. 单工通信与双工通信

串行通信按信息在设备间的传送方向又分为单工、双工两种方式。

单工通信方式只能沿单一方向发送或接收数据。双工通信方式的信息可沿两个方向传送，每一个站既可以发送数据，也可以接收数据。

双工方式又分为全双工和半双工两种方式。数据的发送和接收分别由两根或两组不同的数据线传送，通信的双方都能在同一时刻接收和发送信息，这种传送方式称为全双工方式；用同一根线或者同一组线接收和发送数据，通信的双方在同一时刻只能发送数据或接收数据，这种传送方式称为半双工方式。在 PLC 通信中常采用半双工和全双工通信。

3. 异步通信与同步通信

在串行通信中，通信的速率与时钟脉冲有关，接收方和发送方的传送速率应相同，但是实际的发送速率与接收速率之间总是存在一些微小的差别，如果不采取一定的措施，在连续传送大量的信息时，将会因积累误差造成错位，使接收方收到错误的信息。为了解决这一问题，需要使发送和接收同步。按同步方式的不同，可以将串行通信分为异步通信和同步通信。

异步通信的信息格式是发送的数据字符由一个起始位、7 ~ 8 个数据位、1 个奇偶校验位（可以没有）和停止位（1 位、1.5 位或 2 位）组成。通信双方需要对所采用的信息格式和数据的传输速率作相同的约定。接收方检测到停止位和起始位之间的下降沿后，将它作为接收的起始点，在每一位的中点接收信息。由于一个字符中包含的位数不多，即使发送方和接收方的收发频率略有不同，也不会因两台机器之间的时钟周期的误差积累而导致错位。异步通信传送附加的非有效信息较多，它的传输效率较低，一般用于低速通信，PLC 一般使用异步通信。

同步通信以字节为单位（一个字节由 8 位二进制数组成），每次传送 1 ~ 2 个同步字符、若干个数据字节和校验字符。同步字符起联络作用，用它来通知接收方开始接收数据。在同步通信中，发送方和接收方要保持完全的同步，这意味着发送方和接收方应使用同一时钟脉冲。在近距离通信时，可在传输线中设置一根时钟信号线。在远距离通信时，可以在数据流中提取出同步信号，使接收方得到与发送方完全相同的接收时钟信号。由于同步通信方式不需要在每个数据字符中加起始位、停止位和奇偶校验位，只需要在数据块（往往很长）之前加一两个同步字符，所以传输效率高，但是对硬件的要求较高，一般用于高速通信。

（三）数据通信形式

1. 基带传输

基带传输是按照数字信号原有的波形（以脉冲形式）在信道上直接传输的方式，它要求信道具有较宽的通频带。基带传输不需要调制解调，设备花费少，适用于较小范围的数据传输。基带传输时，通常要对于数字信号进行一定的编码，常用数据编码方法包括非归零码 NRZ、曼彻斯特编码和差动曼彻斯特编码等。后两种编码不含直流分量、包含时钟脉冲。便于双方自动同步，所以应用非常广泛。

2. 频带传输

频带传输是一种采用了调制解调技术的传输方式。通常由发送端采用调制手段，对数字信号进行某种变换，将代表数据的二进制“1”和“0”，转换成具有一定频带范围的模拟信号，以便于在模拟信道上传输；接收端通过解调手段进行相反变换，把模拟的调制信号复原为“1”和“0”。常用的调制方法有频率调制、振幅调制和相位调制。具有调制、解调功能的装置称为调制解调器，即 Modem。频带传输较复杂，传送距离较远，若通过市话系统配备 Modem，则传送距离将不会受到限制。

在 PLC 通信中，基带传输和频带传输两种传输形式都是常见的数据传输方式，但是大多采用基带传输。

（四）数据通信接口

1. RS232S 通信接口

RS-232C 是 RS-232 发展而来，是美国电子工业联合会（EIC）在 1969 年公布的通信协议，至今任在计算机和其他相关设备通信中得到广泛使用。当通信距离较近时，通信双方可以直接连接，在通信中不需要控制联络信号，只需要 3 根线，即发送线（TXD）、接收线（RXD）和信号地线（GND），便可实现全双工异步串行通信。工作在单端驱动和单端接收电路。计算机通过 TXD 端子向 PLC 的 RXD 发送驱动数据，PLC 的 TXD 接收数据后返回到计算机的 RXD 数，由系统软件通过数据线传输数据；如“三菱”PLC 的设计编程软件 FXGP / WIN-C 和“西门子”PLC 的 STEP10-Micro / WIN32 编程软件等可方便实现系统控制通信。其工作方式简单，RXD 为串行数据接收信号，TXD 为串行数据发送信号，GND 接地连接线。其工作方式是串行数据从计算机 TXD 输出，PLC 的 RXD 端接收到串行数据同步脉冲，再由 PLC 的 TXD 端输出同步脉冲到计算机的 RXD 端，反复同时保持通信。从而实现全双工数据通信。

2. RS422A / RS485 通信接口

RS-422A 采用平衡驱动、差分接收电路，从根本上取消信号地线。平衡驱动器相当于两个单端驱动器，其输入信号相同，两个输出信号互为反相信号。外部输入的干扰号是以共模方式出现的，两根传输线上的共模干扰信号相同，因此接收器差分输入，共模信号可以互相抵消。只要接收器有足够的抗共模干扰能力，就能从干扰信号中识别出驱动器输出的有用信号，从而克服外部干扰影响。在 RS-422A 工作模式下，数据通过 4 根导线传送，所以，RS-422A 是全双工工作方式，在两个方向同时发送和接收数据。两对平衡差分信号线分别用于发送和接收。

RS-485 是 RS-422A 的基础上发展而来的，RS-485 许多规定与 RS-422A 相仿；RS-485 为半双工通信方式，只有一对平衡差分信号线，不能同时发送和接收数据。使用 RS-485 通信接口和双绞线可以组成串行通信网络。工作在半双工的通信方式，数据可以在两个方向上传送，但同一时刻只限于一个方向传送。计算机端发送 PLC 端接收，或者 PLC 端发送计算机端接收。

3. RS232C / RS422A（RS485）接口应用

（1）RS-232 / 232C

RS-232 数据线接口简单方便，但是传输距离短，抗干扰能力差为弥补 RS-232 的不足，改进发展成为 RS-232C 数据线，典型应用有：计算机与 Modem 的接口，计算机与显示器终端的接口，计算机与串行打印机的接口等。主要用于计算机之间通信，也可用于小型 PLC 与计算机之间通信。

（2）RS-422 / 422A

RS-422A 是 RS-422 的改进数据接口线，数据线的通信口为平衡驱动，差分接收电路，传输距离远，抗干扰能力强，数据传输速率高等，广泛用于小型 PLC 接口电路。如与计算机链接。小型控制系统中的可编程序控制器除使用编程软件外，一般不需要与别的设备通信，可编程控制器的编程接口一般是 RS-422A 或 RS-485，用于与计算机之间的通信；而计算机的串行通信接口是 RS-232C，编程软件与可编程控制器交换信息时需要配接专用的带转接电路的编程电缆或通信适配器。网络端口通信，如主站点与从站点之间，从站点与从站点之间的通信可采用 RS-485。

（3）RS-485 与 RS-422A

RS-485 是在 RS-422A 基础上发展而来的；主要特点，①传输距离远，一般为 1200m，实际可达 3000m，可用于远距离通信。②数据传输速率高，可达 10Mbit / s；接口采用屏蔽双绞线传输。注意平衡双绞线的长度与传输速率成反比。③接口采用平衡驱动器和差分接收器的组合，抗共模干扰能力增强，即抗噪声干扰性能好。④ RS-485 接口在总线上允许连接多达 128 个收发器，即具有多站网络能力。注意，如果 RS-485 的通信距离大于 20m 时，且出现通信干扰现象时，要考虑对于终端匹配电阻的设置问题。RS-485 由于性能优越被广泛用于计算机与 PLC 数据通信，除普通接口通信外，还有如下功能：一是作为 PPI 接口，用于 PG 功能、HMI 功能 TD200 OP S10-200 系列 CPU / CPU 通信。二是作为 MPI 从站，用于主站交换数据通信。三是作为中断功能的自由可编程接口方式用于同其他外部设备进行串行数据交换等。

二、PLC网络的拓扑结构及通信协议配置

（一）控制系统模型简介

PLC 制造厂常常用于金字塔 PP（Productivity Pyramid）结构来描述它的产品所提供的功能表明 PLC 及其网络在工厂自动化系统中，由上到下，在各层都发挥着作用。这些金字塔的共同点是：上层负责生产管理，底层负责现场控制与检测，中间层负责生产过程的监控及优化。

国际标准化组织（ISO）对于企业自动化系统的建模进行了一系列的研究，提出了 6 级模型。它的第 1 级为检测与执行器驱动，第 2 级为设备控制，第 3 级为过程监控，第 4 级为车间在线作业管理，第 5 级为企业短期生产计划及业务管理，第 6 级为企业长期经营决策规划。

（二）PLC网络的拓扑结构

由于 PLC 各层对通信的要求相差很远，所以只有采用了多级通信子网，构成复合型拓扑结构，在不同级别的子网中配置不同的通信协议，才能满足各层对通信的要求。

而且采用复合型结构不仅使通信具有适应性，而且具有良好的可扩展性，用户可以根据投资和生产的发展，从单台 PLC 到网络，从底层向高层逐步扩展。下面以 SIEMENS 公司的 PLC 网络为例，描述 PLC 网络的拓扑结构和协议配置。

西门子公司是欧洲最大 PLC 制造商，在大中型 PLC 市场上享有盛名。西门子公司的 S7 系列 PLC 网络，它采用 3 级总线复合型结构，最底一级为远程 I / O 链路，负责与现场设备通信，在远程 I / O 链路中配置周期 I / O 通信机制。在中间一级的是 Profibus 现场总线或主从式多点链路。前者是一种新型的现场总线，可承担现场、控制、监控三级的通信，采用令牌方式或轮循相结合的存取控制方式；后者为一种主从式总线，采用轮循式通信。最高层为工业以太网，它负责传送生产管理信息。在工业以太网通信协议的下层中配置以 802。3 为核心的以太网协议，在上层向用户提供接口，实现协议转换。

（三）PLC网络各级子网通信协议配置规律

通过典型 PLC 网络的介绍，可以看到 PLC 各级子网通信协议的配置规律如下：

（1）PLC 网络通常采用 3 级或者 4 级子网构成的复合型拓扑结构，各级子网中配置不同的通信协议，以适应不同的通信要求。

（2）PLC 网络中配置的通信协议有两类：一类是通用协议，一类是专用协议。

（3）在 PLC 网络的高层子网中配置的通用协议主要有两种：一种是 MAP 规约（MAP3.0），一种是 Ethernet 协议，这反映 PLC 网络标准化与通用化的趋势。PLC 间的互联、PLC 网与其他局域网的互联将通过高层协议进行。

（4）在 PLC 网络的低层子网及中间层子网采用专用协议。其最底层由于传递过程数据及控制命令，这种信息很短，对于实时性要求较高，常采用周期 I / O 方式通信；中间层负责传递监控信息，信息长度居于过程数据和管理信息之间，对实时性要求比较高，其通信协议常采用令牌方式控制通信，也可采用主从式控制通信。

（5）个人计算机加入不同级别的子网，必须根据所联入的子网要求配置通信模板，并按照该级子网配置的通信协议编制用户程序，一般在 PLC 中无须编制程序。对协议比较复杂的子网，可购置厂家提供的通信软件装入个人计算机中，将使用户通信程序的编制变得比较简单方便。

（6）PLC 网络低层子网对实时性要求较高，通常只有物理层、链路层、应用层；而高层子网传送管理信息，与普通网络性质接近，但考虑到异种网互联，因此，高层子网的通信协议大多为 7 层。

（四）PLC通信方法

在 PLC 及其网络中存在两大类通信：一类是并行通信，另一类是串行通信。并行通信一般发生在 PLC 内部，它指的是多处理器之间的通信，以及 PLC 中 CPU 单元与各智能模板的 CPU 之间的通信。这里主要讲述 PLC 网络的串行通信。

PLC 网络从功能上可以分为 PLC 控制网络和 PLC 通信网络。PLC 控制网络只传送 ON / OFF 开关量，且一次传送的数据量较少。比如 PLC 的远程 I / O 链路，通过 Link 区交换数据的 PLC 同位系统。它的特点是尽管要传送的开关量远离 PLC，但 PLC 对它们的操作，就像直接对自己的 I / O 区操作一样的简单、方便迅速。PLC 通信网络又称为高速数据公路，这类网络传递开关量和数字量，一次传递的数据量较大，它类似于普通局域网。

1. “周期 I / O 方式”通信

PLC 的远程 I / O 链路就是一种 PLC 控制网络，在远程 I / O 链路中采用“周期 I / O 方式”交换数据。远程 I / O 链路按主从方式工作，PLC 的远程 I / O 主单元在远程 I / O 链路中担任主站，其他远程 I / O 单元皆为从站。主站中负责通信的处理器采用周期扫描方式，按顺序与各从站交换数据，把与其对应的命令数据发送给从站，同时，从站中读取数据。

2. “全局 I / O 方式”通信

全局 I / O 方式是一种共享存储区的串行通信方式，它主要用带有连接存储区的 PLC 之间的通信。

在 PLC 网络的每台 PLC 的 I / O 区中各划出一块来作为链接区，每个链接区都采用邮箱结构。相同编号的发送区与接受区大小相同，占用相同的地址段，一个为发送区，其他皆为接收区。采用广播方式通信。PLC1 把 1# 发送区的数据在 PLC 网络上广播，PLC2、PLC3 把它接收下来存在各自的 1# 接收区中；PLC2 把 2# 发送区的数据在 PLC 网络上广播，PLC1、PLC3 把它接收下来存在各自的 2# 接收区中；以此类推。由于每台 PLC 的链接区大小一样，占用的地址段相同，数据保持一致，所以，每台 PLC 访问自己的链接区，就等于访问了其他 PLC 的链接区，也就相当于和其他 PLC 交换了数据。这样链接区就变成了名副其实的共享存储区，共享存储区成为各 PLC 交换数据的中介。

全局 I / O 方式中的链接区是从 PLC 的 I / O 区划分出来的，经过等值化通信变成所有 PLC 共享，因此称为“全局 I / O 方式”。这种方式 PLC 直接用读写指令对链接区进行读写操作，简单、方便、快速，但是应注意在一台 PLC 中对某地址的写操作在其他 PLC 中对同一地址只能进行读操作。

3. 主从总线 1 ：N 通信方式

主从总线通信方式又称为 1 ：N 通信方式，这是在 PLC 通信网络上采用的一种通信方式。在总线结构的 PLC 子网上有 N 个站，其中只有 1 个主站，其他皆是从站。这种通信方式采用集中式存取控制技术分配总线使用权，通常采用轮询表法，轮询表即是一张从机号排列顺序表，该表配置在主站中，主站按照轮询表的排列顺序对从站进行询问，看它是否要使用总线，从而达到分配总线使用权的目的。

为保证实时性，要求轮询表包含每个从站号不能少于一次，这样在周期轮询时，每个从站在一个周期中至少有一次机会取得总线使用权，从而保证了每个站的基本实时性。

4. 令牌总线N ：N通信方式

令牌总线通信方式又称为N ：N通信方式。在总线结构上的PLC子网上有N个站，它们地位平等，没有主从站之分。这种通信方式采用了令牌总线存取控制技术。在物理上组成一个逻辑环，让一个令牌在逻辑环中按照一定方向依次流动，获得令牌的站就取得了总线使用权。

热处理生产线PLC控制系统监控系统中采用1 ：1式“I / O周期扫描”的PLC网络通信方法，即把个人计算机联入PLC控制系统中，计算机是整个控制系统的超级终端，同时也是整个系统数据流通的重要枢纽。通过设计专业PLC控制系统监控软件，实现对PLC系统的数据读写、工艺流程、质量管理，及动态数据检测与调整等功能，通过建立配置专用通信模板，实现通信连接，在协议配置上采用9600bps的通信波特率、FCS奇偶校验和7位的帧结构形式。

这样的协议配置和通信方法的选用主要是根据该热处理生产线结构较简单、PLC控制点数不多、控制炉内碳势难度不大和通信控制场所范围较小的特点选定的，是通过RS485串行通信总线，实现PLC与计算机之间的数据交流的，经过对现场生产运行，证明该系统的协议配置和通信方法的选用是有效、切实可行的。

第十一章 电气自动化控制技术的应用

电气自动化控制技术可以在更多的领域中实现价值。现阶段的电气自动化控制技术集成了现代很多高端的科学技术，包括了信息技术、电子技术、计算机技术、智能控制等，新时期的电气自动化控制技术，有效地将这些先进技术融于一体，具有更多的功能，而且操作简便、更加安全可靠。新时期的电气自动化控制技术可以应用在更多领域，比如军事工业、建筑业、生产企业等。计算机技术的不断成熟与发展，为电气自动化控制技术水平的提高创造了条件，计算机技术可以使电气自动化控制系统进行最优化控制，监控管理生产设备，提高当代企业的自动化程度。

第一节 电气自动化控制技术在工业中的应用

20 世纪中叶，在电子信息技术、互联网智能技术的发展影响下，工业电气自动化技术初步应用于社会生产管理中，经过半个多纪的发展，工业电气自动化技术的发展日臻成熟，逐渐应用于社会生产、生活的方方面面，对电子信息时代的发展具有至关重要的时代意义。进入信息化时代以来，人们的生产、生活观念同步变化，对工业电器行业的发展提出更高的要求，工业电气系统不得不进行与时俱进的改革。同时，随着电气自动化技术水平的日益完善，电气自动化技术在工业电气系统的发展已成为必然趋势，具有跨时代的研究价值，对社会经济的发展有着十分重要的推动意义，可以进一步推动国家的繁荣昌盛。

一、电气自动化控制工业应用发展现状

工业电气自动化的应用能够促进现代工业的发展，它可以有效地节约资源，降低生产成本，为我国带来更大的经济效益和社会效益。工业电气自动化技术能够有效提

升我国电气化技术的使用水平，有效缩短我国在工业电气自动化方面与国外发达国家之间的差距，促进我国国民经济的快速发展。很多 PLC 厂商依照可编程控制器的国际标准 IEC61131，推出很多符合该标准的产品和软件。在工业电气自动化领域，电气自动化技术的应用为工业领域添加了新活力，我们可以通过现场总线控制系统连接自动化系统和智能设备，解决系统之间的信息传递问题，对于工业生产具有重大的意义。现场总线控制系统与其他控制系统相比具有很多优势和特点，如智能化、互用性、开放性、数字化等，已被广泛应用于生产的各个层面，成为工业生产自动化的主要方向。

（一）科技的推动了电气自动化的发展

科技的不断发展推动了电气自动化的快速发展，使得电气自动化被广泛应用于工业生产中，各类自动化机械正逐步替代人工进行工作，或是做着一些由于环境危险人工无法完成的工作，有效节约了生产成本和时间，提升了工作效率，为企业带来了更大的经济效益。同时，工业电气自动化技术也被广泛应用于人们的日常活动中。我国电气自动化专业最早出现于 20 世纪 50 年代，各高校开展电气自动化专业仅经过半个多世纪的发展就取得了显著的成就，再加上电气自动化有专业面宽、适用性广的特点，经过国家几次大规模调整，电气自动化技术仍然具有蓬勃的发展前景。近年来，随着电子科技的不断发展，推动了工业电气自动化技术在各个工业生产领域和人们日常活动中的应用，并取得了显著成效。纵观工业电气自动化的发展历程，信息技术的快速发展直接决定了工业电气的自动化发展，并且为工业电气自动化的发展提供了基础，同时，也推动了工业电气自动化技术的应用。大规模的集成电路为工业电气自动化的应用提供了设备依赖，使物理科学固体电子学对工业电气自动化的发展产生了重要影响。

（二）电气自动化控制工业具体应用

随着时代的发展，工业电气自动化推动了现代工业的发展。提升了我国电气自动化技术的水平，增强了我国工业实力。国家标准 EC61131 的颁布为 PLC 设计厂商提供了可编程控制器的参考，为工业电气自动化技术的应用增添了新的活力。可以实现现场总线控制系统与智能设备、自动化系统的连接，以此解决各个系统之间信息传递存在的问题。对工业生产具有重要影响。比如，数字化、开放性、互用性、智能化的电气自动化发展方向，逐渐在工业生产中实现，在对其系统结构设置时也广泛应用到生产活动的各个层面中。

设备与化工厂之间的信息交流在现场总线控制系统建立的基础上逐渐加强，为它们之间的信息交流提供了便利，现场总线控制系统还可以根据具体的工业生产活动内容设定，针对不同的生产工作需求，建立不同的信息交流平台。

二、电气自动化控制工业应用发展策略

（一）统一电气自动化控制系统标准

电气自动化工业控制体系的健全和完善，与拥有有效对接服务的标准化系统程序接口是分不开的，在电气自动化实际应用过程中，可以依据相关技术标准规范、计算机现代化科学技术等，推动电气自动化工业控制体系的健康发展和科学运行，不仅能够节约工业生产成本、降低电气自动化运行的时间、减少了工业生产过程中相关工作人员的工作量，还能够简化电气自动化在工业运行中的程序，实现生产各部之间数据传输、信息交流、信息共享的畅通。例如，在有效对接相同企业的 EMS 实践系统、E即体系的过程中，可以通过自动化技术与计算机平台科学处理生产活动中的各类问题，统一办公环境的操作标准，另外在统一电气自动化控制系统标准还能够推动创建自动化管理的标准化程序的进程，解决不同程序结构之间的信息传输问题，因此，可以将其作为电气自动化控制工业的未来发展应用主体结构类型。

（二）架构科学的网络体系

架构科学的网络体系，有利于推动电气自动化控制工业的健康化、现代化、规范化发展，发挥积极的辅助作用实现现场系统设备的良好运行，促进计算机监控体系与企业管理体系之间交叉数据、信息的高效传递。同时企业管理层还可以借用网络控制技术实现对现场系统设备操作情况的实时监控，提高了企业管理效能。而且随着计算机网络技术的发展，在电气自动化控制网络体系中还要建立数据处理编辑平台，营造工业生产管理安全防护系统环境，因此，建立科学的网络体系，完善电气自动化控制工业体系，发挥电气自动化的综合运行效益。

（三）完善电气自动化系统工业应用平台

完善电气自动化系统工业应用平台则需建立健康、开发、标准化、统一的应用平台，对电气自动化控制体系的规范化设计、服务应用具有重要作用和影响。良好的电气自动化系统工业应用平台能够为电气自动化控制工业项目的应用及操作提供支撑保障，并发挥积极的辅助作用在系统运行的各项工作环节中，有效地缓解工业生产中电气自动化设备的实践应用所消耗的经济成本，同时还可以提升电气设备的服务效能和综合应用率，满足用户的个性化需求，实现独特的运行系统目标。在实际应用中，可以根据工业项目工程的客户目标、现实状况以及实际需求等运行代码，借助计算机系统中 CE 核心系统、操作系统中的 NT 模式软件实现目标化操作。

三、工业电气自动化控制技术的意义与前景

工业电气自动化技术在工业电气领域的应用，其意义通常在于对市场经济的推动作用和生产效率的提升效果两方面。在市场经济的推动作用方面，工业电气自动化技术的应用在实现各类电器设备最大化使用价值的同时，有效强化工业电气市场各个部门之间的衔接，保证工业电气管理系统的制度性发展，以工业电气管理系统制度的全面落实确保了工业电气系统的稳定快速发展，切实提升工业电气市场的经济效益，进而促进整体市场经济效益的提升。在生产效率的提升效果方面，工业电气自动化技术的应用可以提升工业电气自动化管理监督的监控力度，进行市场资源配置的合理优化和工业成本的有效控制，同时给生产管理人员提供更加精确的决策制定依据，在降低工业生产人工成本的同时，提升工业生产效率，促使工业系统的长期良性循环发展。

通过工业电气自动化的发展，可以有效地节约在现代工业、农业及国防领域的资源，降低成本费用，从而取得更好的经济和社会效益。随着我国工业自动化水平的提高，我们可以实现自主研发，缩短与世界各国之间的距离，从而推动国民经济的发展。我国的工业电气自动化企业应完善机制和体制，确立技术创新为主导地位，通过不断地提高创新能力，努力研发更好的电气自动化产品和控制系统。通过加强了我国电气自动化的标准化和规范化生产，以科学发展观为指导思想，以人为本，学习先进的技术和经验，充分发挥人的积极性，从而加快企业转变经济增长方式，使我国的工业电气自动化技术和水平得到发展和提高。

随着我国工业电气自动化技术的发展，社会各界对其的关注度不断提高。为了实现工业电气自动化生产的规模化和规范化，应当不断规范我国电气传动自动化技术领域的相关标准。同时，为了进一步推动我国工业电气自动化技术的发展，提升我国工业电气自动化技术的自主研发能力，应当进一步地完善相关体制、机制和环境政策，为企业自主研发电气自动化系统和产品提供发展空间，通过不断地提高我国工业电气自动化技术的创新能力，推动工业电气自动化生产企业经济增长方式的改变和工业电气自动化技术科学发展的新局面。通过相关的分析可知，我国工业电气自动化会不断朝着分布式信息化和开放式信息化的方向发展。

第二节　电气自动化控制技术在电力系统中的应用

随着科学技术不断发展，电气自动化技术对电力系统的作用也越来越重要。虽然我国对应用于电力系统中的电气自动化技术研究起步比较晚，但是近年来还是取得了一定的成绩。当然，目前国内的这些技术与国外先进水平相比，仍存在比较大的差距。

所以，对应用在电力系统中的电气自动化技开展与研究已经迫在眉睫。显而易见，电气自动化控制技术在监测、管理、维修电力系统的步骤都有着很大的影响，它能通过计算机了解电力系统实时的运行情况并且可以有效解决电力系统在监测、报警、输电等过程中存在的问题，它扩大了电力系统的传输范围，让电力系统输电和生产效率得到了很大的提高，让电力系统的运营获得了更高的经济价值，进而促进了电气自动化控制在我国电力系统的实施。

科学技术的日益进步和信息化的快速发展是电力系统不断前进的根本推力。随着计算机技术在电力系统中不断向前发展，近年来，电力行业突飞猛进，电气自动化控制技术的发展已成为我国目前电力系统发展的主要问题。在这种趋势下，传统的运行模式已满足不了人们日益增长的需求，为解放劳动生产力、节约劳动时间、降低劳动成本和促进资源的合理利用，电气自动化控制技术便应运而生，而传统的模式便退出舞台。电气自动化就成为电力行业的霸主。电气自动化主要是利用现如今最先进的科技成果和顶尖的计算机技术对电力系统的各个环节和进程进行严格的监管和把控，从而保证电力系统的稳定和安全。目前，电气自动化技术已渗透至各个领域，所以对电气自动化技术的深入了解和分析对国民经济的发展有划时代意义。

一、电力系统中应用电气自动化控制技术的应用概述

（一）电力系统中电气自动化控制技术的作用和意义

近些年来，我国科学技术日益进步，尤其是在计算机技术领域和 PLC 技术领域不断取得崭新的科技成果，使我国的电气自动化技术也获得了飞速发展。

这其中，计算机技术称得上是电力系统中电气自动化技术的核心。其重要作用在供电、变电、输电、配电等电力系统的各个核心环节均有体现。正是得益于计算机技术的快速发展，我国涉及各个区域、不同级别的电网自主调动系统才得以实现。同时，正是依赖于计算机技术，我国的电力系统才实现了高度信息化的发展，大大提高了我国电力系统的监控强度。

PLC 技术是电气自动化控制技术中的另一项至关重要的技术。它是对电力系统进行自动化控制的一项技术，使得对于电力系统数据信息的收集和分析更加精确、传输更加稳定可靠，有效降低了电力系统的运行成本，提高了运行效率。

（二）电力系统中电气自动化控制技术的发展趋势

现阶段，电气自动化控制技术很大幅度提高了电力系统的工作效率还有安全性，改变了传统的发电、配电、输电形式，减少电力工作人员的负荷，并对其安全起到了积极的作用。同时，该技术改变了电力系统的运行，让电力工作人员在发电站内就可以监测整个电力网络的运行并可以实时采集运行数据。以后的电气自动化控制会在一

体化方面有所突破，现阶段的电力系统只能实现一些小故障的自主修理，对于一些稍微大一点的故障计算机还是束手无策。

随着经济的日益发展，电气自动化控制技术在电力系统中得到了越来越广泛的应用。随着我国科技的不断进步，电气自动化控制技术也将向水平更高、技术更多元的方向发展，诸如信息通信技术及多媒体信息技术等科学技术，也将被纳入电气自动化的应用范畴。具体说来，可大致分为以下几个方面：

第一，我国电力系统中电气自动化技术的发展已趋于国际标准化。我国电力行业为了更好地与国际接轨、开拓国际市场，也对我国的电气自动化的技术研发实施了国际统一标准。

第二，我国电力系统中电气自动化技术的发展已趋于控制、保护、测量三位一体化。在电力系统的实际运行中，将控制、保护、测量三者的功能进行有效的组合和统一，能够有效提高系统的运行稳定性和安全性，简化工作流程、减少资源重复配置、提高运行效率。

第三，我国电力系统中电气自动化技术的发展已趋于科技化。随着电气自动化在我国电力系统中的应用范围的不扩宽，其对计算机技术、通信技术、电子技术等科学技术的要求也不断提高。将先进的科学技术成果，不断地应用到电力系统的实际工作中，将是电气自动化技术在我国电力系统中发展的另一大趋势。

二、电气自动化控制技术在电力系统中的具体应用

（一）电气自动化控制的仿真技术

我国的电气自动化控制技术不断和国际接轨。随着我国科技的进步和自主创新能力的增强，电力系统中关于电气自动化技术的研究逐渐深入，相关科研人员已经研究出了达到国际标准的可直接利用的仿真建模技术，大大提高了数据的精确性和传输效率。仿真建模技术不仅能对电力系统中大量的数据信息进行有效的管理，还能够构建出符合实际状况的模拟操作环境，进而有助于实施对电力系统的同步控制。同时，针对电气设备产生的故障，还能够有效地进行模拟分析，从而排除故障，提高系统的运行效率。另外，该项技术还有利对电力系统中电气设备进行科学合理的测试。

仿真技术在实际的应用中需要诸多技术的支持，其核心技术是信息技术，以计算机及相关的设备作为载体，综合应用了系统论、控制论等一系列的技术原理，实现对系统的仿真，从而实现对于系统的仿真动态试验。应用仿真技术能够有效地对不同的环境进行模拟，从而在正式的试验之前预先进行仿真试验，进一步确保电力系统运行的稳定与可靠。通常情况下，仿真试验会作为项目可行性论证阶段的试验，只有确保仿真试验通过以后才能够正式的进行实验室试验。采用仿真技术，电力系统就可以直接通过计算机的 TCP / IP 协议对电力系统运行中的信息和数据进行采集，然后通过网

络传送到发电厂的数据信息终端中，具备一定仿真模拟技术的智能终端设备就可以快速地对电力系统运行过程中的各项信息数据进行审核评估。通过将仿真技术应用电力系统运行当中，电力系统在运行性中可以直接地采集运行的信息和数据并且做出判断，确保电力系统在运行过程中能够及时地发现故障。

（二）电气自动化控制的人工智能控制技术

人工智能是以计算机技术为基础，通过对程序运行方式进行优化，从而让计算机实现对数据的智能化收集与分析，通过计算机来模拟人脑的反应与操作，从而实现智能化运行的一种技术。人工智能技术最主要的核心技术还是计算机技术，其在运行的过程中依赖于先进的计算机技术与数据处理技术，其在电力系统中的应用能够有效地提高电力系统的运行水平。通过人工智能技术应用到电力系统中，大大提高了设备和系统的自动化水平，实现了对电力系统运行的智能化、自动化和机械化的操作和控制。电力系统中采用人工智能技术主要是对电力系统中的故障进行自动检查并将故障信息进行反馈，从而使电力系统发生故障时能够得到及时的维修。

人工智能控制技术极大地促进了我国电力系统的安全性、稳定性和可控性。对于复杂的非线性系统而言，智能控制技术具有无法替代的重要作用。电力系统中智能控制技术的应用，不仅提高了系统控制的灵活性、稳定性，还能增强系统及时发现和排除故障的能力。在实际运行中，只要电力系统的某个环节出现故障，智能控制系统都能及时发现并做出相应的处理。同时，工作人员还能够利用智能控制技术对电网系统进行远程控制，这大大提高了工作的安全性，增强了电力系统的可控性，进而提高了电力系统整体的工作效率。

（三）电气自动化控制的多项集成技术

电力系统中运用电气自动化的多项集成技术，对系统的控制、保护与测量等工程进行有机的结合，不仅能够简化系统运行流程，提高了运行效率，节约运行成本，还能够提高电力系统的整体性，便于对电力系统的环节进行统一管理，从而更好地满足不同客户的用电需求，提升电力企业的综合竞争力。

（四）电气自动化控制技术在电网控制中的应用

电网的正常运行对于电力系统输配电的质量有着关键性的作用。电气自动化控制技术能够实现对电网运行状况的实时监控，并能够对电网实行自动化调度。在有效地保障了输配电效率的同时，促进了电力企业改变传统生产和配送模式，不断走向现代化，提高了企业的生产和经营效率。电网技术的发展离不开计算机技术和信息化技术的飞速进步。电网技术包括对电力系统中的各个运行设备进行实时监测，在提高对电力系统运行数据信息的收集效率、使工作人员能够实时掌控设备运行情况的同时，更能够自动、便捷地排除故障设备，并且已经可以自动维修一些故障设备，大大提高了对电气设备的检修、维护的效率，加快了电力生产由传统向智能化转变的进程。

（五）计算机技术的应用

从技术层面来分析，电气自动化控制技术取得成功最重要的就是和计算机技术结合并在电力系统中得到广泛的利用。电子计算机技术被应用在电力系统的运行检修、报警、分配电力、输送电力等重要环节，它可实现控制系统的自动化，计算机技术中应用最广泛的就是智能电网技术了，运用计算机技术我们可以利用复杂的算法对各个电网分配电力。智能电网技术代替了人脑对配电等需要高强度计算的作业，被广泛应用在发电站和电网之间的配电和输电过程中，减轻了电力工作人员的负担而且降低了出错的概率。电网的调度技术在电力系统中也是很重要的一个应用，它直接关系到电力系统的自动化水平，它的主要工作是对各个发电站和电网进行信息收集，然后对信息进行分类汇总，让各个发电站和电网之间实现实时沟通联系，进行线上交易，同时它还可以对我们的电力系统和各个电网的设备进行匹配，提高设备的利用率，降低电力的成本。同时它还有记录数据的功能，可以实时查看电力系统的各项运行状态。

（六）电力系统智能化

就现在的科技水平而言，我们已经在电力系统设备的主要工作原件、开关、警报等设备方面实现了智能化。这意味着我们能通过计算机控制危险设备的开关、对主要的发电设备进行实时监测并实现报警功能。智能化技术在运行过程中可以收集设备的运行数据，方便我们对电力系统的监控和维护，而且可以通过对数据分析出设备存在的问题，起到预防的作用。在以后的智能化实验中，我们着力研究输电、配电等设备的智能化。

传统的电力系统需要定期指派人员进行检测和检修工作，在电气自动控制之后，我们的电力系统可以实现实时在线监控，记录设备运行过程中的每一个数据，并且能够实现有效地跟踪故障因素，通过对设备记录数据的研究和分析及时发现设备存在的隐患，并鉴别故障的程度，如果故障程度较低可以实现自我修复，如果较高可以起到警报作用。这一技术不仅仅提高了电力系统的安全性，而且还降低了电力设备的检修成本。

（七）变电站自动化技术的应用

电力系统中最重要的一环就是变电站，发电站和各个电网之间的联系就是变电站。变电站的自动化主要是在计算机技术应用的基础上。要实现电力系统整体的电气控制自动化，不可缺少的环节就是实现变电站自动化。在变电站自动化中，不仅一次设备比如变压器、输电线或者光缆实现了自动化数字化，它的二次设备也部分实现了自动化，比如某些地区的输电线已经升级为了计算机电缆、光纤来代替传统的输电线。电气自动控制技术可是在屏幕上模拟真实的输电场景，并且记录每个时刻输电线中的电压，不仅对输电设备进行了监控，还对输电中的数据进行了实时记录。

（八）数据采集与监视控制系统的应用

数据采集与监视控制系统的简称为SCADA系统，是以计算机为基础的分布控制系统与电力自动化监控系统，在电网系统生产过程实现调度和控制的自动化系统。其主要是对在电网运行过程中对电网设备进行监视和控制，进而实现对电网系统的采集、信号的报警、设备的控制和参数的调节等功能，在一定程度上促进了电网系统安全稳定运行。在电网系统中加入SCADA系统，不但能够有效地保障电力调度工作，还能够使电网系统的运行更加智能化和自动化。SCADA系统的应用，能够有效地降低电力工作人员的工作强度，保障电网的安全稳定运行，从而促进电力行业的发展。

第三节　电气自动化控制技术在楼宇自动化中的应用

在现代的城市建筑中，随着科学技术和建筑行业的高速发展，城市建筑的质量和性能都得到了大幅度提升，并且随着信息技术的在社会各领域中的广泛应用，从而大幅度提高了现代建筑的性能。其中电气自动化就是现代城市建筑中应用最为广泛的技术，该技术能够大幅度提高建筑的性能，从而提高人们的生活质量，与此同时，在电气自动化的不断应用过程中，其本身也进行了相应的发展，从而使得电气自动化的水平得到了大幅度提高。然而就我国电气自动化在现代建筑自控系统中应用的实际情况而言，其中还存在一些较为严峻的问题，这些问题不仅影响到建筑的质量和性能，甚至还可能留下极大的安全隐患，进而威胁到建筑用户的生命财产安全。因此，为提高楼宇自控系统的水平，加大对电气自动化的分析研究力度就显得尤为重要。

一、楼宇自动控制系统概述

所谓的自控系统其实就是建筑设备的一种自动化控制系统，而建筑设备通常则是指那些能够为建筑所服务或能够为人们提供一些基本生存环境所必须要用到的设备，在现代的房屋建筑中，随着人们生活水平的不断提高，这些设备也越来越多，在居民家中通常都会应用到空调设备和照明设备以及变配电设备等，而这些设备都能够通过一定的科学技术和手段来这些设备的自动化控制，从而就能够将这些设备更加合理利用，与此同时，将这些设备实行自动化管理不仅能够节省大量的能源资源以及人力物力，还能够使这些设备更加安全稳定的运行。而随着科学技术的高速发展，在现代的建筑领域中，各种建筑理论和建筑技术都得到了快速发展，且各种先进的建筑理论和建筑技术也层出不穷，从而为现代建筑实现电气自动化创造了有利条件。

楼宇自控系统是建筑设备自动化控制系统的简称。建筑设备主要是指为建筑服务的、那些提供人们基本生存环境（风、水、电）所需的大量机电设备，如暖通空调设备、照明设备、变配电设备以及给排水设备等，通过实现建筑设备自动化控制，以达到合理利用设备，节省能源、节省人力，确保设备安全运行之目的。

前些年人们提到楼宇自控系统，主要所指仅仅是建筑物内暖通空调设备的自动化控制系统，近年来已涵盖了建筑中的所有可控的电气设备，而且电气自动化已成为楼宇自控系统不可缺少的基本环节。在楼宇自控系统中，电气自动化系统设计占有重要的地位。随着社会经济的发展，人们的生活水平不断地提高，因此人们对现代的建筑也提出了更高的要求，因此在现代建筑中楼宇自控系统应运而生，然而在之前所谓的楼宇自控系统通常只是局限于建筑物内的一些空调设备的，因此，为了提高楼宇自控系统的水平，加大对电气自动化的分析研究力度不仅意义重大，而且迫在眉睫。这里从电气接地出发，对电气自动化进行了深入的分析，然后对电气自动化在楼宇自控系统中的应用进行了详细阐述。希望能够起到抛砖引玉的效果，使同行相互探讨共同提高，进而为我国建筑行业的发展添砖加瓦。

二、电气接地

在建筑物供配电设计中，接地系统设计占有重要的地位，因为它关系到供电系统的可靠性，安全性。尤其近年来，大量的智能化楼宇的出现对接地系统设计提出了许多新的内容。目前的电气接地主要有以下两种方式。

（一）TN-S系统

TN-S是一个三相四线加PE线的接地系统。通常建筑物内设有独立变配电所时进线采用该系统。TN-S系统的特点是，中性线N和保护接地线PE除在变压器中性点共同接地外，两线不再有任何的电气连接。中性线N是带电的，而PE线不带电。该接地系统完全具备安全和可靠的基准电位。只要像TN-C-S接地系统，采取同样的技术措施，TN-S系统可以用作智能建筑物的接地系统。如计算机等电子设备没有特殊的要求时，一般都采用这种接地系统。

在智能建筑里，单相用电设备较多，单相负荷比重较大，三相负荷通常是不平衡的，因此在中性线N中带有随机电流。另外，由于大量采用荧光灯照明，其所产生的三次谐波叠加在N线上，加大了N线上的电流量，如果将N线接到设备外壳上，会造成电击或火灾事故；如果在TN-S系统中将N线与PE线连在一起再接到设备外壳上，那么危险更大，凡是接到PE线上的设备，外壳均带电；会扩大电击事故的范围；如果将N线、PE线、直流接地线均接在一起除会发生上述的危险外，电子设备将会受到干扰而无法工作。因此智能建筑应设置电子设备的直流接地，交流工作接地，安全保护接地。

及普通建筑也应具备的防雷保护接地。另外，由于智能建筑内多设有具有防静电要求的程控交换机房，计算机房，消防及火灾报警监控室，以及大量易受电磁波干扰的精密电子仪器设备，所以在智能楼宇的设计和施工中，还应考虑防静电接地和屏蔽接地的要求。

（二）TN-C-S系统

TN-C-S 系统由两个接地系统组成，第一部分是 TN—C 系统，第二部分是 TN—S 系统，分界面在 N 线与 PE 线的连接点。该系统一般用在建筑物的供电由区域变电所引来的场所，进户之前采用 TN-C 系统，进户处做重复接地，进户后变成 TN-S 系统。TN-C 系统前面已做分析。TN—S 系统的特点是：中性线 N 和保护接地线 PE 在进户时共同接地后，不能再有任何电气连接。该系统中，中性线 N 常会带电，保护接地线 PE 没有电的来源。PE 线连接的设备外壳及金属构件在系统正常运行时，始终不会带电，因此 TN-S 接地系统明显提高了人及物的安全性。同时只要我们采取接地引线，各自都从接地体一点引出，及选择正确的接地电阻值使电子设备共同获得一个等电位基准点等措施，因此 TN-C-S 系统可以作为智能型建筑物的一种接地系统。

三、电气保护

（一）交流工作接地

工作接地主要指的是变压器中性点或中性线（N 线）接地。N 线必须用铜芯绝缘线。在配电中存在辅助等电位接线端子，等电位接线端子一般均在箱柜内。必须注意，该接线端子不能外露；不能与其他接地系统，比如直流接地，屏蔽接地，防静电接地等混接；也不能与 PE 线连接。在高压系统里，采用中性点接地方式可使接地继电保护准确动作并消除单相电弧接地过电压。中性点接地可以防止零序电压偏移，保持了三相电压基本平衡，这对于低压系统很有意义，可以方便使用单相电源。

（二）安全保护接地

安全保护接地就是将电气设备不带电的金属部分与接地体之间作良好的金属连接。即将大楼内的用电设备以及设备附近的一些金属构件，用 PE 线连接起来，但严禁将 PE 线与 N 线连接。

在现代建筑内，要求安全保护接地的设备非常多，有强电设备，弱电设备，以及一些非带电导电设备与构件，均必须采取安全保护接地措施。当没有做安全保护接地的电气设备的绝缘损坏时，其外壳有可能带电。如果人体触及此电气设备的外壳就可能被电击伤或造成生命危险。在一个并联电路中，通过对每条支路的电流值与电阻的大小成反比，即接地电阻越小，流经人体的电流越小，通常人体电阻要比接地电阻大数百倍经过人体的电流也比流过接地体的电流小数百倍。当接地电阻极小时，流过人体的电流几乎等于零。实际上，由于接地电阻很小，接地短路电流流过时所产生的压降很小，所以设备外壳对大地的电压是不高的。人站在大地上去碰触设备的外壳时，人体所承受的电压很低，不会有危险。加装保护接地装置并且降低它的接地电阻，不仅是保障智能建筑电气系统安全，有效运行的有效措施，也是保障非智能建筑内设备及人身安全的必要手段。

（三）屏蔽接地与防静电接地

在现代建筑中，屏蔽及其正确接地是防止电磁干扰的最佳保护方法。可将设备外壳与 PE 线连接；导线的屏蔽接地要求屏蔽管路两端和 PE 线可靠连接；室内屏蔽也应多点与 PE 线可靠连接。防静电干扰也很重要。

在洁净、干燥的房间内，人的走步、移动设备，各自摩擦均会产生大量静电。例如，在相对湿度 10% ~ 20% 的环境中人的走步可以积聚 3.5 万伏的静电电压、如果没有良好的接地，不仅仅会产生对电子设备的干扰，甚至会将设备芯片击坏。将带静电物体或有可能产生静电的物体（非绝缘体）通过导静电体与大地构成电气回路的接地叫防静电接地。防静电接地要求在洁静干燥环境中，所有设备外壳及室内（包括地坪）设施必须均与 PE 线多点可靠连接。智能建筑的接地装置的接地电阻越小越好，独立的防雷保护接地电阻应 $\leqslant 10\Omega$；独立的安全保护接地电阻应 $\leqslant 4\Omega$；独立的交流工作接地电阻应 $\leqslant 4\Omega$；独立的直流工作接地电阻应 $\leqslant 4\Omega$；防静电接地电阻一般要求 $\leqslant 100\Omega$。

（四）直流接地

在一幢智能化楼宇内，包含有大量的计算机，通信设备和带有电脑的大楼自动化设备。在这些电子设备在进行输入信息，传输信息，转换能量，放大信号，逻辑动作，输出信息等一系列过程中都是通过微电位或者微电流快速进行，且设备之间常要通过互联网络进行工作。因此为了使其准确性高，稳定性好，除需有一个稳定的供电电源外，还必须具备一个稳定的基准电位。可采用较大截面的绝缘铜芯线作为引线，一端直接与基准电位连接，另一端供电子设备直流接地。该引线不宜与 PE 线连接，严禁与 N 线连接。

（五）防雷接地

智能化楼宇内有大量的电子设备与布线系统，如通信自动化系统，火灾报警及消防联动控制系统，楼宇自动化系统，保安监控系统，办公自动化系统，闭路电视系统等，以及他们相应的布线系统。这些电子设备以及布线系统一般均属于耐压等级低，防干扰要求高，最怕受到雷击的部分。不管是直击，串击，反击都会使电子设备受到不同程度的损坏或严重干扰。因此智能化楼宇的所有功能接地，必须以防雷接地系统为基础，并建立严密，完整的防雷结构。

智能建筑多属于一级负荷，应按一级防雷建筑物的保护措施设计，接闪器采用针带组合接闪器，避雷带采用了25×4（mm）镀锌扁钢在屋顶组成≤ 10×10（m）的网格，该网格和屋面金属构件作电气连接，和大楼柱头钢筋作电气连接，引下线利用柱头中钢筋，圈梁钢筋，楼层钢筋与防雷系统连接，外墙面所有金属构件也应与防雷系统连接，柱头钢筋与接地体连接，组成具有多层屏蔽的笼形防雷体系。这样不但可以有效防止雷击损坏楼内设备，而且还能防止外来的电磁干扰。

参考文献

[1] 刘颖慧，周凌，罗朝旭 . 电气工程、自动化专业规划教材电机学 [M]. 北京：电子工业出版社，2019.

[2] 薛鹏 . 自动化系统控制原理探究及其技术应用研究 [M]. 北京：中国纺织出版社，2019.

[3] 刘胜芬 . 发电厂电气部分 [M]. 重庆：重庆大学出版社，2019.

[4] 王永华 . 现代电气控制及 PLC 应用技术第 5 版 [M]. 北京：北京航空航天大学出版社，2019.

[5] 郁汉琪 . 电气控制与可编程序控制器应用技术 [M]. 南京：东南大学出版社，2019.

[6] 牟淑杰，荆珂 . 电气控制与 PLC 技术 [M]. 成都：电子科技大学出版社，2019.

[7] 吴何畏 . 电气控制与 PLC 技术 [M]. 成都：西南交通大学出版社，2019.

[8] 唐瑶，杨艳，高强 . 电气控制与 PLC 应用技术 [M]. 北京：煤炭工业出版社，2019.

[9] 童克波 . 现代电气及 PLC 应用技术西门子 S7-200 及 SMART[M]. 西安：西安电子科技大学出版社，2019.

[10] 刘龙江 . 机电一体化技术第 3 版 [M]. 北京：北京理工大学出版社，2019.

[11] 何良宇 . 建筑电气工程与电力系统及自动化技术研究 [M]. 北京：文化发展出版社，2020.

[12] 魏曙光，程晓燕，郭理彬 . 人工智能在电气工程自动化中的应用探索 [M]. 重庆：重庆大学出版社，2020.

[13] 牟应华，陈玉平 . 高职高专全国机械行业职业教育优质规划教材三菱 PLC 项目式教程电气自动化技术专业 [M]. 北京：机械工业出版社，2020.

[14] 刘玉成，汤毅，朱家富 . 普通高等教育应用型本科电气工程及其自动化专业特色规划教材电路分析实验教程 [M]. 北京：中国铁道出版社，2020.

[15] 司亚梅，王俊 . 选煤厂生产自动化控制与测试技术 [M]. 北京：北京理工大学出版社，2020.

[16] 满永奎，王旭，边春元 . 电气自动化新技术丛书通用变频器及其应用第 4 版 [M]. 北京：机械工业出版社，2020.

[17] 韩祥坤 . 电气工程及自动化 [M]. 东营：中国石油大学出版社，2020.

[18] 杨慧超，牟建，王强 . 电气工程及自动化 [M]. 长春：吉林科学技术出版社，2020.

[19] 罗毅 . 电气工程基础 [M]. 北京：高等教育出版社，2020.

[20] 孙娟，陈宏，陈圣江 . 电子信息技术与电气工程研究 [M]. 北京：原子能出版社，2020.

[21] 陈曦 . 智能感知技术在电气工程上的应用研究 [M]. 成都：电子科学技术大学出版社，2020.

[22] 向晓汉 . 电气控制工程师手册 [M]. 北京：化学工业出版社，2020.

[23] 沈洁，谢飞 . 高职高专自动化类专业规划教材自动检测与转换技术 [M]. 北京：化学工业出版社，2020.

[24] 连晗 . 电气自动化控制技术研究 [M]. 长春：吉林科学技术出版社，2019.

[25] 董桂华 . 城市综合管廊电气自动化系统技术及应用 [M]. 长春：冶金工业出版社，2019.

[26] 周骥平，林岗，朱兴龙 . 机械制造自动化技术 [M]. 北京：机械工业出版社，2019.

[27] 郝庆华，唐磊 . 电子技术基础电气工程及其自动化类 [M]. 大连：大连理工大学出版社，2019.

[28] 王华忠 . 罗克韦尔自动化技术丛书工业控制系统及应用 PLC 与人机界面 [M]. 北京：机械工业出版社，2019.

[29] 林孔元，王萍，李鹏 . 电气工程学概论第 2 版 [M]. 北京：高等教育出版社，2019.

[30] 王顺利，于春梅，毕效辉 . 电气工程新技术丛书新能源技术与电源管理 [M]. 北京：机械工业出版社，2019.